现代猪场
兽医师手册

主编　秦立群　娄季君　徐　丹　杜丽娟

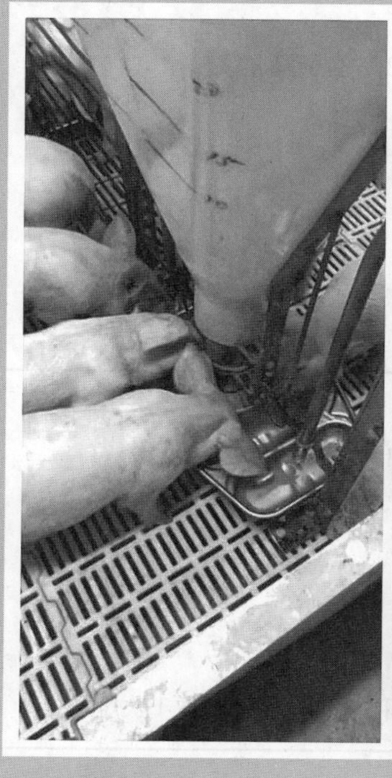

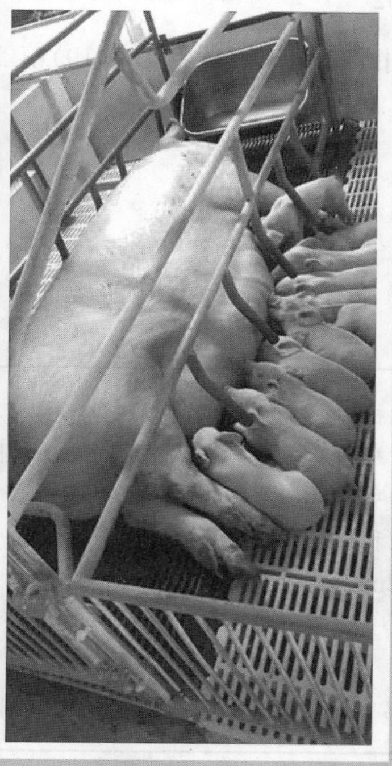

中原农民出版社
·郑州·

编委会

主　编　秦立群　娄季君　徐　丹　杜丽娟

副主编　（按汉语拼音排序）

蔡海江　段金凤　孔　冰　李辉辉

李建功　刘海中　金绍良　马留彬

宁敏杰　赵泽强

参　编　（按汉语拼音排序）

娄　冲　孟祥超

审　稿　荆所义　乔兰军

图书在版编目(CIP)数据

现代猪场兽医师手册/秦立群等主编.—郑州：中原农民出版社，2019.12

ISBN 978-7-5542-2165-5

Ⅰ.①现…　Ⅱ.①秦…　Ⅲ.①猪病　②防治-手册

Ⅳ.①S858.28-62

中国版本图书馆 CIP 数据核字(2019)第 276246 号

出版:中原农民出版社

地址:河南省郑州市郑东新区祥盛街 27 号 7 层　　**邮编**:450016

发行单位:全国新华书店

承印单位:河南省诚和印制有限公司

开本:787mm×1092mm　1/16

印张:15.5

字数:400 千字

版次:2020 年 6 月第 1 版　　**印次**:2020 年 7 月第 1 次印刷

书号:ISBN 978-7-5542-2165-5　　**定价**:48.00 元

前　言

我国养猪业正逐步向规模养殖发展，随着集约化程度的不断提高，猪场需要不断地引入猪种，购入原料，与外界有经常的、广泛的、多渠道的交往，这为疾病的传播提供了机会，猪病的流行情况也随之变得越来越复杂，老病未灭、新病却不断发生。由于规模化猪场的猪群密度增加，圈舍卫生不良和猪群防疫的难度增大，猪场兽医技术力量不足等因素的制约，使得猪病防控形势异常严峻。现代养猪业完全不同于我国传统的养猪模式，有必要设置专职猪场兽医师，以适应规模化养猪生产中日益严重的群发性疾病、多病原混合感染等特点。为此，我们编写了这本《现代场兽医师手册》。本书力求将理论与实践紧密结合，既有实用性，又有较高的理论性，主要内容有现代猪场兽医师职责和猪场疫病防控制度、猪病的种类及特点、猪的疫苗及免疫技术、兽药的种类及科学使用、猪病诊断方法及监测技术、猪场常见病防治、中药在猪病防控方面的应用以及有关的畜牧兽医法律法规等。可作为规模猪场兽医人员及养猪生产者参考用书。

本书在编写过程中，得到通许县畜牧局领导的关心、支持与帮助，又承蒙郑州牧业经济学院教授荆所义和通许县著名兽医师乔兰军审阅，并提出了许多宝贵的修改意见，谨此表示诚挚谢意。

由于编者水平有限，书中不足之处，恳请广大读者批评指正。

编　者

2019 年 5 月

目　录

第一章　现代猪场兽医师职责和猪场疫病防控制度

第一节　现代猪场兽医师的责任及资格

兽医师是规模化养猪场的核心人物，要保证猪场的卫生防疫工作，应当充分认识到自己的责任，紧跟时代变化，不断学习新的知识和防疫手段，才能保证猪群的健康，从而有利于猪场发展。

兽医师在规模化猪场的主要工作就是及时诊断及治疗病猪，并且还要定时为猪群注射疫苗，做好防疫及消毒工作，只有确保这些工作全都按时完成，才能保证猪场的养殖质量及猪群的健康。兽医师有责任与义务按照国家的相关政策和法规来监督和执行某些法定疾病的防疫，以此来提高猪场的防疫水平。

一、猪场兽医师的基本职责及任职资格

兽医师基本职责
(1)制订猪场疫病防控计划，包括长远规划、年度计划、疫病防控方案和具体指标、免疫程序、保健方案、疫病防控技术工作考核细则等。
(2)组织落实猪病防控的各项技术工作。
(3)建立同动物疫病预防控制机构、动物疫病诊疗机构以及养猪行业科研单位的正常联系。
(4)协助制订种猪引进方案、配种方案和繁殖母猪淘汰计划。
(5)协助场长做好猪场的日常管理工作。

兽医师任职资格
(1)年满 18 岁品行端正、遵纪守法的中国公民。通常多数猪场还要求有 2 年以上实际工作经验。
(2)畜牧兽医、动物医学大专以上文化程度或生命科学本科以上文化程度。一些具有化验分析设备的大型养猪企业集团甚至有更高的要求，如硕士、博士学位等。
(3)热爱养猪事业，有事业心，有吃苦耐劳精神。
(4)无酗酒、赌博等不良嗜好。
(5)取得执业兽医师(或中级以上防治员)资格或畜牧兽医中级以上技术职称。
(6)具有一定的领导和协调能力。

二、规模化猪场兽医师的工作要求

在规模化猪场，兽医师首先必须了解猪群的生活习性，根据猪场的自身条件制订可行的防疫方案，要不断地学习国内外先进的养殖、防疫技术，通过各种方式预测猪群的流行性疾

病，要积极主动地学习防疫方面知识，对猪群的疾病处理要有自己独特的见解。

兽医师在规模化猪场的工作主要可以分为三个步骤：一是指导猪场日常卫生防疫工作。二是按时为猪群接种疫苗，保证猪群的健康。三是控制猪群的饮食，做好记录并存档，了解每头猪在每一时间段的健康状况。这些工作看似简单，其实需要极大的耐心以及细心才能做好，且三个步骤缺一不可。

三、规模化猪场兽医师的任务

(一)确保日常工作的延续性

防疫工作是一项重要的任务，每天都要逐一检查猪群的健康状况并且对每一个猪圈进行临床检疫，还要及时询问饲养员猪的饮食情况、健康问题或是否有明显的反常，通过观察猪的精神、食欲、粪便、被毛、呼吸、运动等状态以及检测猪的体温来判断猪是否患病。一旦发现猪群中有猪患病，必须马上进行隔离和治疗，防止猪群中的其他猪被传染，如果病情严重且无治疗价值，应及时淘汰。

兽医师必须要时刻注意猪圈内的清洁、温度、通风问题，如果猪圈内脏乱不堪且空气混浊，就会引起细菌滋生，从而导致猪群生病。在炎热的夏季，可以在猪圈内多洒些水(水在蒸发时会吸热)，降低猪圈内的温度，也可以通过给猪洗澡降低猪自身的体温；还可以保持猪圈内的湿度，防止猪圈内的空气过于干燥，两种方法都可以有效地解决猪圈内温度过高的问题，防止猪群中暑。在寒冷的冬天，可以在猪圈内铺些干草或者放一些小暖气扇，以提高猪圈内的温度，在温暖的环境下，无论是对猪群的健康还是对母猪生育小猪都有很大的帮助。

饲料是否安全直接关系到猪群的健康，兽医师必须每天按时检查饲料，内容包括饲料是否卫生、是否发生霉变、是否有异味或是添加非法违禁成分等，如发现有异，应当立即更换，防止猪群生病。在注意饲料安全的同时，还要注意猪群饮用水的水质，猪群的饮用水一般为自来水，很多自来水中都含有漂白剂等化学品，身体素质很差的猪，就会受这些化学品的影响。猪群一旦出现身体状况不佳，一定要及时救治并及时向领导反映。

兽医师还有监管动物烈性传染病的责任，如果发现猪群中患有非一般性疾病，应当采集其血清送至相关部门检测，并协助相关部门研究分析疫病，了解疫病的接种情况，为以后的防疫工作提供有力的帮助。

(二)制订工作计划

兽医师要想做好防疫工作，就必须要有相应的医疗设备以及疫苗、药品等物品，要在季度或年度就做好采购计划。在采购过程中应提高警惕，不能采购假药以及质量较差的医疗设备。兽医师作为规模化猪场的核心人物，有对相关事项提出合理化建议的权力，兽医师应当按照质量可靠、效果好、价格公道的原则来选取物品，包括采购物品的名称、规格、数量、品牌和生产厂家等方面都要注意。防疫过程中要注意接种的次数、剂量和部位。相关的采购人员应充分采纳兽医师的建议，采购更适合猪群的医疗物品。

规模化猪场的每一位相关工作人员都有其自身责任，如产房岗位责任、保育舍岗位责任以及免疫接种规程、消毒操作规程等，兽医师要根据其责任与义务制定相应的工作计划和严格的规章制度，使每一位工作人员明确自身责任与义务，使规模化猪场可持续发展。

(三)了解并学习兽医新技术规范

一般来说，在规模化猪场内，兽医师在学历、能力以及技术方面都是比较优秀的，应当更有创新意识以及接受并学习新事物的能力。兽医师要主动学习更为先进的养殖及防疫技术，并将所学技术推广到规模化猪场的每一个人，为规模化猪场开拓更美好的未来起到领头作用。但是要想使规模化猪场更好地发展，光靠兽医师一个人是无法做到的，只有全员合作，猪场的生产水平以及经济效益才会提高。随着技术的不断进步，传统的疾病还未彻底清除，新的疾病越来越多，兽医师要将疫病防治新理念带入规模化猪场中，带头改革创新，推动猪场持续健康发展。

第二节　现代猪场疫病的防控制度

猪场兽医师的职责之一就是根据猪场实际，研究制定出切实可行的猪场疫病防控制度，实现“以防为主，养重于防，防重于治”。以下 11 项猪场疫病防控制度，可供兽医师在实际工作中参考。

一、现代猪场消毒制度

消毒制度
(1)场内采用的消毒方法包括喷雾消毒、冲洗消毒、熏蒸消毒。
(2)场内消毒环节主要包括总场门卫区消毒、生产区门口消毒、饲养车间门口消毒和猪舍内消毒。
(3)进入场内的人员、后备猪、动物和物品车辆须经消毒处理，否则不得进入。
(4)进入行政区的来客须经门卫消毒室消毒。
(5)进入生产区人员须经门卫消毒室消毒、生产区门口消毒。
(6)进入猪舍人员须淋浴，更换工作服、胶靴，经消毒室消毒后方能进入。
(7)饲养区工作人员每次离场返回岗位时，应执行第 6 条消毒规定。否则不得进入。
(8)外来业务人员不得进入生产区，经消毒后，限在行政区活动。
(9)必须进入饲养区的外来人员，须经领导批准，并有工作人员陪同，经消毒后着一次性消毒服、胶靴、手套进入。
(10)外来车辆在指定地点停放。
(11)送料车辆必须通过消毒池消毒。
(12)运送商品猪、仔猪、种猪车辆在装猪台前停放，装猪前必须冲洗消毒。
(13)装载后备猪的车辆未经消毒不得进入隔离区，卸车前应冲洗消毒。
(14)各固定消毒点消毒池内的消毒液定期更换。
(15)消毒液由技术人员按照配方配制。特殊情况下非技术人员配制时，应严格按照产品说明书的规定。不得使用过期、变质的消毒药品。
(16)熏蒸消毒在技术人员指导下进行。
(17)技术人员应定期采样检查消毒效果。
(18)消毒药品由技术人员单独保管，各车间、消毒点使用时应填写领料单。
(19)场内工作人员违反本制度的每次扣 1～3 分。
(20)本制度自公布之日起执行。

二、现代猪场隔离制度

隔离制度
(1)猪场的隔离工作涵盖新引进猪的隔离饲养,生产区各单元隔离管理,以及发病猪的隔离观察、治疗。
(2)新引进后备猪必须在隔离场饲养3周以上,经观察确认健康无疫病,方能入场饲养。
(3)生产区实行四级警戒制度:四级红(×),三级粉(!),二级黄(△),一级绿(口)。红色(×)表示正在发生群体疫情,粉色(!)表示有疫情征兆,黄色(△)表示有个别病例,绿色(□)表示健康状况稳定。
(4)生产区的允许流向为:种猪舍(包括种公猪舍、后备母猪舍)→产房→空怀舍→保育舍→育肥舍。
(5)生产区工作人员无故不得串岗。任何一栋猪舍处于三级以上警戒时,全体饲养人员限制在本车间工作。
(6)必须沟通交流时应按照规定的流向走动。逆向流动时不得进入猪舍。
(7)疑似病猪应在隔离圈内观察。
(8)确诊的传染病病猪应在隔离区治疗。
(9)疑似病猪和确诊传染病猪转出后,应立即消毒处理猪圈和同圈猪,必要时消毒整栋猪舍。
(10)接触疑似病猪和确诊传染病猪的工作人员,消毒后方可继续工作。
(11)接触确诊传染病猪的工具应立即清洗,并进行消毒处理。
(12)遵守安全生产规定的其他隔离规定。
(13)工作人员违反本制度的每次扣1～3分。
(14)本制度自公布之日起执行。

三、现代猪场卫生制度

卫生制度
(1)猪场所有员工,都要无条件接受并执行本制度。
(2)本制度所讲卫生工作,涵盖生产区饲养车间,行政区办公室、宿舍,以及服务区的食堂、仓库、加工车间等场所的内部和外部环境。
(3)饲养车间和门卫、财务、办公室以及食堂、仓库、饲料加工间等岗位工作人员,在执行本制度的同时,还应执行本岗位的日常卫生规定。
(4)生产副场长和技术副场长为全场此项工作的负责人,各部门、车间领导为具体负责人,岗位工作人员为责任区卫生工作的责任人。所有员工要做到各尽其职,各负其责,务求落实。
(5)春秋季每周一、夏季和冬季的每月15日,为猪场的清洁卫生日。每逢“清洁卫生日”,所有岗位都要开展内部和外部环境的卫生大扫除。
(6)“清洁卫生日”的当天或翌日,由一名副场长主持,场办公室主任牵头召集各车间单位负责人组成检查组,检查各个岗位的卫生工作。
(7)检查采用普遍检查、重点岗位重点检查、关键岗位按照岗位标准检查“三结合”和“十分制”考评的办法,翌日公布检查结果。检查、考评结果存档,计入年度考核成绩。

续表

卫生制度
(8)重点岗位包括各类猪舍、门卫室、饲料加工车间、会议室和接待室,关键岗位包括食堂、餐厅、兽医室和办公室。重点岗位、关键岗位的卫生标准由具体负责人召集责任人讨论制定,分别报分管副场长批准执行。
(9)重点岗位和关键岗位的卫生制度要在岗位常年张贴,使责任人工作期间能够在第一时间看到。
(10)本制度自公布之日起生效。

四、现代猪场免疫制度

免疫制度
(1)猪场所有员工,要充分认识猪群免疫的重要性,积极参与或大力协助技术人员和生产区工人,做好免疫接种工作。
(2)本制度所讲免疫接种,包括肌内注射、穴位注射、胸腔注射和口服多种形式。
(3)技术副场长负责召集技术人员讨论决定本场的免疫程序和免疫方案,并形成文字材料备存。
(4)所有疫苗经由安全生产部负责保管、分发。
(5)免疫接种技术规程由安全生产部制定,并在饲养车间醒目位置张贴。
(6)肌内注射时选择颈部。特殊情况需在其他部位注射的,应由技术人员操作或在技术人员指导、监督下完成。
(7)各饲养车间工人要严格按照免疫方案实施接种,不得改动接种方法和剂量。确需改动时,应报安全生产部或技术副场长批准。
(8)严格执行免疫操作技术规程。
(9)接种疫苗后立即填写免疫档案,需要标识的随同免疫佩戴。
(10)接种后观察时间不得低于30分。
(11)发现免疫应激反应,要立即报告技术人员,并迅速采取处理措施。
(12)接种疫苗的废弃物(包括疫苗瓶、针头、针管、棉签等),不得随意丢弃,结束后上交安全生产部集中销毁。
(13)本制度自公布之日起生效。

五、现代猪场用药制度

用药制度
(1)本制度所称兽药指养猪生产中使用的西药、中药和生物制品,以及具有保健治疗功能的饲料添加剂、饮水剂等。
(2)技术副场长是本场安全用药最高领导,负责落实国家的动物疫病防控政策和安全用药工作,负责建立安全用药质量管理体系,负责寻找安全、有效、质量稳定、价格优惠的供货商,形成长期供货关系,建立固定进货渠道。
(3)安全生产部制订每年的兽药采购计划,由技术副场长审批后执行。

续表

用药制度
(4)安全生产部负责兽药的具体采购、保管和分发使用。
(5)采购的兽药应为著名兽药生产企业的产品，或著名产品、品牌产品。
(6)更换厂家、品牌、包装、规格的兽药视为新药。
(7)所有新药都必须坚持首次小批量采购，经临床试用安全有效后才可批量采购。
(8)采购进场的兽药在兽医室保管。
(9)兽药保管执行入库记账、凭证出库和分类保管规定，有毒有害药品、贵重药品由技术人员单独保管，并明确责任人。
(10)严格执行“先进先发”和“有效期近的先发”规定，努力避免兽药过期失效。
(11)临床用药严格执行国家兽药使用规定，由安全生产部兽医师以上职称人员提出处方，经部长签字批准后才能领取，特殊情况应由场长代批。
(12)有毒有害药品和贵重药品凭安全生产部长批条发放，每次限发一次量，由技术人员监督使用。
(13)涉及安全用药岗位的所有员工都应当高度重视用药安全问题，发现违规、过期失效、变质兽药，应立即停止使用，并报告技术人员或安全生产部。
(14)建立车间用药记录。登记每次用药猪的耳号、剂量，以及兽药的品名生产厂家、规格、批号、有效期。
(15)饲养人员要认真填写车间用药记录。严厉批评未及时填写行为，严厉处罚不填写和胡乱填写行为。
(16)剩余兽药交安全生产部保管。
(17)过期、变质失效兽药应填写报废单，核对后经安全生产部长批准，在办公室人员监督下集中销毁。
(18)本制度自公布之日起生效。

六、现代猪场饲料质量控制制度

饲料质量控制制度
(1)猪场实行饲料质量的全程管理和全员管理。
(2)生产副场长为饲料质量管理的总负责人，技术厂长为饲料质量监督的总负责人。
(3)采购部负责饲料的采购，负责豆粕、玉米、麸皮、鱼粉等大宗原料以及预混料、添加剂的市场调查，做到随时掌握市场动态，准确确定采购时机。在确保质量的前提下最大限度地降低成本。
(4)仓库管理人员要严格执行“入库记账”“凭证出库”和“分类存放”。“先进先出”“定期检查”“定期盘库”等项仓库管理规定，做到货账相符，质量可靠，堆放整齐。
(5)盘库实行交叉监督制度，在领导监督下由仓库管理员完成。交叉监督人员在盘库前随机抽取确定。
(6)盘库时清理出的散碎下脚料，合格的要及时加工或分发饲喂。过期、霉败变质的，要称重、登记后清理出库，严禁混入合格饲料之中。
(7)每批入库饲料由技术副场长组织采样(一式三份)抽检，负责抽样人员应在采样单上签字。
(8)水分、杂质等初步检查合格报告是入库的必需条件，缺少任何一项不得入库。
(9)未出具样品检查报告的原料不得进入加工车间。

续表

饲料质量控制制度
(10)小批量原料混仓后抽样检测。
(11)本场使用所有品种的成品饲料,每批次均需一式两份留样(每份 1 000 克),由饲料加工车间分别送安全生产部和办公室。
(12)安全生产部对相同批次的成品饲料重复检测 3 次。检测报告应有检验人员签字和领导审核意见,否则无效。
(13)场外使用的成品饲料一式三份采样,在本场检测的同时,送法定检测单检验。
(14)成品饲料的每个包装中必须附合格证。
(15)库存成品饲料最长不超过 7 周。
(16)夏秋季饲养车间成品饲料存料不得超过 3 天,冬春季不得超过 1 周。
(17)饲养车间应拒绝饲喂霉败、变质和过期饲料。
(18)安全生产部要组织对各饲养车间饲料质量的不定期抽查,重点检查水分含量和霉菌感染情况。
(19)场外使用饲料必须符合国家规定。包装应有醒目标记,仓库应单独存放。
(20)所有抽检单和检验报告应归档保管。抽检单保存期 3 年,检验报告保存期 5 年,法定检测单位检验报告保存期 10 年。

七、现代猪场生物制品保管制度

生物制品保管制度
(1)生物制品包括冻干活疫苗、灭活疫苗、自家苗、干扰素、白介素和血清以及其他具有生物活性的药品。
(2)所有生物制品由安全生产部保管。
(3)严格按照产品说明要求的温度区间保管。
(4)认真执行入库登记制度,做好生物制品的入库登记。登记的内容包括商品名、规格、型号、数量、生产厂家、批号、有效期。
(5)凭领料单分发生物制品。每次发放的生物制品不得超过当天的使用量。
(6)需要低温保存的生物制品现用现领。每次发放后 3 小时内使用量。
(7)以距离有效期远近决定发放顺序,近的先发,远的后发。
(8)冰箱、冰柜内应放置冰瓶或冰袋,以防短时停电。
(9)发现停电时应立即同办公室联系,以便及时启动备用发电机。
(10)严禁在存放生物制品的冰箱、冰柜中存放食物和其他物品。

八、猪场病死猪尸体无害化处理制度

病死猪尸体无害化处理制度
(1)安全生产部负责病死猪尸体的处理工作。
(2)不明原因死亡猪,以及因传染病死亡的病猪,全部进行无害化处理。
(3)无害化处理的方法包括焚烧、深埋、熟制,以及投入化粪池或埋入粪堆做废料处理。

续表

病死猪尸体无害化处理制度
(4)具体处理方法由安全生产部依照国家规定,根据疫病种类和现场情况确定。
(5)车间饲养人员发现病死猪,应立即将尸体拖出猪舍,并消毒处理所在猪舍的地面、墙壁和用具。
(6)掩埋地点较远时,工作人员应当装袋封闭运输。
(7)处理任务完成后,参与病死猪尸体处理的人员应洗浴消毒,并消毒运检车辆和工具。
(8)严禁外销病死猪尸体,严禁使用未经无害化处理的病死猪饲喂犬、猫或其他动物。

九、现代猪场粪便集中处理制度

粪便集中处理制度
(1)安全生产部负责本场猪粪便的处理工作。
(2)本场所有猪粪采用集中堆沤的生物处理法处理,尿液和生产废液采用三级处理方法处理。
(3)各饲养车间负责猪舍门口沉淀池的定期清理工作,并将干清理法收集的猪粪连同沉淀池的沉淀物,一并运送至储粪场。
(4)运送结束后,应立即打扫粪道卫生。
(5)储粪场指定的堆放粪便区域地面铺设 20～30 厘米厚的喷洒有微生态制剂的垫草,粪堆高度 120 厘米,宽度 200 厘米,长度同储粪场长度一致,堆放宽度、高度达到标准后,表面覆盖黄土 30 厘米封闭。
(6)已封闭粪堆表面每日检查一次,发现表面干燥时及时洒水,以防扬尘。
(7)外运经处理粪便时,应使用封闭装置,避免洒漏。
(8)尿液和废液处理一级池(曝气池)、二级池(理化处理池)、三级池(生物处理池)均应设置隔离,确保生产安全。
(9)猪场办公室负责三级处理池的日常管理。
(10)安全生产部负责理化处理池药剂的配置,并定期检查排出终端的水质。

十、现代猪场饮水质量安全管理制度

饮水质量安全管理制度
(1)安全生产部负责本场猪群饮用水质量安全工作。
(2)日常供水、供水系统的季度和年度检修,由办公室负责。
(3)勤杂工负责每日开闸上水,并做好水泵房内的电器、电机、水泵,以及有关机械的养护工作,确保全场正常供水。
(4)勤杂工要及时处理泵房内电路、机械故障。
(5)饲养车间内水箱、供水管道由车间饲养员管理维护。
(6)无塔供水压力罐每季度减压放气、清理罐底一次。
(7)每半年清洗一次供水管道。
(8)每年洗井一次。
(9)每两年检测一次水质。
(10)每批猪出栏后,清理、消毒一次饲养车间内管道和自动饮水器。

十一、现代猪场生产区空气质量评价和管理制度

生产区空气质量评价和管理制度
(1)安全生产部负责本场生产区空气质量评价和管理工作。
(2)生产区空气质量管理的重点在产房和保育舍。
(3)所有饲养人员都要遵守日常管理程序,做好通风换气工作,做到按点开窗、准时开窗、按点关闭。
(4)使用动力送风装置的产房、保育舍,每月检修一次,以降低因设备故障的通风中断发生概率。
(5)检修通风设备时应启用备用设备,确保不中断通风换气。
(6)冬季开始供暖风前,要清洗送风系统,为输送洁净空气提供保障。
(7)每批猪出栏后,要清洗猪舍顶端的自动抽风机。
(8)产房、保育舍按照冬春季1月2次、夏季2月1次,其他猪舍按照冬春季1月1次、夏季1季度1次,采样检测空气质量。
(9)发现猪舍有刺鼻气味,或感觉刺眼等空气质量异常现象时,要立即报告安全生产部,并在安全生产部指导下采取处理措施。

第二章　猪病的种类及特点

第一节　猪病的种类

猪病的种类繁多，可根据国家规定的病种来分类，也可根据猪病的性质来分类。

一、按照国家规定的病种分类

我国农业部于2008年12月11日发布公告（第1125号），公布了一、二、三类动物疫病病种目录，其中猪的疫病病种有以下种类。

（一）一类疫病病种

口蹄疫、猪水疱病、猪瘟、非洲猪瘟、高致病性猪蓝耳病。

（二）二类疫病病种

布鲁氏菌病、炭疽、猪伪狂犬病、魏氏梭菌病、弓形体病、钩端螺旋体病、猪繁殖与呼吸综合征（经典猪蓝耳病）、猪乙型脑炎、猪细小病毒病、猪丹毒、猪肺疫、猪链球菌病、猪传染性萎缩性鼻炎、猪支原体肺炎、旋毛虫病、猪囊尾蚴病、猪圆环病毒病、副猪嗜血杆菌病。

（三）三类疫病病种

猪大肠杆菌病、李氏杆菌病、放线菌病、丝虫病、猪附红细胞体病、猪传染性胃肠炎、猪流行性感冒、猪副伤寒、猪密螺旋体痢疾。

二、按照猪病发生的性质分类

猪在生长发育及生产过程中，因受到饲养管理或环境等因素的影响，常常会发生多种多样的疾病，根据性质一般分为传染病、寄生虫病和普通病三大类。

（一）传染病

1. 含义和特点

传染病是由病原微生物，如细菌、病毒、支原体等侵入猪体而引发的疫病。病原微生物在猪体内生长繁殖，产生大量毒素和致病因子，破坏或损害猪的机体，从而使猪发病。猪发生传染病后，病原微生物从其体内排出，通过接触或间接接触传染给其他猪，造成疫病流行。疫病病程短、症状表现剧烈的称急性传染病；病程长、症状表现缓慢的称慢性传染病。传染病与其他疾病比较，发病急、症状表现复杂、治愈率低、死亡率高。

2. 分类

（1）病毒性传染病　主要有非洲猪瘟、口蹄疫、猪瘟、猪水疱病、高致病性猪蓝耳病、猪繁殖与呼吸综合征（经典猪蓝耳病）、猪乙型脑炎、猪细小病毒病、猪圆环病毒病、猪伪狂犬病、猪传染性胃肠炎、猪流行性感冒等。

（2）细菌性传染病　主要有猪丹毒、猪肺疫、猪支原体肺炎、副猪嗜血杆菌病、猪链球菌病、猪传染性萎缩性鼻炎、猪大肠杆菌病等20多种。

(3)其他传染病　主要有钩端螺旋体病、猪附红细胞体病、猪痢疾、猪支原体肺炎等。

(二)寄生虫病

1.含义和特点

猪的寄生虫病是指寄生虫侵入猪体内或侵害猪体表而引起的疾病。当寄生虫寄生于猪体内外时，虫体对猪的组织、器官、皮肤等造成机械损伤，吸取营养或产生毒素，使猪消瘦、贫血、营养不良、生产性能下降，严重者可导致死亡。寄生虫病与传染病类似，也具有传染性，尤其是猪疥螨病等，能使多数猪感染发病，而且某些寄生虫病所造成的经济损失并不亚于传染病，会对养猪生产造成严重危害。

2.分类

猪的寄生虫病主要有猪囊尾蚴病、猪棘球蚴病、猪蛔虫病、猪后圆线虫病、弓形体病、球虫病、猪疥螨病等20多种。

(三)普通病

1.含义和特点

猪的普通病是指除传染病、寄生虫病外的疾病，包括内科疾病、外科疾病、产科疾病、中毒等。这类疾病一般是由于饲养管理不当、营养代谢失调、误食毒物、机械损伤、异物刺激或其他外界因素如温度、湿度、气候等原因导致。

2.分类

猪的普通病也是现代养猪生产的多发病和常见病。现代规模化、集约化养猪生产中，由于饲养管理和环境条件要求较高，如果饲养管理不善，环境条件达不到现代猪种的生产需求，普通病便会成为多发病，尤其是种猪的产科疾病和仔猪的内科疾病发病率高，均对现代养猪生产造成严重的经济损失。

第二节　猪病流行的主要特点

随着现代养猪生产的发展，规模化养猪疾病的流行越来越复杂。新发病增多，老的传染病也没有得到较好的控制。由病毒引发和细菌感染的疾病呈普遍流行和协同、交叉感染。病原学方面，病毒进化和变异的多样性加大，疫苗不能较好控制疾病流行等。当前猪病流行主要特点是病毒“搭台”，细菌“唱戏”，原虫“参与”。整体来说猪疾病的季节性被弱化，原来某个季节最易感染的疾病如今四季均可发生；多重病原感染继续加重；细菌性继发感染变得更加普遍，猪场疫病的复杂程度和控制难度进一步加剧。

一、猪新的传染病出现——非洲猪瘟的暴发流行

1921年非洲的肯尼亚首次报道发生，于20世纪60年代传入欧洲，70年代传入南美洲，2007传入高加索地区和俄罗斯，一直没有在中国发生的非洲猪瘟，也于2018年8月传入中国，不到一年时间，蔓延到中国多个地区。

非洲猪瘟是只感染猪和野猪的一种急性、热性传染病，其临床表现为高热、皮肤发绀和各脏器出血，与猪瘟相似但症状更为严重，感染后其急性型的发病率和死亡率可高达100%。该病被世界动物卫生组织列为:法定报告的动物疫病。

非洲猪瘟猖獗的四大因素：一是各种物质都可带毒，传播难以阻断；二是急性病例高致死率可达100%；三是无有效疫苗预防；四是目前全世界尚无有效药物可以治疗。

二、病原流行病学新特点

猪病中一些病原体出现新的变化，部分病原发生遗传变异或血清型发生改变，出现新的变异株、血清型或亚型，毒力减弱或增强，加上猪群中免疫水平不高或免抗体不一致，部分猪病向非典型（温和型或亚临床型）转变。临床上一些猪病的症状和病变表现不明显或不典型。

（一）高致病性蓝耳病继续肆虐

猪蓝耳病已经成为制约现代养猪生产发展的一大威胁，目前我国流行的仍为北美洲型蓝耳病，多呈持续性感染和地方性流行，病毒可长期感染母猪扁桃体和淋巴结。

总的来说，如今猪蓝耳病的流行特点表现为：一是大部分猪场执行免疫或感染过该病，蓝耳病病毒仍广泛存在，且多途径传播。二是病毒在猪体内存活时间长且高度易变。三是中和抗体出现较慢。四是多毒株疫苗的获批应用使疫情更加复杂化。五是整体猪群免疫力下降，继发、并发感染严重。六是仍有新发病猪场，个别猪群中大猪发生较典型的蓝耳病，呈现出与2006年、2007年发病猪场一致的临床表现，死亡率高。七是流行过蓝耳病的猪场呈现高感染率、母猪带毒、持续性感染和反复感染。八是母猪出现繁殖障碍问题、不发情、配不上种、返情、淘汰率增高，母猪产后腹泻、关节肿大和流产时常发生。九是哺乳仔猪，保育猪和生长育肥猪呼吸道病增多，呈现发病率和死亡率较高。十是猪场的猪群生产性能（繁殖、生长）不稳定。十一是现有疫苗在控制流行毒株感染上效果并不理想，灭活疫苗效果不确实，还可引发免疫应激反应（带毒猪群接种疫苗后引起发病）。

（二）猪圆环病毒Ⅱ型毒感染与相关疾病

猪圆环病毒Ⅱ型感染是由猪圆环病毒Ⅱ型所引发的系列病的总称，包括断奶仔猪多系统衰竭综合征、青年母猪的早产或流产、增生性坏死性肺炎、仔猪先天性震颤、胎儿心肌炎及肠炎、保育猪的皮炎肾病综合征（抗原抗体复合物引起的变态反应）等。病毒感染的致病性主要与机体免疫系统的相互作用有关，可导致全身性淋巴细胞坏死，引起淋巴细胞耗损和巨噬细胞减少，从而引发机体免疫抑制，增加对病原体的易感性，猪感染圆环病毒Ⅱ型后，可降低蓝耳病活疫苗的免疫效果。

（三）猪瘟仍然是我国的第一大流行性疫病

一是猪瘟的危害依然严重，防控形势不容乐观。二是典型猪瘟极少，非典型猪瘟比例很高。当前猪瘟在各地都有发生，疫情呈全国性分布，散发病例长年不断，非典型病例经常发生，并有上升的趋势。带毒母猪通过垂直和水平传播，造成猪瘟持续感染。三是单一猪瘟很少，混合感染为常见。猪瘟常与其他高热性疾病，如弓形体病、附红细胞体病等混合感染，应结合病例活体和尸体剖检、实验室检验综合分析，仔细辨别。

（四）猪伪狂犬病已成为主要的猪病毒病

一是正常免疫伪狂犬基因缺失苗的母猪群出现转阳。二是公猪出现明显的睾丸肿胀，开始一侧或两侧肿胀，然后开始萎缩，造成死精、畸形精子。三是哺乳仔猪发病率高、死亡率高。四是保育猪和育肥猪也表现临床症状。

（五）口蹄疫新的流行特点

一是近两年来猪口蹄疫的发病越来越没有规律性，即便是在气温40℃的盛夏，猪场仍然会发病。二是我国O型口蹄疫东南亚谱系，主要是由缅甸(98谱系)、老挝与越南传入的。东南亚谱系毒力很强，致病力很高。三是从发生口蹄疫的部分猪群中检出亚洲Ⅰ型口蹄疫，并与O型口蹄疫在猪群中混合感染，使其发病率与死亡率增高，造成较大经济损失。四是在临床上还发现猪群感染口蹄疫后继发副猪嗜血杆菌、猪流感、猪传染性胃肠炎等，造成混合感染。

(六)病毒性腹泻

由猪传染性胃肠炎病毒、流行性腹泻病毒和轮状病毒以及最新报道新发现的猪嵴病毒、猪博卡病毒，引起规模化猪场猪病毒性腹泻的特点是：腹泻于每年冬春季(12月至翌年4月)多发，潮湿多雨天气高发，早春的寒冷季节易发，一般首次感染多呈暴发性流行，某些比较严重的猪场，呈区域性流行，传播速度较快，使用抗生素效果不明显或无效。病猪和带毒猪可通过粪便、吐物、乳汁、鼻分泌物和呼气排出病毒，也可污染饲料、饮水、空气、土壤以及车辆、用具，经呼吸道和消化道感染其他猪。各种日龄、品种的猪均易感染，可导致仔猪大批死亡，成年猪感染时可逐渐康复且几乎没有死亡，但可能形成僵猪。

三、细菌性疾病继发或混合感染

目前，规模化猪场细菌性疾病常年发生，特别是猪群中发生各种病毒病时，往往会出现细菌性疾病的混合感染或继发感染，导致猪群发病率和死亡率增高。当成功控制了病毒性疾病之后或者病毒性疾病流行终止后，细菌性疾病可能成为规模化猪场主要的疾病。尤其在农村，细菌性疾病很普遍，特别是那些环境差的中、小型规模猪场发病率均较高。细菌性疾病中副猪嗜血杆菌病，发病率奇高，单独发生或与其他疾病混合感染十分普遍，有些猪场感染率为71.5%。发生本病，说明猪群整体免疫力低下，大部分情况是与猪瘟、猪伪狂犬病、弓形体病等混合感染，治疗难度加大，病死率较高。此外，许多猪场保育阶段猪出现的问题严重，如成活率低于90%，饲料报酬下降，猪群发热、衰弱、气喘、关节和淋巴结肿大等，其原因是一方面与断奶后母源抗体保护消失、疫苗的主动免疫水平不高有关；另一方面与猪圆环病毒Ⅱ型感染后继发以上细菌性疾病有关。由此可见，猪病的主要流行形式已从单一病原感染转向病原的共同感染或混合感染。也就是说，猪群发病往往并非由一种病原所致，而是由两种或两种以上的病原体共同作用造成，常导致猪群发病急、病情复杂且死亡率高，而且整体控制难度大。

四、繁殖障碍性疾病将会更加严重

目前，因猪繁殖障碍性疾病造成的经济损失仍然是困扰规模化猪场生产的一大难题，而且种猪繁殖障碍性疾病将会更加严重。引起繁殖障碍的疫病有猪繁殖与呼吸综合征、猪圆环病毒Ⅱ型感染、猪伪狂犬病、猪细小病毒病、乙型脑炎、猪流感、猪附红细胞体病、猪布鲁氏菌病、猪衣原体病、猪钩端螺旋体病、猪瘟、猪弓形体病等。其中，猪蓝耳病、猪圆环病毒Ⅱ型感染、猪伪狂犬病、猪细小病毒病、乙型脑炎、猪弓形体病和猪附红细胞体病造成繁殖障碍最为普遍和严重。随着温和型猪瘟的不断出现，母猪产弱胎的现象呈普遍上升趋势，胎儿产出后呈现先天性震颤等疾病。尤其是猪蓝耳病病毒、猪圆环病毒Ⅱ型的双重感染引起的流产、产死胎和弱仔等问题已在一些规模化猪场很严重，对初产母猪的危害最大。

五、呼吸道疾病日趋严重

由于规模化猪场增多，外界一些应激因素如猪舍卫生条件差，气温变化大、不同日龄和不同品种的猪混养、猪群饲养密度加大以及营养不良等均可为呼吸道传染病的发生和流行提供良机。引起的病因一方面是原发性病原感染，如猪支原体肺炎、猪萎缩性鼻炎、猪传染性胸膜肺炎、副猪嗜血杆菌病、猪繁殖与呼吸综合征、猪伪狂犬病、猪流感、猪冠状病毒感染等呼吸道感染发病率增加，危害加重；另一方面是继发感染病原体引起，如多杀性巴氏杆菌、链球菌、沙门氏菌、大肠杆菌等。原发性病原体先侵入呼吸道和肺脏，破坏呼吸道的防御屏障，使猪体的免疫力下降，造成内源性感染，同时一些存在于猪舍空气和环境中的外源性病原体也乘机入侵，形成混合感染和继发感染而造成猪呼吸系统疾病综合征。调查证实，规模化猪场无一不存在呼吸系统传染病，各种日龄的猪都可发病，发病率通常30%～60%，病死率5%～30%，给规模养猪生产造成严重的经济损失，已成为现代养猪生产中的主要问题之一。

六、免疫抑制性传染病愈来愈严重

(一)免疫抑制的概念和危害

免疫抑制是动物免疫功能异常的一种表现，是指动物机体在单一或多种致病因素的作用下，免疫系统受到损害，导致机体暂时性或持久性的免疫应答功能紊乱，以及对疾病的高度易感。目前引起免疫抑制的因素广泛存在于我国猪场中，是造成疫苗免疫失败与诱发各种疾病的元凶之一。免疫抑制性疫病除了直接危害机体外，更为严重的是造成机体免疫抑制，可使多种病毒、细菌、寄生虫同时乘虚而入，造成多种疫病继发感染，使病情加重、药物的有效性变差及疫苗免疫接种失败，故有人称之为"钥匙病原"。

(二)造成猪免疫抑制的因素

1.传染性因素

引起免疫抑制的因素众多，其中传染性因素最为重要。在猪舍环境得到改善，传染性疾病在使用活疫苗或灭活疫苗免疫接种，以及免疫程序得到合理贯彻等情况下，仍出现众多的呼吸系统疾病，此时应考虑是否存在传染性因素，如猪蓝耳病病毒、猪圆环病毒Ⅱ型、猪瘟病毒、猪伪狂犬病病毒、猪流感病毒、猪细小病毒、肺炎支原体、胸膜肺炎放线杆菌和弓形体。其中，猪蓝耳病病毒、猪圆环病毒Ⅱ型感染是危害我国猪群最重要的两种免疫抑制性疾病。更为重要的是这两种病毒均可直接侵害猪的免疫器官和免疫细胞，抑制猪只体液免疫和细胞免疫，减弱机体的抗病力，因面对其他疾病的易感性增加，故有人称免疫抑制为"无形的杀手"。

2.非传染性因素

主要有遗传、毒素中毒、营养、药物、疫苗、理化和应激等因素。在这些非传染性因素中，霉菌毒素中毒是最大的免疫抑制因素。

七、寄生虫病、中毒病、营养代谢病等时有发生

规模化和集约化养猪，饲养密度大、猪群周转与引种频繁等因素，使寄生虫病的危害增大，尤其是疥螨、球虫、鞭虫等。寄生虫造成猪群饲料利用率降低，生长性能下降。饲料发霉变质、农药中毒及饲料中添加过量的喹乙醇、痢菌净等药物引起的中毒；饲料配合不当或储备存放过长使营养成分损失引起的营养代谢性疾病时有发生。此外，规模化猪场采用的限位栏饲养方式，造成种猪的肢蹄病和生殖系统疾病明显增多。

第三节　猪病发生的原因

一、多病原猪病增多

近些年，猪病呈现多种病原体引起的多重感染或混合感染的发病趋势，猪群疫病表现为潜伏期短、发病急、传播快，呈现败血型病征以及高发病率和高死亡率的特点，而且控制难度大。在多重感染中，常常是多种细菌性、病毒性、寄生虫性疾病同时发生。在一些规模猪场病毒病一般趋于缓和，细菌病呈上升态势。多病原猪病增多，常以猪瘟、猪伪狂犬病、猪细小病毒病、猪乙型脑炎等病毒性繁殖障碍性疾病为主，继发或混合感染副猪嗜血杆菌病、猪链球菌病、巴氏杆菌病、猪大肠杆菌病等疾病。无论是细菌病还是病毒病，病猪所表现出来的临床症状都很相似，主要体现为呼吸系统疾病的症状，给疾病的诊断治疗和防控带来很大的困难。呼吸系统疾病综合征由病毒、病菌、环境应激、霉菌毒素和猪体免疫力低下相互作用造成。由于这些病原体的多重感染，猪群一旦发病则临床表现复杂，病情严重，病理变化多样，只有通过实验室诊断才能确诊。在实际控制和治疗的过程中，药物治疗效果不甚理想。

二、猪场选址和猪舍设计不合理

（一）猪场选址不当

猪场选址不当主要表现在猪场的位置和猪舍间距不符合现代防疫技术要求。不少猪场与周围的村庄、交通主干道距离较近，生产区内猪舍间距过小，不符合隔离和通风的要求。不同用途、不同年龄的猪混群饲养也不符合现代防疫技术的基本要求。还有的猪场根本没有隔离舍，发病猪或引进种猪常与本场的正常猪饲养在同一栋舍内，人为造成疾病的传播。

（二）一点式的高密度饲养环境不利于疫病的防控

由于土地限制，许多管理规范的养猪场在几十亩（1 亩＝667 米^2）或百十亩土地的范围内年出栏 1 万头至数万头商品肉猪，在狭小的环境内高密度饲养，彼此间距变小，使一些接触性疾病的传播变得极容易（如口蹄疫、蓝耳病等），常常易暴发流行。一点式的高密度饲养环境不利于疫病的防控，即使管理再好，只要环境条件稍变猪就易发病，原因是猪群已处于亚健康状态。

（三）猪场流水式的生产工艺流程设计不利于疫病防控

有些猪场分别对空怀、配种、妊娠、分娩、保育、育肥的各类猪群采用了“流水式”的管理，使猪群不断地转群、合群，猪群流动性增大，猪之间接触频率增高，导致猪群易处于应激状态，造成机体抵抗力下降，很容易感染疫病。

（四）猪舍设计不科学

许多猪场的猪舍采用的是长通间、双列式结构。如在妊娠舍采用限位栏饲养，一栋猪舍常饲养数百头母猪；分娩舍母猪多在产床上分娩，使舍内常有处于不同生理状态的各类母猪及不同日龄的哺乳仔猪；而生长育肥猪舍内也同样有几百头不同日龄的猪混合饲养在一栋猪舍内。舍内通风换气、排污、喂料、清扫及其他生产活动均由一侧向另一侧进行，这种大通间猪舍设计的最大问题就是病原微生物可通过猪之间的密切接触，空气、污水及人员活动传播，特别是能使急性传染病在极短的时间内在一栋猪舍或全场范围内流行。

（五）猪场粪污处理落后

猪场环境污染有利于疾病的发生和扩散。猪舍内或猪场的环境污染物主要是粪便、污水和有害气体。国内许多猪场因建场较早,没有粪污处理设施,导致场内粪便、污水污染的现象随处可见。

三、生物安全原因

(一)缺乏完善的消毒规范程序

有的猪场消毒池没有或是不能充分利用,很多猪场的消毒池长度、深度不够;人员进出猪场不能严格执行消毒、更衣制度;对外人要求严格,对本场人员不执行同等要求,尤其是进入生产区的人员不严格执行消毒与隔离观察要求。平时定期消毒和特殊情况下的紧急消毒缺乏界定及执行不到位;消毒剂的选用不合理;忽视消毒剂对浓度、温度,酸碱度、作用时间等的要求;环境消毒不彻底,消毒剂不现配现用:消毒剂用量不足,对人流、物流、车流的消毒不彻底等。

(二)有害生物防控不良

场区内缺乏绿化,杂草丛生,蚊蝇多,鼠害控制不利;粪便等污物通道和饲料运输、人员通道没有严格分开。这些因素的存在,增加了传播病原微生物的可能性。

(三)猪舍不能彻底消灭毒源

许多规模猪场采用流水式作业和大通间式猪舍,无法实行全进全出和彻底空栏,各类猪舍基本上只实行载猪条件下的日常消毒或局部的空栏清洗消毒,不能进行必要的定期空栏消毒。由于猪舍不能彻底消灭毒源,从而导致疫病的扩散。

四、饲养管理原因

(一)引种混乱和隔离不当

很多猪场从不同的种猪场引种,不调查引种地种源和疫情,引种渠道混乱,疾病信息缺乏,检疫把关不严等导致猪场病原难以控制,使猪场疫病更加复杂,尤其是一些新建猪场急于投产,多渠道引种,使得不同地域、不同繁育体系间疫病的传播越来越多,结果猪场成为疫源的集中地。例如有些猪场的伪狂犬病和蓝耳病的发生和流行,与从外地引种有关。此外,由于猪场缺乏隔离区或者是忽视隔离的重要性,致使引进的种猪没隔离或隔离时间不够,继而入场增加病原传入机会。

(二)饲养密度过大

随着现代养猪生产规模化程度的提高,饲养密度合理与否已成为影响猪群健康的一个至关重要的因素。一方面,猪舍内猪的饲养密度越大,水汽含量越多,粪尿量大,舍内温度也越高;同时,舍内的有害气体、微生物、尘埃数量也越多,空气卫生状况差。猪呼吸道疾病高发与这种不良状况有极为密切的关系。另一方面,每个猪群都有其特定的群体优胜序列,饲养密度过高、猪群过大时,为争夺位次而导致的咬斗行为更为频繁,造成猪的活动时间延长,休息时间减少,使猪群处于持续应激状态。这种状况对猪群的采食、生长、免疫等都会产生严重干扰,使猪群长期处于亚健康状态,从而导致猪群发病率升高。

(三)对猪舍内环境的控制重视不够

规模化猪场在高密度集约化饲养条件下,为保证猪群的正常生产,必须有效地控制猪舍内的环境,如温度、湿度、光照、灰尘和有害气体浓度、病原微生物数量等。猪舍内这些不利环境因素一旦达到一定水平,就会损害猪的健康,造成疫病发生和流行。对于一些传染病而言,如果饲养管理较好,就不会加重病情。但由于一些猪场内的圈舍设计不规范、超标准饲养猪，使本来承载能力有限的猪舍超负荷运行，又加重了对环境不良的影响。此类猪场，不仅猪舍内空气中病原微生物超标，舍外数十米高空的空气中也可检出病原微生物。因此，呼吸系统疾病、腹泻等疾病出现，是饲养密度过大、气温和通风不当（在全封闭式管理的猪舍冬季更为严重）等环境因素不良的结果。对于已经感染多种疫病或处于亚健康状态的猪群，冬、春季和酷暑期是疫病暴发的主要时期。如果这类猪场处于养猪密集区，很容易导致疫病在局部区域流行。当一个猪场同时存在上述几个不利环境因素时，场内猪群的疫病通常会在 4 种以上，尤其难以控制。不发病属于侥幸，发生疫情则是必然结果。

（四）人员管理缺乏科学机制

有些猪场生产管理人员、兽医技术人员、饲养员的配置与岗位要求不明确、不到位、缺乏有效的组织运行与公开公平的监管机制和奖惩机制，即使有也不能持续执行，随意性大，无法调动起各方人员的积极性和责任心，不能及时发现生产和饲养中的潜在问题。此外，猪场人员流动性大而又缺乏可操作性细则及系统培训，无法实现生产操作精细、稳定生产的要求。

五、疫苗与免疫因素

（一）疫苗选择不当

一些猪场滥用未经批准的疫苗和非紧急情况下使用所谓的自家疫苗，不根据本区域流行病学特点、周边猪场状况、猪场传染病控制需要等，结合免疫程序来选择合适疫苗，而是轻信宣传、盲目采购。进口苗、国产苗、细胞苗、组织苗、工程苗、单苗、联苗，五花八门，良莠不齐，这是一些养猪生产者和兽医认识误区与疫苗商业活动误导的结果。并且有些猪场经常自作主张或轻信传言而非通过对比和检测来变换疫苗使用，特别是紧急免疫时选择疫苗不恰当，用量不准确，常致免疫事故频发。

（二）疫苗的运输和保存不妥善

疫苗的采购、运输过程不规范，是最可能出现的疫苗冷链中断的原因。此外，保存方法错误或不按要求保存，也会造成疫苗质量的下降或完全失去免疫价值。

（三）免疫程序不合理

免疫程序是指以本区域传染病的流行与发展规律和猪群的健康状况为依据（最好有免疫检测数据），既要考虑危害严重的传染病，又要考虑猪场的常见病、多发病，同时还要结合季节特点、猪群的日龄、疫苗性质等，制订疫苗免疫使用方案和计划。由于猪病的复杂性和种类呈上升趋势，而绝大多数的猪场还是套用过去的免疫程序或者是疫苗厂家推荐的模式来确定当年的免疫程序，缺乏科学的依据和对免疫程序的正确理解，往往导致免疫失败。

（四）免疫注射操作不规范

一些猪场由于对疫苗管理不到位或者是兽医技术人员的技术水平较差，往往会出现下列几种情况。一是猪场对疫苗领用和使用缺乏记录、监督和复核；二是冻干苗稀释浓度不准确，消毒不规范，不按规定要求及时用完；三是针头大小，长度不合适，注射深度没保证，影响吸收；四是注射动作粗暴，下针狠、推药快、拔针急，注射不到位，飞针多，使猪产生应激大，从而造成不良反应；五是不按规定用量使用，盲目加大或减少使用剂量。

六、兽药使用因素

(一)滥用抗生素问题突出

在一些猪场发生猪病时,兽医不分疾病的性质和病因,盲目使用抗生素,把抗生素当成"万能药",但又急功近利,用药疗程短,各类药品轮换用,从而导致两方面问题:一是易造成耐药性,影响有效药物选择,极易贻误治疗时机;二是误认为对病毒性疾病有效而大量使用,用后基本没什么效果,反而还会加重病情。

(二)随意配伍与超剂量使用

有些兽医由于缺乏基本的药理知识,同时治病心切,为获得短期可见效果,随意进行药物配伍,并采用大剂量。虽然有些药物配伍会有药物增强作用,但更多的是出现的毒副作用远超过治疗效果。

七、猪病防控理念落后

(一)认识存在片面性

一是很多猪场的兽医把病原与疾病混淆,缺乏对宿主抵抗力和致病因子的理解,采取措施往往局限于针对单一的病原;二是把疫苗产生的特异性免疫误以为是完整的免疫,忽视非特异性免疫的广泛性作用以及其对疫苗产生免疫应答过程中的基础支持;三是专注于临床症状而忽视病因,以症状为控制方向,很少去探究病因并采取合理措施避免问题的重复出现。

(二)理念落后于发展

现代养猪生产规模化程度在提高,而一些兽医,尤其是乡镇级兽医仍然在重复散养时期的治病模式,重治轻防,过分依赖疫苗和药物,忽视营养、设施、环境、卫生与饲养管理的重要性。过分依赖药物不仅增加了养猪成本,还会造成猪体耐药性的增加,大量注射疫苗,可导致重要疾病免疫失败甚至散毒。目前,国内许多猪场为了防控猪病大量用药,如饲料加药、饮水加药、有病多投药、无病投保健药等,使猪成了离不开药的"药罐子"。此外,在集约化饲养条件下,一些兽医和生产者对应激危害认识不足,应激在一定程度上可称为"百病之源",已经成为现代养猪生产集约化饲养条件下需认真对待的重大危害。

(三)忽视营养调控

营养是猪健康之本,是免疫的物质基础。营养的充足与平衡关系到免疫系统的机能状态,而这又是决定猪群抗病能力的关键因素。通过及时调整饲料的营养水平,尤其是维生素和益生素等微量营养素的有效补充,可使猪群的免疫力和生产性能保持在正常的良好状态。但这种简单易行的方法和措施往往不被猪场生产者和兽医重视,生产中通常是偏重强调蛋白质、能量、矿物质水平,对抗病营养的调控方法和措施的关注度低,远远不能满足动态变化中的营养需求。

八、养殖环境的污染

猪场养殖环境的污染是猪场疫病发生与流行的重要因素。有报道证明,从猪场的污水中和环境中已分离出猪的肠道病毒、流行性腹泻病毒、传染性胃肠炎病毒等;另外还分离到许多致病性细菌,检测出各种寄生虫虫卵等,并且这些病原体通过污水浸透土壤 1.5 米后仍能存活。环境中的许多病原微生物可附着于污染空气的尘埃上,形成凝集性气溶胶,经呼吸道感染,可导致疫病在猪场流行。由此可见,猪场环境的污染对疫病的发生与传播有重要影响。

猪的免疫抑制性疾病

猪病越来越复杂，但是再复杂也有其自身发生发展的规律可循，抓住“纲领”，顺藤摸瓜，寻求根源，其他问题将迎刃而解。归纳起来导致复杂猪病的主要根源是损伤性免疫抑制和抗生素依赖性免疫抑制。

一、损伤性免疫抑制性疾病

针对中国迅猛发展的规模化养猪现状和多病原混合感染发病特点，经研究发现，三大免疫抑制性疾病即圆环病毒病（破坏淋巴系统）、蓝耳病（破坏巨噬细胞系统）、猪瘟（免疫系统崩溃）和霉菌毒素导致免疫损伤，是引起中国养猪业复杂猪病产生的根源，是中国规模化养猪的主要风险性疾病。

（一）第一号免疫抑制性疾病

猪圆环病毒病Ⅱ型是猪群最严重的头号免疫抑制性疾病。病原隐藏在猪的肾细胞，健康度差、抵抗能力弱的猪群，病原大量复制攻击淋巴系统而导致免疫抑制，其主要危害是造成各种疫苗免疫失败，诱发隐性蓝耳病向临床型发展，引发多病原混合感染。临床主要表现为新生仔猪先天性震颤（怀孕母猪后期感染而引起胚胎脊髓神经髓磷脂沉着迟缓，脊髓神经发育不全）、断奶仔猪多系统功能衰竭和慢性消耗综合征、皮炎肾病综合征、母猪繁殖障碍等。

（二）第二号免疫抑制性疾病

猪蓝耳病于1987年在美国首次报道，1996年首次在我国暴发，现已传遍世界。中国猪场95%以上隐性感染本病，猪群健康水平低下，免疫受阻。蓝耳病病毒隐藏在猪的巨噬细胞内，破坏巨噬细胞系统，呼吸系统防御系统严重受损。2006年以来，蓝耳病毒变异毒株已经发展为以圆环、蓝耳和猪瘟为主导的三大免疫抑制性疾病，并诱发流行性感冒、肺炎支原体（喘气病）、传染性胸膜肺炎、副猪嗜血杆菌、巴氏杆菌、链球菌、附红细胞体等为主的多病原混合感染性疾病，临床表现已经从“流产风暴”为特征的暴发型转向损害保育猪、生长猪为特征的“呼吸障碍型”和“混合感染型”，并已成为仔猪、生长猪呼吸系统疾病综合征及临床上混合感染疾病最主要的原发性病原。

1. 蓝耳病主要临床表现

繁殖与呼吸障碍综合征、多病原混合感染。

2. 蓝耳病病毒的主要危害

1）干扰疫苗免疫效果　蓝耳病病毒破坏巨噬细胞系统，阻止巨噬细胞参与特异免疫应答，导致疫苗接种失败，特别是接种蓝耳病疫苗过程中，形成蓝耳病病毒亚中和抗体，强化蓝耳病病毒的抗体依赖性增强作用，提高蓝耳病病毒感染率，诱发蓝耳病病毒阳性猪群向临床型发展。

2）混合感染发病率增高　巨噬细胞系统在肺部的防御机制中起主要作用。蓝耳病病毒能选择性攻击肺泡的巨噬细胞，摧毁呼吸道免疫体系，抗病力降低，易引起各种继发感染和呼吸系统疾病综合征。

3）加剧猪圆环病毒病恶性发展　机体巨噬细胞系统受损，第二道免疫防线被攻破，清除圆环病毒能力减弱，圆环病毒增殖复制加剧，传播通路打开，促进圆环病毒阳性猪群恶性发展，混合感染疾病增多并复杂化。

4)诱发猪瘟病毒感染　蓝耳病病毒破坏巨噬细胞系统,干扰对猪瘟的免疫,猪瘟病毒抗体水平低下,容易感染猪瘟病毒;据报道,临床型蓝耳病迅速导致猪瘟病毒抗体水平下降,诱发猪瘟病毒感染。

(三)第三号免疫抑制性疾病

猪瘟病毒侵害各组织器官,广泛性出血和败血性病变,淋巴系统、巨噬细胞系统被彻底破坏,抗病能力迅速下降消失并快速混合感染。猪群隐性感染圆环病毒和蓝耳病病毒导致猪瘟疫苗免疫失败以及临床型蓝耳病病毒破坏猪体内已经形成的猪瘟病毒抗体,是引起猪瘟暴发或非典型性猪瘟的主要因素。

(四)三大免疫抑制性疾病的发病规律与相互作用关系

圆环病毒病、蓝耳病、猪瘟在临床上的发生与发展有着密切的联系和规律性,它们单独感染时对猪群的威胁并不大,也不难控制,但相继感染或同时并发感染时,三者之间,互为诱因,互为促进,破坏免疫功能,恶性循环发展。

①缺乏现代养猪观念,管理失调,只注重蓝耳病,而忽略圆环病毒病,只注重治疗,而放松了预防保健,滥用抗生素,导致猪群健康水平低下,应激能力弱,天然免疫屏障不稳固,接种疫苗失败,促使圆环病毒阳性猪群向临床型发展,圆环病毒导致淋巴系统受损,第二道免疫防线被攻破,诱发隐性蓝耳病向临床型发展。②圆环病毒促进蓝耳病向临床型发展,破坏巨噬细胞系统的吞噬功能,呼吸系统生态平衡失调,天然防御体系失控,寄生于呼吸系统的病原微生物及环境各种致病因素引发呼吸道综合征和多病原混合感染;巨噬细胞系统功能下降,免疫失败,疾病增多;蓝耳病向临床型发展,巨噬细胞功能进一步下降,促进圆环病毒病恶化,并诱导猪瘟病毒抗体下降而诱发猪瘟。③猪瘟发生后,机体免疫功能被彻底摧毁,防御能力尽失,多病原混合感染逐步发生、发展、恶化,迅速病入膏肓,药物已无用武之地。④要想养猪少生病,要想有效降低养猪的风险,必须重点保护生猪的天然免疫力和构建非特异性免疫屏障,防病的重点是提高群体天然抗病能力,为疫苗免疫夯实基础,才能有效控制三大免疫抑制性疾病以及混合感染的发生。

(五)更大的风险

三大免疫抑制性疾病对多数养猪人来讲还没有理解透,还没有控制住,又来了非洲猪瘟,这是毁灭养猪业的国际重大疫病,中国养猪人身处险境,要引起高度警觉,切不可麻痹大意！遵循下面这16个字,方可降低风险:尊重科学,遵循行规,全民动员,严防死守！

二、抗生素依赖性免疫抑制性疾病

中国是全世界抗生素污染最严重的国家,在养猪实践中,中国养猪专家发现,中国猪病除病原微生物和霉菌毒素等造成的损伤性免疫抑制之外,绝大多数属于抗生素依赖性与惰性免疫抑制,临床上发生的许多疾病乃抗生素依赖性疾病。

抗生素是用来治病的,不是用来做保健的。抗生素用得越多越频繁,免疫惰性就越强,发病的概率就越高。特别是仔猪阶段,正是免疫功能形成和免疫器官锻炼发育阶段,抗生素的频繁使用,会造成免疫系统发育受阻和惰性行为,同时影响消化道益生菌群形成,降低消化利用率,养猪效益差。我们要坚持"预防为主,防治结合,防重于治"的原则,防控猪的疫病发生,保障养猪业的健康发展。

建立"三足鼎立"健康养猪模式,就是以生物制品防控特殊烈性传染病,以中草药保健构筑和强化动物非特异性天然免疫能力,以益生菌调节环境和机体菌群平衡。

第三章　猪的疫苗及免疫技术

第一节　疫苗种类

目前在生产中应用多种疫苗主要有活疫苗、灭活疫苗、提纯的大分子疫苗等全微生物疫苗和生物技术疫苗等。

一、活疫苗

活疫苗包括弱毒苗和异源疫苗。大多数弱毒疫苗是通过人工的方法，使强毒在异常的条件下生长、繁殖，毒力减弱，但仍然保持原有的抗原性，并能在体内繁殖，是目前生产中使用最多的疫苗种类。具有剂量小、免疫力坚实、免疫期长、能较快产生免疫力，对细胞免疫也有良好的作用等优点。但保存期较短，为延长保存期多制成冻干苗，有的需在液氮中保存，给储存、运输带来不便。异源疫苗是用具有共同保护性抗原的不同病毒制备成的疫苗。例如用火鸡疱疹病毒接种预防鸡马立克病，用鸽痘病毒预防鸡痘等。

二、灭活疫苗

病原微生物经过物理或化学方法灭活后，仍然保持免疫原性，接种后使动物产生特异性抵抗力，就叫灭活疫苗。由于被灭活的微生物不能在体内繁殖，因此接种所需的剂量较大，免疫期短，免疫效果次于活疫苗，主要适用于体液免疫为主的传染病。常见的灭活疫苗有病变组织灭活苗、油佐剂灭活苗和氢氧化铝灭活苗。

(1)病变组织灭活苗　用患病动物的典型病变组织，经研磨、过滤等处理后，加入灭活剂灭活后制备成的。多作为自家疫苗用于发病本场，对病原不明确的传染病或目前无疫苗的疫病有很好的作用。无论病变组织灭活苗还是鸡胚组织灭活苗，在使用前都应做无菌检查，合格后方可使用。

(2)油佐剂灭活苗　以矿物油为佐剂与经灭活的抗原液混合乳化而成，有单相苗和双相苗之分。油佐剂灭活苗的免疫效果较好，免疫期也较长，生产中应用广泛。双相苗比单相苗抗体上升快。

(3)氢氧化铝灭活苗　将灭活后的抗原加入氢氧化铝胶制成的，具有价格低、免疫效果好的特点，缺点是难以吸收，易在受体内形成结节。

三、提纯的大分子疫苗

(1)多糖蛋白结合疫苗　将多糖与蛋白载体(一些细类毒素)结合制成。

(2)类毒素疫苗　将细菌外毒素经甲醛脱毒而制成，其虽失去致病性，但仍保留免疫原性。例如肉毒类毒素、致病性大肠杆菌肠毒素等都可用作疫苗生产。

(3)亚单位疫苗　从细菌或病毒抗原中，分离提取某一种或几种具有免疫原性的生物学活性物质,除去不必要的杂质而制成。

四、生物技术疫苗

基因缺失疫苗是利用基因工程技术将强毒株毒力相关基因部分或全部切除,使其毒力降低或丧失,但不影响其生长特性的活疫苗。这类疫苗安全性好,免疫期长,致弱所需的时间短,免疫力坚实,免疫接种与强毒感染相似,机体可对病毒的多种抗原产生免疫应答,是较理想的疫苗。

这方面最成功的是伪狂犬病病毒 TK 基因缺失苗,它是美国食品和药物管理局(FDA)批准的第一个基因工程疫苗。由于同时缺失 TK 基因和 gE, gG,gI 三种糖蛋白中的一种,它所产生的免疫应答很容易与自然感染的抗体反应相区别,又称为“标记”疫苗。

生物技术疫苗还包括基因工程重组亚单位疫苗、核酸疫苗、转基因疫苗等。其中,大肠杆菌基因工程苗在养猪生产中得到广泛的应用。

第二节　疫苗的选用和储存

一、疫苗的选用

目前几乎每一种疫病都有两种或两种以上的疫苗可供选择,有的有灭活苗,有的有弱毒苗(如乙型脑炎、伪狂犬病等既有灭活苗也有弱毒苗,若用弱毒苗应考虑其安全性);有的有单苗,有的有多联苗(许多人认为规模化猪场应使用单苗为宜);有的有常规苗,有的有浓缩苗(如口蹄疫,浓缩苗比常规苗的免疫力高)等。

疫苗的内在质量是由其生产厂家决定的,猪场选择疫苗时若发现疫苗变质和发霉、疫苗有异物、疫苗过期、保存不当致失效等现象发生时,应停止选购或废弃不用。

二、疫苗的储存

冻干疫苗在－15℃以下时可以保存一年或一年以上,此类疫苗保存应严格实行冷链运输和储存,切忌反复冻融。液体疫苗(油佐剂和水剂苗)适宜在 4～8℃的条件下冷藏。

第三节　免疫接种的目标及原则

免疫是防疫的重要一环,免疫程序是否合理关系到免疫的成败,从而影响生产成绩。

一、免疫接种的目标

在制定免疫程序时,首先要明确接种疫苗要达到的目标。

(一)通过免疫母猪保护胎儿

如接种细小病毒病和乙型脑炎疫苗是为了全程保护孕期胎儿,一般在母猪配种前 4 周接种为宜。在 7.5～8 月龄配种的后备母猪,应选择在 6 月龄接种为宜,考虑到后备母猪是首次免疫(首免)该两种疫苗,所以 4 周后需要再加强接种 1 次。如果个别后备母猪 9～10 月龄才发情配种,为避免抗体水平下降应在发情配种后加强接种 1 次。

(二)通过母源抗体保护仔猪

给母猪接种病毒性腹泻疫苗主要是为了通过母猪的母源抗体保护哺乳期仔猪,所以流行性腹泻疫苗应在产前跟胎免疫为好，同时为了获得高水平的母源抗体，一般间隔 4 周后再加强接种 1 次。有的猪场哺乳期仔猪链球菌病发病率较高，也可在母猪产前 3～5 周接种链球菌疫苗。

(三)同时保护母仔

伪狂犬病、猪瘟、圆环病毒病、口蹄疫等疫病，可以考虑对母猪实行普免(普遍免疫)，普免的免疫密度要比胎免(跟胎免疫)的免疫密度大，才能保证母猪群各个阶段都有较高的抗体保护，如每年普免 3～4 次。如果某种疫病多发于哺乳仔猪，可以改为产前免疫；如果应用的疫苗安全性差、应激大，最好安排在产后空胎时接种或者考虑换安全性好的疫苗。用于普免的疫苗要具有毒株毒力小、应激小、对胎儿安全的特性，毒株毒力较强的疫苗(如高致病性蓝耳病疫苗)进行普免要十分谨慎。

(四)保护仔猪直到育肥猪上市

一般在仔猪的母源抗体合格率降到 65%～70%时进行首免，如果 1 次免疫不能保护仔猪至育肥猪上市，一般间隔 4 周后加强免疫 1 次。如给仔猪首免猪瘟、伪狂犬病、圆环病毒病等疫苗，4 周后也需要加强免疫 1 次。

(五)保护未发病的同群猪

在猪群发病初期加大剂量紧急接种疫苗，通过快速产生免疫保护达到控制疫病的效果。用于紧急接种的疫苗应具有毒株毒力小、产生免疫保护快、毒株同源性高的特性，如猪场发生猪瘟或伪狂犬病时通常采取疫苗紧急接种的办法，能使疫病得到很好控制，但蓝耳病疫苗因其产生免疫保护迟缓、毒株毒力较高一般不适宜用于紧急接种。

二、免疫接种的原则

猪场制定科学免疫程序的九大原则为：

(一)地域性与个性相结合原则(毒株同源性原则)

根据猪场实际情况，因地制宜，制定适合本场的免疫程序。需要通过对病原和流行病学的调查，确定本地区和本场流行的疾病类型，选择同源性高或交叉保护性好的毒株疫苗进行免疫，如发生地方性猪丹毒可接种猪丹毒疫苗，发生地方性 A 型口蹄疫可选择 A 型口蹄疫疫苗。

(二)强制性原则

要做好国家强制要求的口蹄疫、猪瘟、高致病性蓝耳病 3 个烈性传染病的疫苗免疫。因为这些疫病一旦暴发，不仅会造成本场重大的经济损失，还会对邻近的其他猪场的生产和公共卫生造成极大影响。

(三)病毒性疫苗优先的原则

目前猪病比较复杂，需要防控的疫病种类很多，在制定免疫程序时，需要考虑将病毒疫苗优先免疫。我们可以根据引发疫病的微生物种类、原发病、危害严重性等，对疫苗进行分类，依次接种。

(1)基础免疫　猪瘟、伪狂犬病、口蹄疫，这 3 个疫病关系到猪场生死存亡，所以放在最优先接种。

(2)关键免疫　蓝耳病和圆环病毒病会引起免疫抑制，从而导致继发或混合感染，甚至会影响其他苗的免疫效果，因此这两种疫苗的免疫很关键。

(3)重点免疫　为了保护胎儿,母猪配种前重点免疫乙型脑炎和细小病毒疫苗;为了保护初生仔猪,母猪产前重点免疫病毒性腹泻疫苗;为了保护育肥猪,仔猪重点免疫支原体疫苗。

(4)选择性免疫　如传染性萎缩性鼻炎、链球菌病、副猪嗜血杆菌病、猪丹毒、猪肺疫及大肠杆菌病等细菌性疾病,这些疾病如果危害较小可通过适当抗生素预防和环境控制来解决,如果对猪场危害大可考虑接种疫苗。如产床粗糙,常引起哺乳仔猪关节损伤导致链球菌病发生,母猪产前可免疫链球菌疫苗;如产房排污困难、湿度大,常发生黄白痢,母猪产前可免疫大肠杆菌疫苗。

(四)经济性原则

一些慢性消耗性疾病,如圆环病毒病、肺炎支原体和萎缩性鼻炎等疫病会导致猪生长缓慢,饲料转化率低,从而增加了饲养成本,降低了猪场经济收益。众多的试验表明,圆环病毒感染的猪场接种疫苗组与空白组对照相比,疫苗组能提高日增重 46～128 克,提早出栏 7～22天,降低料重比 0.13～0.34,降低死淘率 3%～11%。在选择疫苗品牌时,主要依据疫苗接种试验的经济指标(如母猪年生产力、料重比、性价比)来评估疫苗的优劣。

(五)季节原则

蚊虫大量繁殖的夏季易发乙型脑炎,寒冷的冬春易发口蹄疫和病毒性腹泻。可在这些疫病多发月份来临前 4 周接种相应的疫苗,如北方 9～10 月接种口蹄疫和病毒性腹泻疫苗,同时因南方每年 2～4 月雨水多、空气湿冷,饲料易霉变,所以南方每年 1～2 月需要加强接种口蹄疫和病毒性腹泻疫苗。

(六)阶段性原则

根据本场的临床症状、病理变化、抗体转阳时间和抗原检测来分析本场的发病规律,在疫病易感染阶段提前 4 周免疫相关疫苗或在野毒抗体转阳提前 4 周免疫相关疫苗。怀孕母猪易感染乙型脑炎和细小病毒,导致流产、死胎、木乃伊胎,母猪配种前应免疫这两种疫苗;蓝耳病常引起怀孕母猪孕后期(90 天后)出现流产、死胎,在怀孕 60 天接种比较适宜;初生仔猪易发生病毒性腹泻造成大量死亡,母猪产前应重点免疫病毒性腹泻疫苗;断奶后 7～8 周龄的保育仔猪易发生圆环病毒病,哺乳仔猪 3 周龄接种圆环病毒疫苗;育肥猪易发生支原体肺炎,仔猪重点免疫支原体疫苗。

(七)避免干扰原则

1.避免母源抗体干扰

在制定免疫程序时,由于过早注射疫苗,疫苗抗原会被母源抗体中和而导致免疫失败,过迟免疫又会出现免疫空当,因此需要对母源抗体进行检测,在母源抗体合格率下降到 65%～70%时进行首免。例如,目前很多猪场母猪普免猪瘟疫苗 3 次/年,仔猪到 3～4 周龄时猪瘟母源抗体水平保护率达 85%以上,如果这时接种猪瘟疫苗,就会因母源抗体干扰而导致保育猪 6～8 周龄抗体水平差而发病;很多猪场普免伪狂犬病疫苗 3～4 次/年,仔猪 7～8 周龄伪狂犬病母源抗体水平保护率高达 85%以上,此时接种伪狂犬病疫苗会导致免疫失败,从而加重伪狂犬病发病概率。

2.避免疫苗相互干扰

需要接种两种疫苗时,接种时间要间隔 1 周以上,例如,接种蓝耳病弱毒疫苗后建议间隔 2 周以上再接种其他疫苗。在安排季节性普免疫苗时,为避免蓝耳病疫苗对其他疫苗的干扰，可按照“猪瘟—伪狂犬病—口蹄疫—乙型脑炎—圆环病毒病—蓝耳病”的顺序安排接种。

3. 避免疾病对疫苗的干扰

若猪群或猪处于发病阶段或亚健康状态，例如，猪群群体出现发热、腹泻等现象，需要先进行药物治疗，然后再免疫。

4. 避免药物干扰

接种活菌疫苗前后 1 周，禁止使用抗生素；接种活疫苗（病毒苗）前后 1 周，禁止使用抗病毒的药物，例如金刚烷胺、干扰素、高免血清、抗病毒的中草药等；接种疫苗前后 1 周，尽量避免使用免疫抑制类药物，例如氟苯尼考、磺胺类、氨基糖苷类、四环素、地塞米松等糖皮质激素。

5. 避免应激干扰

避免在去势、断奶、长途运输后、转群、换料、气候突变等应激状态下进行疫苗的接种。

（八）安全性原则

接种疫苗后，有的猪会出现减食、精神沉郁或体温升高（1.0℃以内）的现象，这些反应是正常的，多在 1～3 天消失。但是也会遇到接种某些疫苗时出现绝食、体温升高（1.0℃以上）、口吐白沫、倒地痉挛、过敏性休克，甚至死亡或母猪流产等严重不良反应，这就需要在免疫前采取降低免疫不良反应的措施：①初次使用某种疫苗时先小群试用。②选择适宜的免疫阶段，尽量避开母猪重胎期和怀孕初期接种，避开猪群发热、腹泻时接种。③选择毒株毒力小的疫苗。④选择佐剂优良、应激小的疫苗。⑤ 有细菌混合感染发病的猪群应先加抗生素稳定病情后再接种。⑥接种应激大的疫苗，如口蹄疫灭活苗和蓝耳病疫苗时，接种前后 3 天在饲料或饮水添加电解多维抗应激。⑦尽可能避免紧急接种。⑧检查疫苗是否合格，不用过期、变质、包装破损的疫苗。⑨辅导员工熟练接种操作，不能盲目过量注射。

（九）免疫监测原则

免疫是动态的，随着猪群健康的变化而变化，所以需要在每季度或每批疫苗免疫后进行监测，定期调整免疫程序。免疫监测的目的一是根据检测结果调整免疫程序，二是评估免疫效果。

免疫监测的方法主要包括① 观察临床表现。②屠检检测。③ 生产成绩评估。④实验室检测。

实验室检测的具体方法

首先是免疫后 4 周左右抽血检测抗体水平，如果抗体水平不符合要求，要检查免疫失败原因，同时尽快补接疫苗；其次，免疫后 16 周龄、20 周龄、24 周龄抽血检测，评估免疫持续保护时间，从而决定免疫时间、免疫次数和免疫剂量；特别强调的是猪场应重视育肥猪中大猪阶段的检测，评估育肥猪免疫成败重要指标是看免疫是否能保护猪群直至出栏。具体检测时间可采用双周检测。

第四节　影响疫苗免疫效果的主要因素

一、遗传因素

机体对接种抗原的免疫应答在一定程度上是受遗传控制的，因此，不同品种甚至同一品种的不同个体，对同一种抗原的免疫应答也有差异。

二、营养状况

维生素、微量元素、氨基酸的缺乏都会使机体的免疫功能下降，影响免疫效果。例如，机体缺乏维生素 A 会导致淋巴器官的萎缩，影响淋巴细胞的分化、增殖，从而导致体内的 T 淋巴细胞、NK 细胞数量减少，吞噬细胞的吞噬能力下降。

三、环境因素

环境因素包括动物生长环境的温度、湿度、通风状况、卫生及消毒等。如果温度过高或过低、湿度过大、通风不良都会使机体出现不同程度的应激反应，导致机体对抗原的免疫应答能力下降，接种疫苗后不能取得相应的免疫效果，表现为抗体水平低、细胞免疫应答减弱。环境卫生和消毒工作做得好可减少或杜绝强毒感染的机会，使动物安全渡过接种疫苗后的诱导期。环境搞得好，可大大减少动物发病的机会，即使抗体水平不高也能得到有效的保护，但若环境差，存有大量的病原，即使抗体水平较高也会存在发病的可能。

四、疫苗的质量

疫苗质量的好坏是免疫成败的关键因素。弱毒疫苗接种后在体内有一个繁殖过程，因而接种的疫苗中必须含有足够量的有活力的病原，否则会影响免疫效果。灭活苗接种后没有繁殖过程，因而必须有足够的抗原量做保证，才能刺激机体产生坚强的免疫力。另外疫苗保存或运输不当也会使疫苗质量下降甚至失效。

五、疫苗的使用

在疫苗的使用过程中，有很多因素会影响免疫效果，例如疫苗的稀释方法，使用剂量，接种途径，免疫程序等都是影响免疫效果的重要因素。

六、病原的血清型与变异

有些疾病的病原含有多个血清型，这些血清型又无交叉保护力，若免疫后的血清型与感染的血清型不符，则难以取得良好的预防效果。因而针对多血清型的疾病应考虑使用多价苗。针对一些易变异的病原，疫苗免疫往往不能取得很好的效果。

七、疾病对免疫的影响

有些疾病可以引起免疫抑制，从而影响疫苗的免疫效果，比如圆环病毒病、蓝耳病、支原体等都会影响其他疫苗的免疫效果，甚至导致免疫失败。另外，动物的中毒病、代谢病等对疫苗的免疫效果均有不同程度的影响。

八、母源抗体

母源抗体的被动免疫对新生动物是十分重要的，然而这种被动免疫会给疫苗的接种带来一定的影响，尤其是弱毒疫苗在使用时，如果动物体内存在较高水平的母源抗体，就会严重影响疫苗的免疫效果。

九、病原微生物之间的干扰作用

同时免疫两种或多种弱毒疫苗往往会产生干扰现象，给免疫带来一定的影响。

十、日龄因素对疫苗的影响

尤其初生仔猪体内免疫器官发育尚未成熟，免疫应答能力也不完全，因此，免疫过早免疫效果不好。

应选择适宜的免疫接种途径，需要稀释的疫苗应按说明规定稀释疫苗，疫苗稀释后，要立即使用，超过规定时间（一般情况下弱毒疫苗在3～6小时用完，灭活苗限当天用完）未使用完毕的疫苗应废弃不用。另外免疫接种应无菌操作，免疫前后不要滥用药物，对免疫接种发生过敏反应的应及时进行抢救。

第五节　规模化猪场参考免疫程序

目前，全国没有一个统一的免疫程序，各猪场应根据疫病流行情况，抗体消长规律，再结合本场实际情况，有计划、合理地制定免疫程序。

一、育肥猪免疫程序（见表3－1）

表3－1　育肥猪免疫程序（仅供参考）

日龄	疫苗名称	使用剂量	免疫方法
1～3日龄	伪狂犬病基因缺失苗	每鼻孔1～2滴	滴鼻
14日龄	圆环病毒灭活苗	2毫升	肌内注射
21～27日龄	猪瘟（细胞苗）	5头份	肌内注射
28日龄至断奶前后	伪狂犬病基因缺失疫苗	1头份	肌内注射
45日龄	口蹄疫灭活菌	高效苗1毫升，常规苗2毫升	肌内注射
60～65日龄	猪瘟（细胞苗）	4头份	肌内注射
100日龄	口蹄疫灭活苗	高效苗1毫升，常规苗2毫升	肌内注射

建议：

1.若需要做超前免疫，可在未吃初乳前肌内注射1～2头份细胞苗，1.5小时后再吃初乳。

2.支原体肺炎流行地区可在7日龄首免，15日龄加强免疫一次。（也可在7日龄时一次性肌内注射完毕）。

3.蓝耳病疫苗可根据猪场情况决定是否接种，接种日龄可在14日龄和35日龄分别免疫一次。

二、经产母猪免疫程序(见表3-2)

表3-2 经产母猪免疫程序(仅供参考)

日龄	疫苗名称	使用剂量	免疫方法
产前40天	口蹄疫灭活苗	高效苗1毫升,常规苗2毫升	肌内注射
产前30天	伪狂犬病基因缺失苗	1头份	肌内注射
产后20天	猪瘟(细胞苗)	6～8头份	肌内注射
产后25天	伪狂犬病基因缺失苗	1头份	肌内注射
断奶时	口蹄疫灭活苗	高效苗1毫升,常规苗2毫升	肌内注射

三、后备母猪免疫程序(见表3-3)

表3-3 后备母猪免疫程序(仅供参考)

日龄	疫苗名称	使用剂量	免疫方法
配种前30天	伪狂犬基因缺失苗	2头份	肌内注射
配种前25天	口蹄疫灭活苗	高效苗1毫升,常规苗2毫升	肌内注射
配种前20天	猪瘟(细胞苗)	6头份	肌内注射
配种前15天	细小病毒灭活苗	2头份	肌内注射

备注:

1. 乙型脑炎流行地区,在蚊蝇到来之前45天,每年3月底至4月初用乙型脑炎灭活苗普遍免疫一次,间隔4～6周加强一次。

2. 萎缩性鼻炎流行区仔猪可在1周龄、4周龄各免疫一次,母猪于产前4周和2周各免疫一次。经产母猪两窝以上可根据血清抗体情况决定是否再免疫细小病毒病。

3. 存在仔猪红痢的猪场可以在母猪产前40天、20天进行两次红痢型疫苗免疫。

4. 春秋季初生乳猪,后海穴注射猪传染性胃肠炎、猪流行性腹泻、猪轮状病毒三联活疫苗,0.5毫升/头。

5. 大肠杆菌严重的猪场可以在母猪产前40天、产前15天各免疫一次。

第四章　兽药的种类及科学使用

猪的有些传染病无疫苗可用于预防或疫苗预防效果不理想，需要配合药物协助做好预防，所以药物预防在临床上对于控制猪的传染病的流行也起到了很大的作用。临床使用兽药用于传染病的预防，应根据疫病流行规律，结合本场自身情况，有针对性地选择敏感性的药物，合理使用，适时防控。无论使用哪种化学药物，猪在屠宰前应按照规定期限停药，防止药物残留给人类带来危害。

抗微生物药是指对病原微生物有抑制和杀灭作用的化学药物。根据作用对象不同，一般分为抗菌药、抗真菌药和抗病毒药。抗菌药又分为抗生素和人工合成抗菌药，对病原菌具有抑制或杀灭作用，用于发展细菌性感染疾病，包括抑菌药和杀菌药。

第一节　抗微生物药物

一、抗微生物药物分类

(一)抗生素

抗生素是细菌、真菌、放线菌等微生物的代谢产物，以其低浓度就能选择性杀灭他种生物或抑制其机能的化学物质。按其结构可分为：β-内酰胺类、氨基糖苷类、四环素类、酰胺醇类、大环内酯类、多肽类、林可胺类、多糖类抗生素等。

(1)β-内酰胺类　如青霉素类(青霉素钠、氨苄西林、阿莫西林等)、头孢菌素类(头孢氨苄、头孢克洛、头孢噻肟、头孢吡肟等)。

(2)氨基糖苷类　如链霉素、卡那霉素类、庆大霉素、安普霉素、硫酸大观霉素等。

(3)四环素类　如土霉素、四环素、盐酸多西环素、金霉素等。

(4)酰胺醇类　如甲砜霉素、氟苯尼考。

(5)大环内酯类　如红霉素、吉他霉素、泰乐菌素、泰拉霉素等。

(6)多肽类　如杆菌肽锌、硫酸黏菌素、恩拉霉素、维吉尼霉素、那西肽等。

(7)林可胺类　如盐酸林可霉素、盐酸克林霉素等。

(8)多糖类　如阿维拉霉素、黄霉素。

(9)其他　如延胡索酸泰妙菌素、赛地卡霉素。

(二)合成抗菌药

(1)磺胺类及抗菌增效剂　如磺胺嘧啶、磺胺间甲氧嘧啶、甲氧苄啶(TMP)等 。

(2)喹诺酮类　如环丙沙星、诺氟沙星、氧氟沙星、恩诺沙星、氟甲喹等。

(3)其他合成抗菌药　如乙酰甲喹、喹乙醇、洛克沙胂、乌洛托品、盐酸(或硫酸)小檗碱、呋喃妥因、呋喃唑酮等。

(三)抗真菌药

如水杨酸、两性霉素 B、酮康唑、灰黄霉素、制霉菌素、克霉唑等。

(四) 抗病毒药

如利巴韦林、盐酸金刚烷胺、吗啉胍等。

二、常用兽药

(一)青霉素

1. 作用和用途

青霉素主要治疗呼吸系统感染、乳腺炎、子宫炎、化脓性腹膜恶性水肿、气肿疽、气性坏疽、肾盂肾炎及创伤感染等,对泌尿系统感染及恶性水肿、放线菌病等也有良好效果。

2. 用法与用量

青霉素 G 钾(或钠)盐粉针剂。以灭菌生理盐水或注射用水溶解,肌内注射;以生理盐水或 5%葡萄糖注射液稀释至每毫升 5 000 国际单位以下,静脉注射。每天 2～4 次,每次每千克体重 2 万～3 万国际单位。

(二)头孢噻呋

1. 作用与用途

头孢噻呋临床常用于治疗急性呼吸系统感染、乳腺炎等。

2. 用法与用量

①注射用头孢噻呋。肌内注射,每次每千克体重 3 毫克,每天 1 次,连用 3 天。②盐酸头孢噻呋注射液。肌内注射,每次每千克体重 3～5 毫克,每天 1 次,连用 3 天。

(三)链霉素

1. 作用与用途

链霉素抗菌谱比青霉素广,临床主要用于敏感菌所致的急性感染,例如大肠杆菌、巴氏杆菌、布鲁氏菌、沙门氏菌等引起的肠炎、乳腺炎、子宫炎、肺炎、败血症等。

2. 用法与用量

注射用硫酸链霉素。每次每千克体重 10～15 毫克,每天 2 次,连用 2～3 天。

(四)庆大霉素

1. 作用与用途

庆大霉素抗菌谱广,抗菌活性较链霉素强。临床主要用于耐药金黄色葡萄球菌、绿脓杆菌、变形杆菌和大肠杆菌、泌尿道感染、乳腺炎、子宫内膜炎和败血症等,内服还可用于治疗肠炎和细菌性腹泻。

2. 用法与用量

硫酸庆大霉素注射液。肌内注射,每千克体重每次 2～4 毫克,每天 2 次。

(五)土霉素

1. 作用与用途

土霉素广谱抗生素,临床主要用于治疗放线菌(包括对青霉素、链霉素耐药菌株)所致的各种感染,如布鲁氏菌病等。此外,对防治猪的支原体病、放线菌病、球虫病、钩端螺旋体病等也有一定疗效。作为饲料添加剂,对畜禽有促进生长的作用。

2. 用法与用量

①土霉素片。内服,每次每千克体重 10～25 毫克,每天 2～3 次。②土霉素注射液。每

次每千克体重10～20毫克。③注射用盐酸土霉素。静脉或肌内注射，每次每千克体重5～10毫克，每天2次。（静脉注射配成0.5%浓度，用5%葡萄糖注射液或氯化钠注射液溶解；肌内注射，配成5%浓度，最好用专用溶液每100毫升中含氯化镁5克、盐酸普鲁卡因2克溶解。）④长效土霉素注射液：每次每千克体重10～20毫克。⑤长效盐酸土霉素注射液：每次每千克体重10～20毫克。

（六）盐酸多西环素

1.作用与用途

盐酸多西环素临床上用于畜禽的支原体病、大肠杆菌病、沙门氏菌病、巴氏杆菌病等的治疗。

2.用法与用量

①盐酸多西环素片剂。内服，一次量，每千克体重3～5毫克。②盐酸多西环素粉针。静脉注射，一次量，每千克体重1～3毫克，每天1次。

（七）替米考星

1.作用与用途

替米考星用于预防和治疗由胸膜肺炎放线菌、猪肺炎霉形体、出血性巴氏杆菌、支原体和其他敏感细菌引起的肺炎等感染症状。

2. 用法与用量

按200～400毫克/千克饲料（净含量）拌料给药连续饲喂15天。（预混剂可制成20%、10%的含量）。

（八）红霉素

1.作用与用途

红霉素的抗菌谱和青霉素相似，临床上主要用于耐青霉素金黄色葡萄球菌及化脓性链球菌、肺炎球菌、肠球菌等所引起的肺炎、子宫炎、乳腺炎等的治疗，亦可用于支原体病和传染性鼻炎。可与链霉素等合用，具有协同作用。

2.用法与用量

红霉素片剂。每天每千克体重6.6～8.8毫克，分3～4次内服。

（九）泰乐菌素

1.作用与用途

泰乐菌素临床上主要用于防治支原体感染、胸膜肺炎。此外，也可作为畜禽的饲料添加剂，以促进增重和提高饲料转化率。

2.用法与用量

参照红霉素。

（十）氟苯尼考

1.作用与用途

氟苯尼考对大肠杆菌、痢疾杆菌、沙门氏菌、巴氏杆菌、猪胸膜肺炎疾病的预防和对肺炎放线菌、葡萄球菌等的治疗敏感。临床上主要用于呼吸道、消化道炎症的治疗。

2.用法与用量

氟苯尼考注射液。肌内注射，每千克体重10～20毫克。静脉注射每千克体重10毫克，分两次注射，间隔48小时。

（十一）支原净（泰妙菌素）

1. 作用与用途

临床上用于支原体肺炎、猪密螺旋体痢疾、回肠炎、猪萎缩性鼻炎、猪繁殖与呼吸综合征、仔猪断奶后多系统衰弱综合征等的治疗。

2. 用法用量

（1）控制呼吸系统疾病综合征　①保育猪按每100千克饲料添加本品250克，连用一个月；或保育猪转入生长舍后连用14天。②哺乳母猪按每100千克饲料中加本品500克，于产前、产后各连用7天。

（2）控制仔猪断奶后多系统衰弱综合征PMWS　①母猪。按每100千克哺乳母猪饲料中加本品500克，于产前、产后各连用7天。②保育猪。按每100千克哺乳母猪饲料中加入本品500克，于预防期发病前连用15天，或保育猪转入生长舍后连用7天。

（十二）恩诺沙星

1. 作用与用途

恩诺沙星为微黄色或淡橙黄色结晶性粉末，是环丙沙星的乙基化合物，又名乙基环丙沙星，为兽医专用的第三代氟喹诺酮类，具有广谱杀菌作用，对静止期和生长期的细菌均有效。恩诺沙星广泛用于生猪疾病的预防和治疗。

2. 用法与用量

肌内注射一次量，每千克体重2.5毫克，每天1～2次，连用2～3天，必要时停药2天后再连用3天。内服一次量，每千克体重2.5～5.0毫克，一天2次，连用3～5天。

（十三）磺胺嘧啶（SD）

1. 作用与用途

磺胺嘧啶是治疗脑部感染的首选药物，对肺炎、上呼吸道感染具有良好作用，也用于防治混合感染。

2. 用法与用量

①磺胺嘧啶片。内服首次用量，每千克体重0.14～0.2克，维持量减半，每天2次。②磺胺嘧啶钠注射液。静脉注射或深部肌内注射，每千克体重50～100毫克，每天2次，连用2～3日。③复方磺胺嘧啶钠注射液。肌内注射，一次剂量，每千克体重20～30毫克，每天1～2次，连用2～3天。

（十四）磺胺间甲氧嘧啶（SM）

1. 作用与用途

磺胺间甲氧嘧啶属中效磺胺，抗菌作用强，较少引起泌尿道损害。内服吸收良好，血药浓度较高。

2. 用法与用量

①磺胺间甲氧嘧啶片（粉）剂。每片0.5克，初次量每千克体重0.2克，维持量每次每千克体重0.1克，每天2次。②磺胺间甲氧嘧啶注射液。一次剂量，每千克体重50毫克，每天2次，连用3～5天。

（十五）磺胺对甲氧嘧啶（SMD）

1. 作用与用途

磺胺对甲氧嘧啶片主要用于泌尿道感染及呼吸道、皮肤和软组织感染等的治疗。

2. 用法与用量

①磺胺对甲氧嘧啶片(粉)剂。初次量每千克体重 50～100 毫克,维持量每次每千克体重 25～50 毫克,每天 2 次。②复方磺胺对甲氧嘧啶钠注射液。肌内注射,每次每千克体重 15～20 毫克,每天 2 次。

(十六)磺胺间二甲氧嘧啶(SDM)

1. 作用与用途

磺胺间二甲氧嘧啶抗菌作用及临床疗效与磺胺嘧啶相似。内服后吸收快,排泄慢,属长效磺胺。不易引起泌尿道损害,对某些病原微生物,如球虫、弓形、卡氏住白细胞原虫等有明显抑制作用。

2. 用法与用量

磺胺间二甲氧嘧啶片(粉)剂。内服,每次每千克体重 0.1 克,每天 1 次。

(十七)磺胺邻二甲氧嘧啶

1. 作用与用途

磺胺邻二甲氧嘧啶抗菌谱同磺胺嘧啶,但是效力稍弱,属长效磺胺。

2. 用法与用量

磺胺邻二甲氧嘧啶片(粉)剂。内服,每次每千克体重 0.1 克,每天 1 次。

(十八)盐酸左旋咪唑

1. 作用与用途

盐酸左旋咪唑主要用于各种动物的蛔虫病、绦虫病和肺线虫等的治疗。盐酸左旋咪唑还能增强机体的免疫力,是一种非特异性免疫增强剂。

2. 用法与用量

①盐酸左旋咪唑片(粉)剂。内服,每次每千克体重 7.5 毫克,饲喂前给药(一般指饲喂前 30 分)。②盐酸左旋咪唑注射液。肌内或皮下注射,每次每千克体重 7.5 毫克。

(十九)丙硫苯咪唑

1. 作用与用途

丙硫苯咪唑对治疗猪片形吸虫、绦虫有较好疗效,而且具有抑制产卵的作用。

2. 用法与用量

丙硫苯咪唑粉。内服,每次 5～20 毫克,可直接投服或制成悬浮液灌服,也可拌到饲料中给药。

(二十)甲苯达唑(甲苯唑)

1. 作用与用途

甲苯达唑,在临床上不仅对多种胃肠道线虫有效,对某些绦虫亦有良效,并且是治疗旋毛虫的有效药品之一。

2. 用法与用量

甲苯达唑粉。磨成粉末,内服或混到饲料中,每次每千克体重 10～15 毫克。绦虫病治疗为每次每千克体重 45 毫克。

(二十一)阿维菌素(灭虫丁、虫克星)

1. 作用与用途

阿维菌素对家畜体内外寄生虫,如线虫、蜱、螨、虱等具有高效驱杀作用,一次用药,可同时驱除体内外多种寄生虫。

2. 用法与用量

①阿维菌素片剂。口服，每次每千克体重 0.3～0.4 毫克，首次用药后 7 天可重复用药一次。②阿维菌素针剂。皮下注射，每次每千克体重 0.2 毫克。

(二十二)伊维菌素

1. 作用与用途

伊维菌素主要用于治疗家畜的胃肠道线虫病及猪疥螨病。

2. 用法与用量

伊维菌素针剂。皮下注射，每次每 25 千克体重 0.5 毫升(当于每千克体重 200 微克)。

(二十三)蝇蛆净

1. 作用与用途

本品加入饲料中饲喂畜禽，通过肠道沉积于粪便中，从而直接杀灭粪便上的蝇蛆，阻断苍蝇从蛆至蛹的繁殖链，杀灭蝇蛆虫卵、净化环境、防止传染病的发生。

2. 用法与用量

500 克/千克饲料，拌料给药，每天 1 次，连用 3～5 天，全天使用。

三、抗微生物药物的合理使用

抗微生物药对控制家畜传染病的流行起到了至关重要的作用，但如果药物使用不合理往往会造成防控失败，如不良反应增多、细菌耐药性增强等，故临床应合理使用抗菌药物，发挥药物的最大疗效。

(一)药物选择得当

根据临床诊断结果，选择药物要恰当、合理，如革兰氏阳性菌感染可选用青霉素类、大环内酯类等进行治疗；革兰氏阴性菌感染可选用氨基糖苷类、氯霉素类和氟喹诺酮类等进行治疗。

(二)制订合理给药方案

药物防控并非滥用抗生素，单一药物能治愈的尽量不要联合用药，能混饲或饮水解决的就不要打针，临床用药应根据实际情况活学活用，及时、足量地合理安排用药方案，保证剂量合适、疗程充足和防止不良反应，尽量避免长期用药，减少药物对机体的毒副作用。

(三)结合饲养管理

饲养管理在防控疾病中也很关键，通过温度等条件的改善对防控疾病有很好的辅助作用。有时即使药物能有效防控疾病但因饲养管理不当，疾病仍会复发。如药物防控大肠杆菌时，若因猪舍温度过低等因素影响，普通的大肠杆菌疾病有时也会变得很棘手。

(四)联合用药

当动物疫病出现混合感染严重时，往往一种药物不能很好地控制病情，需要合理配伍其他药物方可有效控制。但联合用药并非盲目组合，药理上根据抗菌药物作用特点可将抗微生物分为四类：① Ⅰ类为速效杀菌剂。如青霉素类、头孢菌素类。②Ⅱ类为慢效杀菌剂。如氨基糖苷类、多黏菌素类。③Ⅲ类为速效抑菌剂。如四环素类、氯霉素类、大环内酯类。④Ⅳ类为慢效抑菌剂。如磺胺类。

Ⅰ类与Ⅱ类合用协同作用，例如青霉素 G 和链霉素合用；Ⅰ类与Ⅲ类合用出现拮抗作用，例如青霉素 G 与四环素合用；Ⅰ类与Ⅳ类合用无明显影响。

一般来说，禁止同类抗菌药物在临床上联合应用。由于同类药物作用机制相同，多数具有交叉抗性。另外同类药物合并使用可能增加药物的毒副作用，如链霉素和庆大霉素都属于氨基苷抗生素，两者合用可导致动物发生耳毒、肾脏毒性、骨骼肌麻痹等。

四、规模化养猪临床用药的六大误区

（一）见病抗菌

兽医临床上滥用抗生素的现象屡见不鲜，不论何种疾病都离不开用抗生素。实际上有许多疾病根本不需要用抗生素，如消化不良、中暑、中毒、体虚、代谢障碍，特别是免疫功能低下的疾病（如圆环病毒病、蓝耳病毒阳性猪群、隐性猪瘟等），使用抗生素药物不仅会使病菌的抗药性增强还会损害机体的抗病能力，中药、微生态制剂、免疫调节剂等才是最理想的药物。

（二）见热就退

畜禽发热有时是体内的一种防御反应，是机体免疫系统充分调动一切积极因素消灭扰乱机体菌群平衡的病原微生物的斗争过程，有利于增进机体抗病能力，为恢复健康创造条件。如果畜禽体温过高持续发热就对机体有害，可使机体各个系统的正常代谢发生严重障碍，甚至器官变性和坏死，应及时采用退热药物降温退热，确保病畜及时恢复康复。但滥用退热药物，动不动就用退热药物，会降低畜禽机体防御能力，造成热型混乱，掩盖疾病真相，影响对症下药。

（三）见泻就止

见泻就止是兽医临床上最大的误区，往往没有考虑畜禽腹泻也能排除体内病毒及有毒物质，减轻病菌及有毒物质对机体的损害。见泻就止容易导致"闭门留寇"从而引起机体严重损伤造成病毒死亡率增高现象。如果病畜腹泻时间长，脱水严重，引起胃肠消化功能失调，导致机体不同程度的全身营养短缺，应立即用止泻药物，结合补充电解质的同时加用抗生素药物止泻，基本康复后再补充微生态制剂调节消化道菌群平衡。

（四）见病用药

畜禽发生疾病，是有内因和外因的，只对致病因素进行治疗，忽视提高病畜的防御能力或抗损伤能力，这是远远不够的。在临床上应采用综合性治疗，既要消除致病因素，又要加强病畜护理，增强营养，提高抵抗能力，才能收到良好的疗效。

（五）见效停药

兽医临床上有时出现病畜稍好就停止用药的现象。一来为了节省药费，二来认为病畜可以自行康复了，这样容易造成病情复发，甚至转为慢性病。因此，在治疗中应遵循各种疾病的疗程规律来进行治疗。

（六）观念错误

要想养好猪，多赚钱，必须纠正一些不良习惯和错误观念：①道听途说，没有主见，缺乏基本知识的学习。②嫌麻烦。例如中药混料、有些药物要分开注射等都是比较麻烦的工作。③图便宜，注重表面、治标不治本。④贪图快速、随意加大剂量、长期使用解热药和激素药物，不但没有治好疾病，反而伤害了机体的免疫力，最终导致病畜死亡。

第二节　猪场消毒药及使用技术

猪场的消毒虽然是一个无形的投入过程，但却是杀灭和减少生产环境中病原体、切断疾病的传播途径、防止传染性疾病发生与流行的一项重要措施。

一、消毒防腐药分类

(1)酚类　如苯酚、甲酚、氯甲酚等。

(2)酸类　如乙酸、硼酸、硼砂等。

(3)醛类　如甲醛、戊二醛、强化酸性戊二醛、环氧乙烷等。

(4)碱类　如氢氧化钠、氨水等。

(5)醇类　如乙醇等。

(6)卤素类　如含卤石灰、碘附、碘酊、聚维酮碘、次氯酸钠溶液、碘甘油等。

(7)季铵盐类　如苯扎溴铵、癸甲溴铵溶液、醋酸氯己定、度米芬等。

(8)氧化剂　如过氧化氢溶液、高锰酸钾、过硫酸氢钾复合物粉等。

(9)染料类　如甲紫、乳酸依沙丫啶等。

(10)其他　氧化锌、松馏油、鱼石脂软膏、复方煤焦油酸溶液等。

二、常用的消毒方法

消毒方法分三种：物理消毒法、化学消毒法、生物消毒法。

(一)物理消毒法

物理消毒法是利用物理因子作用于病原微生物，将其杀灭或清除的方法。常用的物理消毒方法有机械清扫法、加热消毒法、光照消毒法。

(1)机械清扫法　机械清扫法是指通过清扫、冲洗、通风、过滤等方法除掉污染的有害微生物。此法可大大减少病原微生物的数量，但不能将其杀死，临床使用常结合其他消毒方法同时进行。

(2)加热消毒法　加热消毒法是指通过火烧、煮沸、流动蒸汽、高热蒸汽、干热灭菌等方法，使病原体蛋白质凝固，失去正常代谢机能，达到消毒目的。

(3)光照消毒法　日光可通过自热、干燥和紫外线达到消毒目的。除芽孢外作用时间稍长外，一般细菌在太阳光直射下数小时死亡。另外市售紫外线灯使用方便，也有一定杀菌效果，但紫外线穿透力差，使用时应注意：①灯管表面应每2周左右用乙醇棉球轻轻擦拭，除去表层灰尘和油垢，以减少对紫外线穿透力的影响。②紫外线消毒室应保持干燥、清洁，空气中不应有灰尘或水雾，温度保持在20℃以上，相对湿度不宜超过50%。③减少紫外线对身体的危害。一般不要直视紫外线光源，不要长时间在紫外线灯下连续照射，加强自我防护。

(二)化学消毒法

化学消毒法是指使用化学消毒剂进行消毒，达到杀灭病原体的目的。化学消毒法的消毒效果与病原体所处的环境、水质、温度及消毒剂的浓度等因素密切相关，市售各种消毒剂均有优缺点，消毒时应根据消毒的对象，结合使用目的，选择高效、安全、无害的消毒药，合理使用。

(三)生物学消毒法

生物学消毒是指对生产中产生的大量粪便、粪污水、垃圾及杂草采用发酵法利用发酵过程所产热量杀灭其中病原体的方法。如堆积发酵、沉淀池发酵、沼气池发酵等方法。此法虽然作用缓慢，但成本低廉，资源可循环利用，是近两年来规模化猪场使用较多的方法。

三、消毒程序

根据消毒种类、对象、气温、疫病流行规律等，将多种消毒方法相结合而进行的消毒过程称为消毒程序。消毒程序应根据猪场自身的生产方式、主要存在疫病、消毒剂及消毒设施的种类等因素因地制宜地制定。

(一)大门

在猪场大门入口处设长约4.5米的水泥消毒池，消毒对象主要是车辆轮胎，药物可选用2%氢氧化钠溶液。猪场大门口建立人员消毒通道(图4-1)。

喷雾消毒装置，猪场大门采用自动喷雾设施消毒过往车辆(图4-2、图4-3)，同时选用高压水枪进行喷雾消毒(图4-4)，主要消毒对象是车身及底盘。

图4-1　人员消毒通道

图4-2　车身喷雾消毒

图4-3　车辆喷雾消毒装置

图4-4　车辆入厂前喷雾消毒

(二)生产区

生产区入口建立宽同大门、长约4.5米的水泥消毒池，门口建立洗澡更衣室、消毒室。

生产区应严格禁止外来人员参观，必须进入时，获准来访者数量越少越好，并在进入生产区前，应按猪场的防疫消毒规程彻底消毒，一般情况下需更换工作衣、鞋(有条件的最好淋浴、更衣)，经紫外线照射消毒15分后按指定路线进入。

(三)圈舍消毒

采用“全进全出”饲养方式的猪场,在引进种猪前,猪舍应进行全面消毒。各舍空栏后,三天内必须按照清洗、消毒、干燥的程序进行彻底消毒(若能密闭12～24小时以上或更长时间,可考虑增加熏蒸消毒这一环节),之后方可转入猪。在工艺流程上,生产要实行单元化饲养、产房和保育舍尽可能做到“全进全出”制,猪舍内带猪消毒每两周一次(图4-5)。

图4-5 猪舍内带猪消毒

(四)饲养管理用具

每栋猪舍的用具均供自用,不得外借、交叉使用。另外饲养用具应保持清洁,定期消毒。

(五)车辆消毒

外出车辆返回后先清洗再消毒,外来车辆未经批准不得入内,若获批进入时需彻底消毒后入场。

(六)饮水、饲料卫生

饮水槽、饮水器、料槽要定期清洁,消毒。

(七)人员管理

不同生产区人员不允许串岗;统一就餐、作息,一般情况下不允许食肉(除本场提供的畜产品),也不允许饲养员入住生产区;禁止私带可能造成传染的外场物品进入场内;严禁饲养猫、狗及其他动物;本场兽医不得外用(防止外出诊断引起的病原携带传播);进入生产区须按照本场消毒程序进行。

(八)产房

先用高压水把地面和设备冲洗干净,干燥后熏蒸2小时后用3%甲酚皂溶液等消毒,用干净水冲去残留药物,再用10%石灰乳粉刷地面和墙壁。母猪进入产房前全身洗刷干净,再用0.1%苯扎溴铵溶液消毒全身后进入产房。母猪分娩前用0.1%高锰酸钾消毒乳房和阴部,分娩结束,再用消毒药抹拭乳房、阴部和后躯,并及时清理胎衣和产房。

(九)病尸

剖检诊断的病尸,无害化处理,并对剖检接触用品、剖检场地进行彻底消毒。

四、消毒药的正确选择与使用

(一)消毒药的选择

任何一种消毒药都有其针对性,另外消毒药易受pH、温度、有机物等因素影响,临床使用消毒剂为了避免部分消毒剂消毒谱不广,防止病菌产生耐药性,常交替使用消毒剂,以达到更理想的消毒效果。

(二)合理的消毒程序

消毒程序应根据消毒种类、对象、气温、疫病流行规律、自身生产方式等因地制宜地制定。如"全进全出"系统中空栏消毒程序可分为:清扫—高压水冲洗—喷洒消毒剂—清洗—熏蒸—干燥或火焰消毒。

(三)每周消毒次数与消毒时间

一般情况下,猪场最好保持每周带猪消毒2～3次。若受到疫情威胁时,可以1～2天消毒1次,走廊过道可选择2%氢氧化钠溶液进行消毒。

五、影响消毒药作用的因素

(一)浓度和作用时间

一般情况下,消毒药物的杀菌效力随其溶液浓度的增加而增强,随药物作用的时间增加而延长,但并非所有消毒药都是如此,如95%的乙醇消毒效果并没75%的消毒效果好,故临床使用应合理选择,合理配制。

(二)温度

一般情况下,在一定的温度范围内,消毒药的抗菌效果与环境的温度及消毒药液的温度成正比,温度越高,杀菌力越强。但对热敏感、不稳定的药物应格外注意高温的危害。如过氧乙酸遇高温会引起爆炸,乙醇遇明火、高热能引起燃烧或爆炸等常识应牢牢掌握,减少隐患。

(三)病原微生物的类型特点

不同种型的微生物以及处于不同状态的微生物,对同一种消毒药的敏感程度不同。一般情况下革兰氏阳性菌比革兰氏阴性菌对消毒药更敏感;病毒对碱类消毒药敏感,对酚类消毒药有耐药性;生长繁殖阶段的细菌对消毒药物敏感;具有芽孢的细菌对消毒药物抵抗力很强。

(四)药物之间的相互拮抗(配伍禁忌)

两种以上药物合用,或消毒药与清洁剂、除臭剂合用,药物之间会发生物理、化学等方面的变化,使消毒药效降低或失效,临床使用应注意避免此现象的发生。

(五)其他因素

消毒物的表面形态、结构、化学活性、pH、剂型、消毒液的表面张力及在溶液中的溶解度等因素均会影响消毒效果。

第三节　抗寄生虫药物及使用方法

寄生虫在致病过程中所产生的症状及危害都是渐进的、缓慢的,一般不会像细菌性疾病来得猛烈、突然。但是,寄生虫感染可使育肥猪生长速度下降8%～15%,饲料利用率下降13%～25%,除干扰猪的正常生活节律、降低饲料利用率和影响猪的生长速度以及猪的整齐度外,还是很多疾病,如猪乙型脑炎、细小病毒病、猪附红细胞体病等的重要传播者,给养猪业造成严重的经济损失。

一、抗寄生虫药物分类

(一)抗蠕虫药

1. 抗线虫药

(1)苯并咪唑类　如阿苯达唑、芬苯达唑、甲苯达唑等。

(2)咪唑丙噻唑类　如盐酸左旋咪唑。

(3)四氢嘧啶类　如双羟萘酸噻嘧啶。

(4)哌嗪类　如磷酸哌嗪、枸橼酸哌嗪等。

(5)抗生素类　如伊维菌素、阿维菌素、多拉菌素等。

(6)其他　如碘硝酚、精制敌百虫片等。

2. 抗绦虫药

如氯硝柳胺、氢溴酸槟榔碱。

3. 抗吸虫药

如硝氯酚、碘醚柳胺、三氯苯达唑、溴酚磷等。

4. 抗血吸虫药

如吡喹酮。

5. 抗原虫药

(1)抗球虫药　①磺胺类。如磺胺喹噁啉、磺胺氯吡嗪钠等。②三嗪类。如地克珠利、托曲珠利等。③聚醚类离子载体抗球虫药。莫能菌素钠、盐霉素钠、马杜霉素等。④二硝基类。如二硝托胺、尼卡巴嗪等。⑤其他。如乙氧酰胺苯甲酯、盐酸氯苯胍、氯羟吡啶、盐酸氨丙啉等。

(2)抗锥虫药　三氮脒、甲硫喹咪胺、注射用新胂凡纳明等。

(3)抗梨形虫药　青蒿琥酯、盐酸吖啶黄、锥虫兰、硫酸喹啉脲等。

(二)驱虫药

1. 有机磷化合物

二嗪农、巴胺磷、蝇毒磷、倍硫磷、敌敌畏、辛硫磷浇泼溶液等。

2. 有机氯化合物

氯芬新片、氯芬新混悬液。

3. 拟除虫菊酯类化合物

氰戊菊酯、溴氰菊酯溶液。

4. 其他

双甲脒、硫黄软膏、环丙氨嗪、升华硫等。

二、驱虫程序

小猪转群时、60 日龄、90 日龄、135 日龄时各用一次驱虫药。种公猪每年至少驱两次虫，春秋各一次，对于体内外寄生虫严重的猪场，每年应用药 4～6 次。

后备母猪配种前驱虫，怀孕母猪产前 1～4 周用一次抗寄生虫药(孕畜专用)。对于驱虫后猪的粪便要及时清除，因为猪粪便中的寄生虫(虫卵、幼虫)仍是活的，仍具传染性。

三、驱虫药的选用

虽然我们经常描述一个理想的驱虫药应具备广谱、高效、低毒，但是现实中的驱虫药往往具有比其他药物更强的毒性。所以选择一个好的驱虫药也很关键。

四、杀虫

杀灭猪场中的蚊蝇等节肢动物等，是消灭疫病传染源和切断传播途径的有效措施。规模化猪场中有害昆虫主要指蚊、蝇、虻、蜱等节肢动物，杀灭方法可分为三种：物理杀虫法、化学杀虫法和生物学杀虫法。

(1)物理杀虫法　指采用拍打、捕捉、黏附等方法进行,近两年来电子灭蚊灯、捕蝇笼较受欢迎。

(2)化学杀虫法　指使用化学杀虫剂,在猪舍内外和蚊蝇易滋生地进行滞留喷洒。常用的药物有:拟除虫菊酯类(溴氰菊酯、氯氰菊酯等),有机磷类(敌百虫、敌敌畏、倍硫磷等),脒类和氨甲基酸酯类(双甲脒等)及某些新型杀虫剂等。由于此类昆虫具有飞翔能力,目前有的猪场在蚊蝇季节到来之前,饲料中添加环丙氨嗪(主要用于控制动物厩舍内蝇蛆的繁殖生长,杀灭粪池内蝇蛆),也有一定效果。有的猪场通过选购低毒、无刺激的品牌蚊香,驱蚊也有一定效果。

(3)生物学杀虫法　关键在于环境卫生状况的控制,首先要搞好猪舍内的清洁卫生,另外注意如污水、粪便、垃圾、杂草等蚊蝇滋生场所的清理。猪场及时清除粪尿、饲料残渣及垃圾,割除杂草,填埋积水坑洼,保持排水排污系统的畅通等措施,是杀灭蚊蝇的重要措施。

延伸阅读

目前常用的功能性药物

兽医临床上常用的配合抗生素类药物以控制症状发展、防止病情恶化的药物,即功能性药物。临床症状是疾病本质的外在表现,严重的临床症状如果不及时控制,将对机体造成危害,加快病畜死亡。目前兽医临床上常用的功能性药物有:

(一)解热镇痛类药物

如卡巴匹林钙、氟尼辛葡甲胺、安乃近、氨基比林、双氯芬酸钠、芬布芬、阿司匹林等,主要有解热、镇痛、抗炎、抗风湿等作用。

1.卡巴匹林钙

是解热镇痛类药物中比较特殊的一种,具有良好的解热、镇痛、抗炎、抗风湿作用,并有抑制血小板聚集、疏通体内管道、解除微循环障碍、预防各种原因引起的血栓等作用,常用于家禽尿酸盐沉积(消炎肾肿宁)和猪圆环病毒引起的皮炎肾病(炎舒宁)的治疗。临床上与阿莫西林、氨苄西林、多西环素、氟苯尼考、替米考星、林可霉素、新霉素等配伍,能打通炎性通路将抗生素引至炎性部位集中药力杀菌消炎,起到靶向作用。本品不得与其他水杨酸类药物和磺胺类碱性药物合用。

2.氟尼辛葡甲胺

是动物专用解热消炎镇痛药,解热、镇痛、抗风湿作用次于安乃近,但抗炎作用比安乃近强,毒性较小。与抗生素合用能增强抗生素的活性,常用于感染性疾病,也用于蹄叶炎、关节炎、母猪乳腺炎、子宫炎及无乳综合征的辅助治疗。

3.安乃近

又叫罗瓦尔精、罗瓦而精、诺静、诺清、诺瓦经、安替比林甲胺甲烷等。其解热、镇痛作用快而强,抗炎作用次之。兽医临床上主要用于高热症的治疗。

(二)止咳平喘类药物

如氨茶碱、碘化钾、氯化铵、中药麻黄淬提物等,主要用于化痰、止咳、平喘、缓解支气管痉挛及解除呼吸道等各种危重症状。此类药物治标不治本,感染性呼吸道疾病,需配合抗呼吸道感染的抗菌药物使用。本类药物中,碘化钾、氯化铵等主要通过混料兑水或配搭其他产品使用中，麻黄碱是国家管制类药品，千万不可轻易购买和使用。

兽医临床上最常用的是氨茶碱，本品对支气管平滑肌的松弛作用是最强的，可使支气管扩张，肺活量增加，作用较为持久，尤其是对痉挛状态的支气管效果显著，还有扩张冠状动脉，增加心肌供血，加强心脏收缩力的作用。本品毒性强，副作用大，不得超大剂量使用。

(三)平滑肌兴奋药物

如甲基硫酸新斯的明（中文别名普洛色林、普洛斯的明等，属抗胆碱酯酶药），槟榔碱（胃动力药处方中的槟榔含有槟榔碱，属拟胆碱药），比赛可灵（中文别名氯贝胆碱、氯化铵甲酰甲胆碱等，属拟胆碱药）、复合维生素B等。主要兴奋胃肠平滑肌、子宫平滑肌、膀胱平滑肌等机体所有平滑肌，从而促进胃肠蠕动、膀胱和子宫收缩、消化腺分泌，增强食欲，帮助消化。对猪高热性疾病引起的大肠干燥、胃肠不适、食欲不振，效果显著。对各种动物的膀胱积尿、胎衣不下也有显著疗效。另外要注意，新斯的明、比赛可灵、槟榔碱引起平滑肌强烈收缩，容易引起流产，怀孕动物禁用（复合维生素B比较温和，怀孕动物可以使用）；严重的膀胱积尿、胃肠积滞阻塞、胃肠胀气等，容易引起破裂，应慎用。

(四)兴奋强心类药物

如安钠咖、樟脑磺酸钠、尼可刹米、二甲弗林等。主要兴奋心脏、脊髓、大脑神经等中枢神经系统，能充分调动机体的各种积极因素，强化生命活力。疾病初期配合本类药物能充分发挥药物疗效，疾病后期和危重病症适量配合本类药物可能有意外收获，但必须控制用量，不得轻易超量使用，否则会引起高度兴奋而死亡。

1. 安钠咖

学名苯甲酸钠咖啡因，中枢兴奋药。主要用于催眠药、麻醉药、镇痛药中毒引起的呼吸、循环衰竭；与溴化物合用，使大脑皮层的兴奋、抑制过程恢复平衡，用于神经功能症；与阿司匹林制成复方制剂，用于一般性头痛；与麦角胺合用治疗偏头痛。另外，要注意兽用安钠咖由农业农村部指定企业生产和指定企业销售，属我国严格管制的精神药品，非法生产、贩卖安钠咖都会构成制造、贩卖毒品罪。

2. 樟脑磺酸钠

本品在体内氧化成氧化樟脑后，能兴奋大脑皮层、延髓呼吸中枢和血管运动中枢，还能直接兴奋心脏改善血液循环、促进新陈代谢机能，还有增强动物机体免疫功能、提高采食量、改善病弱个体的精神状态及促进病体加速康复的功能。

3. 尼可刹米

本品可选择性兴奋延髓呼吸中枢，也可作用于颈动脉体和主动脉体化学感受器，反射性地兴奋呼吸中枢，提高呼吸中枢对二氧化碳的敏感性，使呼吸加深加快，并对血管运动中枢有微弱兴奋作用，剂量过大可引起病畜惊厥或死亡。

延伸阅读

现代生物工程制剂在猪病防治中的应用

近年来，基因工程生物制剂在畜禽疾病防治上的研究有着突飞猛进的进展，因其无药残、不产生耐药性、效果快等原因被广泛推广应用，发挥着常规化学药品难以达到的效果。目前研发出的猪用基因工程干扰素、猪用转移因子、排疫肽（猪浓缩免疫球蛋白）等系列生物工程制剂通过大量临床证实，对猪病具有良好的预防与治疗效果。现简介如下，供参考：

一、猪用干扰素

干扰素是机体受病毒或其他干扰素诱生剂刺激，由巨噬细胞、淋巴细胞及体细胞产生的具有高活性的多功能糖蛋白，在正常机体的脾脏、肝脏、肾脏、外周血淋巴细胞和骨髓中都可以检出。通过基因工程手段获得的猪用干扰素无论是含量或是活性，均高于机体受病毒或其他干扰素诱生剂刺激产生的干扰素。

(一)作用机制

1. 抗病毒作用

干扰素作用于动物机体细胞内的干扰素受体，经信号传导等一系列的生物化学过程启动基因合成抗病毒蛋白，抑制病毒多肽链的合成，阻断了病毒的繁殖，使病毒不能在动物机体内生长与繁殖，从而起到抗病毒的作用。

2. 免疫调节作用

猪干扰素能增强免疫器官巨噬细胞的吞噬作用和销毁能力，从而达到调节免疫自稳功能，降低应激反应等目的。

(二)猪用干扰素在猪病防治中的应用

主要用于猪流行性腹泻、传染性胃肠炎、轮状病毒感染、猪瘟、蓝耳病、圆环病毒Ⅱ型感染、伪狂犬病、猪流感、水疱病、细小病毒病等的防治，特别是和猪用转移因子协同使用时，对猪的一些免疫抑制性疾病的防治有更好的疗效。

1. 使用方法

每40千克体重肌内注射1毫升，每天1次，连用3天，重症加量2～3倍。与猪用转移因子联合使用时，应用灭菌注射用水或生理盐水稀释，混合后肌内注射。

2. 预防与治疗方案

(1)猪传染性胃肠炎、流行性腹泻、轮状病毒病的治疗　按使用治疗量肌内注射干扰素，每天1次，连用3天，同时肌内注射复方穿心莲注射液或双黄连注射液或痢菌净，每天1～2次，连用4天，并改饮电解质、多维或口服补液盐7天。

(2)蓝耳病、圆环病毒Ⅱ型感染、非典型猪瘟、伪狂犬病、细小病毒病、猪流感的治疗　按使用治疗量肌内注射干扰素，每天1次，连用3天，同时配合肌内注射复方灵芝多糖注射液或复方黄芪多糖注射液，每千克体重0.1毫升，每天1次，连用3～4天。在进行上述治疗中，为了增强疗效，提高治愈率，减少死亡率，应使用转移因子配合治疗，每100千克体重肌内注射1毫升，每天1次，连用3天，可使病猪很快康复，并能减少病后僵猪的发生。

(三)使用干扰素注意事项

①由于干扰素能抑制病毒的复制与繁殖，因此使用干扰素96小时之内不要给动物接种弱毒活疫苗，以免影响弱毒疫苗的免疫效果。灭活疫苗(油剂苗)可与干扰素同时使用，但不要混合注射。②用灭菌的注射用水或生理盐水稀释干扰素，不要使用酸碱性溶液和葡萄糖盐水作稀释剂，否则失效。③妊娠母猪、哺乳母猪及仔猪使用安全，无毒副作用。④启用后在规定的时间内一次用完。

二、猪用转移因子

转移因子是从动物机体特定免疫器官以特定手段获得的一种能激活T、B淋巴细胞，是增强机体细胞免疫和体液免疫的多肽复合物,目前已广泛用于人类疾病的治疗。

(一)作用机制

现已证实,转移因子能转移细菌、真菌、病毒等的细胞免疫。受体接受转移因子后,2～24小时产生效应,可持续数月至1年。转移因子的主要作用有增强机体的细胞免疫和体液免疫的功能;诱导淋巴细胞及吞噬细胞在发病部位的局部集聚,从而发挥抗感染和抗肿瘤等作用;修复和增强机体的免疫功能,提高机体的抗病力,减少免疫抑制、免疫麻痹、免疫不全,并能降低免疫应激与其他应激发生的比例。

(二)猪用转移因子在猪病防治中的应用

1.使用方法

每100千克体重1毫升,每天1次,连用3天,重症加量。与干扰素或排疫肽(猪浓缩免疫球蛋白)配合使用,效果更佳。

2.预防与治疗方案

(1)预防　在临床上给猪免疫接种疫苗时,加入转移因子,可有效地提高疫苗的免疫效果。①给猪接种猪瘟弱毒疫苗时,加入稀释后的转移因子混合后肌内注射,可使猪体快速产生高效持续时间长的抗体,明显增强其疫苗的免疫效果。当发生猪瘟时,用2～4头份猪瘟弱毒疫苗加转移因子混合肌内注射,短期内即可控制疫情。②当猪群中发生伪狂犬病时,可用基因缺失弱毒疫苗加转移因子肌内注射,进行紧急接种,在使用后16～24小时产生明显的防治效果,短期内内可控制疫情,减少死亡。③仔猪断奶前3天,每头肌内注射0.2毫升转移因子,断奶时可有效地控制断奶应激反应的发生,提高仔猪断奶后的发育整齐度和成活率。④猪呼吸道病综合征、传染性胸膜肺炎、副猪嗜血杆菌病、气喘病、大肠杆菌病的治疗,可按规定剂量肌内注射转移因子和排疫肽,每天1次,连用3天;同时针对病情选用复方板蓝根注射液或复方穿心莲注射液以及抗生素类,如加康、多西环素、头孢噻呋、长效土霉素、克林霉素等配合治疗,每天1次,连用4天。⑤咳嗽与气喘严重者加注复方蒲公英注射液等,每天2次,连用3天。临床治愈后,为防止疾病反复,应有针对性地在饲料中或饮水中添药,连用7～10天。

(三)使用转移因子注意事项

①转移因子用灭菌注射用水或生理盐水稀释后可与弱毒活疫苗混合1次肌内注射,但不要与灭活疫苗(油苗)混合注射。②其他使用注意事项见干扰素使用注意事项中的2～4项。

三、排疫肽

排疫肽为浓缩的免疫球蛋白制剂,是针对特定抗原的抗体。

(一)作用机制

排疫肽含有高浓度的免疫球蛋白(Ig),包括IgG、IgA、IgE、IgM、IgD、IgG,在免疫过程中占主导地位,具有抗病毒、抗外毒素等多种活性;IgA作为主要免疫球蛋白,在保护肠道、呼吸道、泌尿生殖道、乳腺、五官等黏膜及器官免受细菌与病毒的入侵起关键作用,并与IgG一起中和多种病毒粒子,对增强猪的免疫能力具有重要作用。因此,给动物注射排疫肽就是增加其机体特异性抗体,直接加强了机体的免疫能力,因此可用于许多疫病的预防与治疗。

(二)排疫肽在猪病防治中的应用

1.使用方法

每50千克体重肌内注射1毫升,每天1次,连用3天,重症可加量。

2.预防与治疗方案

①仔猪断奶前3天，每头肌内注射排疫肽与转移因子各0.2毫升，转群时可明显地降低由于断奶应激而诱发的圆环病毒Ⅱ型感染、蓝耳病、非典型猪瘟、伪狂犬病、猪流感及呼吸道病综合征的发生。②仔猪发育不良、生长缓慢时，使用排疫肽并配合转移因子肌内注射3天，每天1次，可增进食欲，减少僵猪的发生。③母猪产后不食，体质差，使用排疫肽与转移因子肌内注射，每天1次，连用2天，可使精神好转，恢复食欲。④对蓝耳病、圆环病毒Ⅱ型感染、非典型猪瘟、伪狂犬病及猪流感等病毒病的治疗，可用排疫肽配合转移因子或干扰素，与抗病毒中药制剂和抗生素联合用药进行综合性对症治疗，其方法可按干扰素和转移因子治疗方案实施。⑤对猪附红细胞体病、链球菌病、猪水肿病及弓形体病等的治疗，以排疫肽联合转移因子，每天1次肌内注射，连用3天，配合选用血虫净，长效土霉素、多西环素、阿莫西林、头孢塞呋，以及磺胺类药物等进行综合性对症治疗方可获得满意的疗效。⑥不明原因的高热、精神食欲不佳的猪只，可使用排疫肽联合转移因子，每天肌内注射1次，连用3天，同时配合柴胡注射液或板蓝根注射液，每天1次，连用4天，可获得良好的治疗效果。⑦生产母猪夏天发生热应激时也可使用此法进行治疗，可使母猪尽快恢复生产性能。

(三)使用排疫肽注意事项

①排疫肽可与转移因子、抗生素、中药同时应用，但不能混合注射；与干扰素联合使用可将干扰素与排疫肽混合后注射。②用灭菌的注射用水或生理盐水稀释排疫肽时，不要使用酸碱性溶液和葡萄糖盐水作稀释剂，否则失效。③妊娠母猪、哺乳母猪及仔猪使用安全，无毒副作用。

第五章　猪病诊断方法与检测技术

第一节　流行病学诊断

一、流行病学的定义与调查内容

(一)流行病学的定义

流行病学，最早是人医领域中的一个概念，它是研究人群中疾病流行的学科。后来这个概念引入到兽医领域，由此产生了兽医流行病学。半个多世纪前，兽医流行病学仅限于传染病的研究，后来人们才正式将兽医流行病学的研究范围由传染病扩大到包括非传染病，即研究所有动物疾病问题。现代兽医流行病学的定义是研究动物群体中疾病频率分布及其决定因素的科学，它主要阐述和解释动物群体中为什么发病、如何发病 、什么时间发病、什么地方发病、疾病的严重程度如何，从而确定病因，阐明分布规律，制定防制对策并评价其效果，以达到预防、控制和消灭动物疾病的目的。

(二)流行病学的调查内容

1. 流行情况

要了解发病的时间、地点、季节、疫病传播速度、疫病传播情况，还要了解疫区疫点内各种动物数量及其分布情况、发病猪数量、品种、年龄、性别及发病率、死亡率等。

2. 病史调查

调查猪场过去发生疫病情况，包括发生过哪些疫病、是否有类似疫病、经过及结果如何、猪群是否自繁自养、是否引进外地猪、是否经过隔离观察与检疫等。

3. 免疫接种及病猪治疗情况调查

了解发病猪场的免疫程序和接种过哪些疫苗并查明接种时间、方法、接种密度、抗体监测情况、疫苗来源、疫苗运送及保管方法等。了解病猪治疗情况，查明使用药物的方法、用量及治疗效果等。

4. 饲养管理情况

调查了解猪场的规划建设情况及发病猪舍的位置、地形、建筑结构、光照、通风条件等，这些因素与疾病的发生密切相关。①猪舍寒冷、潮湿常为猪呼吸系统疾病的诱因。②光照不足，通风不良，缺乏运动，可引起猪群抵抗力下降，尤其是仔猪易发病，猪场的饲料卫生、饮水卫生、环境卫生，污物处理等情况与疫病发生相关。③饲料的配方、质量、贮存、调制方法、饲养制度不当等均影响猪的生长发育和健康，也可诱发某些疾病。

二、流行病学的调查结果可作为猪病诊断的依据

在兽医临床上，流行病学与诊断的具体关系，主要反映在流行病学的调查结果，可以作为

诊断的依据，主要从以下几个方面可以得出这样的结论。

(一)调查猪的年龄分布，有助于从年龄角度确定和排除一些疾病

有些疾病在猪的年龄分布上范围较窄，比如C型魏氏梭菌引起的仔猪红痢，主要发生于3日龄以内的新生仔猪；由大肠杆菌引起的仔猪黄、白痢，黄痢主要发生在7日龄以内的仔猪，而白痢多发生在2～3周龄的仔猪；由病原性大肠杆菌产生的毒素而引起的猪水肿病，常发生在断奶仔猪；由沙门氏菌引起的猪副伤寒，主要发生在2～4月龄的猪。在临床诊断中，如果发现3日龄以内的仔猪拉血便或红褐色稀便，而其他阶段猪无此症状，首先将仔猪红痢锁定为诊断目标；如果发现7日龄以内的仔猪拉黄色浆状稀便，30日龄以内仔猪拉灰白色或黄白色浆状、糊状稀便，而其他猪无任何症状，也首先将仔猪黄、白痢锁定为诊断目标；若7日龄以上猪腹泻，初步排除仔猪红痢；若1月龄以上的猪腹泻，初步排除由大肠杆菌引起的猪黄、白痢。但有些疾病分布在猪的各个年龄段，即在各年龄段的猪场可发病，如猪瘟、口蹄疫、弓形体病、传染性胃肠炎等。在临床诊断中，若发现疾病在各年龄段均有发生，首先怀疑在各个年龄段均有分布的疾病，而排除仅在单一年龄段分布的疾病。

(二)调查猪的性别分布，有利于确定疾病的诊断目标

有些病原微生物只引起种猪发病，如布鲁氏菌病和细小病毒病。若发现种猪发病，而其他猪未见发病现象，可怀疑为布鲁氏菌感染；若发现妊娠母猪流产、产死胎和木乃伊等现象，未见其他病症，同时其他猪也未见发病现象，可怀疑为细小病毒病。

(三)调查疫情来源，可提供有参考价值的诊断方向

如果发病猪场所在地区大面积流行口蹄疫，诊断时可重点考虑该病。如果发病猪场在发病前引进了猪，未经隔离而直接混入原有猪群，几天后原有猪群发病，可怀疑疫情由外引入。若得知引进猪所在地区不久前蓝耳病大流行，虽然引进猪未表现出任何症状，但其携带蓝耳病病原的可能性不容忽视，诊断时可重点考虑蓝耳病。

(四)调查免疫情况，可以有针对性地排除或怀疑某种疾病

如果某猪场对猪瘟已采取了规范性的免疫措施，猪瘟发生的概率就很小，因此，对发生疑似猪瘟症状的病猪，临床诊断时可初步排除猪瘟；但如果该猪场未免疫猪瘟或免疫措施明显不规范，症状表现有猪瘟迹象，怀疑患猪瘟的可能性就加大。如果某猪场对产前一个月的妊娠母猪已进行了伪狂犬病的规范免疫，仔猪从母体已获得了母源抗体，哺乳仔猪一般不会发生伪狂犬病。临床诊断时，可将该病初步排除，若未免疫，症状表现伪狂犬病迹象，怀疑该病的可能性就大。

(五)调查病猪的舍间分布和舍内分布，可有助于锁定疾病与环境因素有联系的病因和致病因子

如果某猪场有几栋猪舍，仅有一栋猪舍发病，其他几栋未发病，可从发病猪舍的环境因素入手去寻找病因；若一栋猪舍内有几圈猪发病，而其他圈的猪未发病，也可从环境因素入手去寻找病因。

兽医临床上从环境角度寻找病因的基本方法是，先区分发病与未发病栋舍或圈舍的共同环境因素与不同环境因素，排除共同环境因素，针对发病栋舍或圈舍的特殊环境因素展开调查和分析。若发病猪表现出呼吸道疾病症状，经调查发现，发病猪舍内有害气体浓度高或灰尘大(特别是喂粉料)，而未发病猪舍无此现象，可初步确定致病因子是有害气体或灰尘。若一栋猪舍内仅有几个圈舍的猪表现出感冒症状，经调查后发现这几圈舍靠门口，正值寒冬，而门口又

无挡风门帘,可初步确定致病因子为冷空气。

从以上论述可见,流行病学的调查结果可以作为兽医临床诊断的依据。调查的内容,一方面针对疾病在猪群间、时间和空间的分布;另一方面针对病因。对于病因中的宿主因素、环境,诸如猪的年龄、性别、品种、饲养管理、免疫措施等可以比较容易得出结果,而对于病因中的病原微生物、寄生虫和化学的致病因子,无法或难以通过调查得到确认。但对于大部分疾病而言,恰恰只有确定了致病因子,疾病才可得到确诊。所以,仅通过流行病学调查,难以确诊,但通过流行病学调查和结果分析可以推断病因。这就要用到疾病的"三间分布"与"三联因素"的关系。知道了猪疾病的临床症状在年龄、性别、品种等分布,就可以推断可能的致病因子和排除某些致病因子;知道了疾病的临床症状在免疫动物和易感动物间的分布,就可以推断可能的致病因子和排除某些致病因子;知道了疾病的临床症状在时间上的分布形式,就可以推断是那类或哪几类疾病和排除了哪几类疾病;知道了疾病的临床症状在地区分布、场间分布、舍间分布、舍内分布及环境因素的调查结果,就可以推断一些致病因子和排除一些致病因子。总之,通过推断和排除某些致病因子,可以缩小诊断疾病的范围,为诊断疾病提供明确方向。由此可见,兽医流行病学诊断方法与手段在疾病控制中起关键作用,它在经过大量临床数据分析后,会对猪病防治策略的制定起到框架性指导作用,避免"盲人摸象"的局限性。这也正是流行病学调查结果作为临床诊断依据的意义和作用所在。

第二节　猪病临床诊断技术

一、群体疫病的检查项目

群体疫病的检查项目包括精神状态检查、行为检查、群体膘情和体表被毛检查、刺激反应、采食量和饮水量检查、排泄物检查(粪便、尿液、眼屎、鼻涕)、生长速度和群体特异病变检查。

(一)精神状态检查

观察猪群的精神状态,健康猪两眼有神,反应灵敏,行动灵活。否则,即为亚健康、亚临床、临床状态。

(二)行为检查

观察猪群是否有异常行为,如蹭痒、异嗜、打斗、呼吸行为异常、采食和饮水行为异常、排粪排尿行为异常等。行为轻微异常的为亚健康、亚临床状态,行为严重异常的为临床状态。

(三)群体膘情和体表被毛检查

观察群体的膘度是否正常、均匀、整齐,躯体是否白净,被毛是否顺畅,皮肤色泽是否异常,是否有明显的伤痕、肿胀、溃斑和颜色的改变。

健康猪膘情中等,皮肤白里透红,体表完整无异常,被毛洁白顺畅,略带光泽。否则为亚健康、亚临床或临床状态。

(四)刺激反应

群体检查时可以通过适当的刺激来检查猪群的健康状况,常用的方法有:①对人尤其是兽医的到来和驱赶的反应。②对光照、异声、异味的反应。③对投料的反应。

健康猪对上述刺激反应灵敏,反应迟钝的多数为亚健康、亚临床状态;无反应的为临床状态。

(五)采食和饮水检查

本检查包括采食行为、饮水行为检查和采食量、饮水量检查等多项内容。采食行为和饮水行为检查主要是通过观察完成,采食量、饮水量检查可通过检查用料记录,通过对比不同品种、类型、生长阶段猪的采食量、饮水量指标完成。

对于哺乳仔猪、保育猪、育肥猪群和繁殖母猪群,采食量不增长就是疫病的前兆,下降3%即为临床状态;饮水如果能够定量,不增长是前兆,下降1.5%为临床状态。

(六)排泄物检查

观察群体粪便、尿液的颜色、形状及排泄位置和排泄量,观察是否有眼屎有泪斑,观察鼻涕的形状、颜色和分泌量。

健康猪排深褐色条状、宝塔状粪便,尿液清亮,眼周干净,吻突白中透红、略显湿润,分泌少量清亮略带黏性鼻涕。异常的多为不同病例阶段的患病猪。

(七)生长速度

通过定期称重,比对不同品种、类型、生长阶段猪的体重指标。

同采食量、饮水量的变化一样,仔猪、保育猪、育肥猪和繁殖母猪群,若采食、饮水量不增长,多数为亚健康、亚临床状态,若采食、饮水量下降或许已经进入临床状态。

(八)群体特异病变检查

出现咳嗽、扎堆、稀粪和球状干粪同在、抽搐、颤抖、呕吐、打斗不止、特殊的皮肤色泽、关节肿胀和瘸腿、卧地不起等出现特异病变的病例,多数为临床状态。

二、个体诊断的一般方法

个体病例的检查是诊断的基础,也是群体病例检查的基本前提,是所有从业兽医都必须掌握的基本功。

(一)个体病例的临床病理检查

1.整体观察

接诊者主要通过对接诊猪的精神状态、反应灵敏程度、姿势和行为、被毛及皮肤的色泽进行观察,之后同自己头脑中的健康猪刚性模型进行比对。

2.体表变化的检查

通过对接诊猪体表的大略检查,接诊者对接诊猪的疾患会有一个方向性的判断,知道疾患所在,然后围绕同类疾患可能导致的组织、器官的变化,在体表寻找相应的病理变化。重点是眼睛、吻突、耳朵、乳头、腹股沟和浅表淋巴结,以及皮肤和被毛的病理变化。

(1)眼睛可能发生的病理变化　流泪、眼屎、眼结膜潮红、苍白、黄染、眼睑肿胀 、“红眼镜”“紫眼镜”等。

(2)吻突和鼻可能发生的病理变化　吻突过于湿润或干燥;吻突颜色灰暗、苍白、红紫,吻突有蹭伤;吻突顶端或边缘角质化;吻突上侧顶端紫黑色瘀血斑点;流清水样鼻涕、白色黏性鼻涕和黄色黏性鼻涕。

(3)耳朵可能发生的病理变化　双耳潮红、全部红紫或双耳外半截红紫;双耳的耳郭肿胀增厚;双耳的耳郭背面有出血点、耳根发红、双耳耳郭的背面有红色、黄色疖子、溃烂斑;双耳萎缩性干死,双耳、单耳或耳郭的局部蜕皮等。

(4)乳头可能发生的病理变化　最后一对乳头发红、发黑,基部发红、黑圆环;所有乳头紫红色；个别乳头肿胀，整个乳腺发红等。

(5)腹股沟和浅表淋巴结可能发生的病理变化　轻微肿大、严重肿大(3 倍以上)、颗粒肿、青灰色。

(6)皮肤和被毛的检查可能发生的病理变化　被毛紊乱、颜色灰暗、脱落、毛孔出血、毛孔血痂等；皮肤苍白、黄染、充血、潮红、肿胀、溃烂；或有黑色的疤痕；或有紫红色黄色的斑点、疖子、痘；或局部、整体的颜色改变，如发红、红紫色、汉砖青色、玫瑰红色；或皮下密布针尖样青紫色斑点等。

3. 粪便和尿等液排泄物的检查

排泄物的检查包括粪便、尿液、呕吐物、眼泪和眼屎、鼻涕和阴道分泌物的检查。

(1)粪便检查　检查粪便的形态、颜色、气味、内容物，必要时采集粪样进行实验室检查(寄生虫卵或异常物检查，细菌分离培养)。正常猪的粪便呈软条状，落地呈塔状。粪便的颜色与日粮的组成有关，日粮搭配合理的情况下粪便呈浅褐色，略带酸臭气味。当日粮中青绿饲料过多时粪便呈绿褐色，酸臭味严重；蛋白质含量过高时粪便呈黑褐色，不成形且黏性上升，发出恶臭味，黏度也不高；微量元素含量过高时粪便呈黑褐色，成形但无恶臭味，黏度也不高；能量营养比过高时，粪便呈浅黄色，有明显的发酵酸臭味；纤维素性物质比例过高时，可见粪便混有纤维素性物质，并有酸臭味。

饲料麸皮比例过高、突然改变、添加药物、淋雨、受凉等应激因素，以及感染伪狂犬病病毒主要见于黄痢、白痢病例。例如，30 日龄以上的断奶前后小猪排白色黏性、黄色黏性、黄白相间黏性稀便，粪便中混有泡沫并有明显的腥臭气味的，为大肠杆菌引起的白痢。球状干便为猪病的早期症状，出现消化不良或黏性稀便、水样稀便的，多数为预后不良的猪瘟病例。喷射状水样稀便多数同轮状病毒病有关，失禁性水样稀便则可能同冠状病毒病感染有关，或为伪狂犬病及猪瘟感染的后期预后不良性病例。猪粪便中常见的异物主要是蛔虫和消化不彻底的籽实类饲料，以及石子、金属类等。

(2)尿液检查　临床对猪尿液的检查：一是检查尿液的量，二是检查尿液色，三是检查尿液的质量(黏度、泡沫、异物)，四是检查尿液的异常气味。高热时常伴发尿液量过少或尿闭；尿液发黄、血尿常见于肾脏损伤、血细胞破损；尿酸盐过多时尿液混浊。需注意的是轻微血尿的尿液呈黄色，但在地面阴干后呈现红色，因而对排尿时有痛苦表现且排黄色尿的猪，临床检查应观察所排尿阴干后的状况；尿液质量重点检查尿液的黏性，蛋白尿时尿液黏稠，落地有泡沫，但是颜色不改变，检查时可用食指或中指蘸取少量尿液，与拇指相互捻搓，感觉黏稠度；酸碱度的检查可以使用精密酸碱试纸进行；另外需注意尿液中是否有凝血块、白色沉淀。当尿液酸碱度改变或发生蛋白尿时，猪常表现排尿痛苦，公猪表现为间断性排尿，母猪则有弓背和后躯下垂的痛苦排尿姿势。另外，公猪尿道口积尿是猪瘟的一个特有症状，临床应当注意检查。不同年龄段母猪尿道口下部或全部呈鲜红色，是黄曲霉毒素中毒的一个标志，临床检查时应当留心。

(3)呕吐物检查　呕吐是一种病理反应，呕吐物检查主要是对呕吐物的量、形态、内容物种类、气味和颜色进行检查，从而分析疫病种类。偶然的呕吐，并且呕吐物带有发酵物的酸味，多数为胃肠痉挛所致；有机磷农药中毒的呕吐物带有明显的蒜臭味；采食量下降或停止采食数天的猪只，呕吐黄色或浅绿色水样物的，多数是胆汁逆向流动的临床特征；浅黄色黏液样呕吐物带血的，多数发生胃出血或胃穿孔。

(4)眼泪和眼屎检查　眼角泪痕常由鼻炎、鼻窦炎所致，眼眶下泪斑则同猪流感、猪瘟感染有关,眼屎则同中高热稽留有关。

(5)鼻涕检查 主要检查流鼻涕与否,鼻涕的量、形态和颜色。当发现猪的鼻孔有清净的绿豆大水珠、流少量清水样鼻涕、大量清水样鼻涕、黏稠(白色或黄色)鼻涕、鲜红鼻涕、泡沫样鼻涕等症状时,均为病理状态。

(6)阴道分泌物检查 正常的阴道分泌物为纤细、透明、条状、清亮的黏性液。白色高度黏稠的常为多余的子宫颈口栓塞物;白色中略带黄色分泌物的多数与子宫颈、外阴炎症有关;条状混浊分泌物垂于外阴下的多数与猪瘟有关,极少数为布鲁氏菌感染。

4.姿势和行为的检查

姿势和行为的异常,常常是体内器官疾患的外部显露。然而,由于思维方式的限制,人们在猪病的临床诊断中常将其忽略。

姿势异常包括站立、行走、睡眠和排尿便姿势异常。①站立姿势异常。站立困难,卧地不起,站立不稳,歪脖站立等。②行走姿势异常。瘸行,靠墙(围栏边)走,后躯左右摇摆,后躯瘫痪的前肢爬行、跪地前行等。③睡眠姿势异常。犬卧状、犬伏状卧姿,伸颈仰脸侧卧等。④排便姿势异常。凹腰排便、排尿(公猪),下蹲式排便、排尿(母猪)等。

常见的行为异常有打斗、呕吐、咳嗽或喘气 、磨牙 、异嗜 、神经症状等。神经症状包括痉挛、颤抖、抽搐、吐沫、观星状、勾头、转圈、大小便失禁等。

5.体温测量与注意事项

猪的正常体温为 39.1℃(38.5～39.5℃),随年龄、性别、生理状况和测量时间以及运动与否等原因,允许有 0.5℃以内的体温差异。

6.临床检查时应当注意四个方面的问题

一是检查前利用手腕甩动体温计,使其读数降至 37℃以下;二是检查时做到体温计单用,养成检查前、后消毒体温计的习惯,做到不使用未经消毒的温度计测试体温;三是在插入时要润滑体温计,冬季应注意将体温计稍微温暖,避免冰凉的体温计插入过程中努责外排;四是插入方法要正确,先斜向上方插入 3～5 厘米,再一边捻动一边向前平直插入至体温计 2/3 长度处,然后固定,停止 3～5 分后再取出读数。

临床检查,除了注意准确测量体温外,还应排除误差。常见的体温误差有三种:一是追赶捕捉后测量时往往会有体温略高(0.2～0.3℃)现象;二是未经校正的体温计读数差异;三是不同年龄、季节、测量时间和生理状态、运动状况的差异。成年猪、老母猪的体温有时会低于正常体温 0.5℃,怀孕母猪和幼龄猪体温较高,一般情况下为 39.0～39.2℃;早晨体温略低,午后和晚上体温略高。病理状态下遇到急性发热性疾病时体温明显升高,常呈高热(高出正常体温 2～3℃),感染早期局部轻微炎症时多数呈低热(比正常体温高 0.5～1℃)或中热(高出正常体温 1～2℃),极高热(高出正常体温 3℃以上)病例较为少见,可作为某些特殊病症的鉴别诊断标志,如猪弓形体病。体温低是某些渐进的消耗型疾病的特征,如寄生虫病、血液循环障碍性疾病等。

7.呼吸检查

猪的正常呼吸为 10～20 次/分,检查时可取 3 次计数的平均值,每次 1 分。除了计数还应观察呼吸状态,正常呼吸时胸廓有起伏、鼻翼翕动、腹壁运动,吸气后立即呼出,然后有一短暂的间隔,之后开始再一次呼吸。呼吸时腹壁运动而胸廓起伏不明显的腹式呼吸,以及呼吸不均匀,低头、仰头、甩头呼吸,呼吸带有“吭吭”声均为病理状态。

正常的猪群偶尔有短促轻微的咳嗽声，单个个体连续咳嗽，或者猪群内咳嗽声此起彼伏，均为异常情况。临床依据咳嗽声音的响亮程度、次数、频率、发生时间、蔓延情况，以及咳嗽时是否带泡沫、泡沫的颜色，是否有弓背、拉稀便等病征，可以判断疾病的种类和严重程度，因而在临床检查时应多花费点时间，细致观察，并注意与问诊结果结合起来判断。

(二)病死猪的尸体检查

尸体检查应在仔细冲洗以后进行。尸体检查的项目包括尸体的弹性、颜色、僵尸状态，天然孔是否出血，五官变化，以及体表是否水肿，是否有溃烂、疤痕、创伤等。重点是皮肤检查及蹄、口唇和舌的检查。

1. 弹性

猪尸体体表弹性优劣反映猪在发病过程中是否脱水，是否有寄生虫病，以及死亡时间的长短。

2. 僵尸状态

猪在死亡 2 小时以后开始僵尸，6 小时完成僵尸的全部过程。超过 6 小时仍然僵尸不全的，应怀疑炭疽或一氧化碳中毒等，应结合尸体的颜色、出血等方面进行判断。

3. 天然孔出血

尸体鼻孔和口唇有血污，表明死前鼻孔出血或口腔出血；肛门出血，见于直肠的出血性病变，尿道口出血的母猪多数为阴道损伤，公猪多见于尿道的出血性病变。眼、耳道出血极其少见，同其他天然孔出血同时发生，伴发尸僵不全的多数为炭疽病例。

4. 五官变化

眼、耳、鼻、口(包括唇和牙龈)、舌的变化是不同疾病表现的窗口，应仔细观察。

眼结膜和眼睑红肿，提示发热、体内急性炎症性病变；玫瑰红，则提示心脏功能异常，尤其是心房扩张无力，外周血液回流不畅、组织间动静脉血的交换受阻；苍白，提示心脏搏动无力和出血性疾病，外周组织供血不足；黄色则提示肝脏功能障碍，多数为黄疸型肝炎所致。

观察猪耳的颜色对于判断心脏收缩扩张机能，判断蓝耳病、猪瘟、圆环病毒病、猪肺疫、猪传染性胸膜肺炎、副猪嗜血杆菌、弓形体的感染非常有价值。

鼻是猪的呼吸系统的门户，鼻和吻突的颜色、湿润与否、鼻涕的量和性质不仅反映血液循环状况，更反映肺脏和呼吸道的健康状况，同时也是伪狂犬病、圆环病毒病等传染病显示的特殊器官。常见病态猪的吻突颜色包括：苍白、灰暗、暗红、紫红。吻突上有水疱、烂斑或溃疡常见于口蹄疫、水疱病等疾病；吻突紫红色常见于感染性败血性疫病。

口、唇、牙龈和舌的颜色反应血液循环状态以及胃部的健康状况，同时也是口蹄疫、水疱病侵袭的特殊器官。

5. 体表水肿、溃烂、瘢痕和创伤

体表水肿表明机体水代谢的严重障碍。不同部位的水肿有时是不同疾病的特有病变。如前肢水肿、四肢关节水肿通常提示副猪嗜血杆菌病；猪颈部腹侧和胸部水肿常提示猪巴氏杆菌病；头部、颈部、肩部水肿提示水肿病；后躯皮下水肿提示伪狂犬病等；体表溃烂常常提示体表寄生虫病和细菌性感染，或为圆环病毒病、猪瘟等病毒性疾病的特有病变。

体表疤痕常为某些病毒性疾病的特有病变。如猪丹毒的菱形或不规则形黑色突起瘢痕，圆环病毒病中期由黄色组织液形成的颗粒状连片黄痂，以及烧伤、烫伤、外伤性损伤等。

6. 尸体颜色

患病种类不同，猪尸体不同部位表现的颜色也不同，临床应仔细观察。

（1）尸体整体颜色异常　尸体呈现潮红、浅红、玫瑰红、紫红色，以及尸体表面分布黑紫色斑块，体侧和四肢分布黑紫色溃烂性瘀血斑点及不溃烂性瘀血的"黑豆点"等。

（2）尸体四肢颜色异常　四肢下部分布大小不等的顶部紫色、浅红色或不带颜色的疖症等；四肢下部紫红色，四肢紫红色，四肢和腹下紫红色。四肢检查除了观察颜色，触感弹性，体表是否有疖子、囊肿、溃疡及其形态之外，还要剖开腕关节或肘关节、股关节，检查关节腔积液的变化（关节液的量，黏稠度，清亮与否，色泽等）。

（3）尸体后躯颜色异常　后躯红色、紫红色，会阴部红色或紫红色。后躯红色、紫红色又分两种情况：全部变色和部分变色。全部为玫瑰红色的为猪链球菌病提示病变；全部为较浅薄的潮红色，多为猪瘟病变；全部为紫红色则为猪瘟、猪蓝耳病、圆环病毒病、口蹄疫的一种或数种同副猪嗜血杆菌、传染性胸膜肺炎、弓形体的一种或数种混合感染的特殊病变。局部呈红色或紫红色的多数为副猪嗜血杆菌、传染性胸膜肺炎、弓形体的一种或数种混合感染病变。会阴部红色或紫红色的常提示蓝耳病感染病变。

（4）双耳颜色异常　双耳全部呈浅红、紫红色，耳面分布出血点，耳根紫红的外部紫红色，耳郭呈蓝灰色，耳郭有条状出血痕迹等。

（5）眼部颜色异常　眼结膜苍白、潮红、暗红、黄染，眼睑发红，眼睑青紫，眼睫毛根呈紫红色点状出血等。眼结膜苍白、潮红、暗红、黄染，眼睑发红，眼睫毛根呈紫红色点状出血多数同猪流感有关。

（6）肛门颜色异常　肛门浅红，肛门暗红，肛门青紫等，多见于一些血液循环不良，败血性传染病。

（7）吻突颜色异常　吻突灰暗、干燥，吻突上端有瘀血斑，吻突有浅红色蹭伤，吻突苍白、湿润，吻突皮肤角质化呈浅黄色等。

（8）尾部颜色异常　全尾出血、成痂，全尾紫红色，全尾颜色灰暗、干燥脱皮等。全尾出血、多见于感染猪瘟、附红细胞体病及食盐中毒，或与寄生虫感染和异食癖有关；全尾紫红色，则同溶血性链球菌病有关，全尾颜色灰暗多同圆环病毒感染、消化道寄生虫感染、肝脏疾患有关；尾巴干燥、脱皮则同体表寄生虫感染有关；哺乳仔猪的尾巴干死，则为胚胎期猪瘟感染病例，或结扎法断尾的末期症状。

（9）颈、肩部颜色异常　颈肩部颜色苍白，颈肩部毛孔有鲜红色出血点，颈肩部脂肪溢出呈灰黄色等。颈肩部颜色苍白多同附红细胞体病、躯体或内脏出血有关；颈肩部背侧毛孔有鲜红色出血点多同溶血性猪链球菌病有关；颈肩部脂肪溢出呈灰黄色的多为脂溢性皮炎。

（10）腹下颜色异常　主要表现为腹下及大腿内侧颜色苍白、灰暗、潮红，或皮下有青紫色瘀血点等；乳头全部或上半截瘀血呈紫红色，乳头呈黑紫色，乳头基部呈黑紫色，乳头基部皮下有黑色环等；公猪的尿鞘或阴囊红肿呈紫红色，母猪的外阴全部呈鲜红色、紫红色或下半部呈鲜红色等。多见于蓝耳病、猪瘟、圆环病毒病、猪肺疫、猪传染性胸膜肺炎、副猪嗜血杆菌病、弓形体的感染以及霉菌毒素中毒等。

第三节　猪的病理剖检技术

在猪病的诊断中，病理剖解是重要的诊断方法之一。其目的是通过对病猪或因病死亡猪的尸体剖解，观察体内各组织脏器的病理变化，根据其病理变化，为确诊提供依据。有许多疾病在临床上往往不显示任何典型症状，而剖检时却有一定的特征性病变，尤其是对猪传染病的诊断。

一、剖检前的准备

（一）剖检场地

为方便消毒和防止病原扩散，剖检最好在室内进行。若因条件所限需在室外剖检时，应选择距猪舍、道路和水源较远，地势高的地方剖检。在剖检前先挖2米左右的深坑（或利用废土坑），坑内撒一些石灰。坑旁铺上垫草或塑料布，将尸体放在上面剖检。

（二）剖检的器械及药品

剖检常用的器械有剥皮刀、解剖刀、大小手术剪、镊子、骨锯、凿子、斧子、量尺、量杯、天平、搪瓷盘、桶、乙醇灯、注射器、载玻片、广口瓶等。常用的消毒药有3%甲酚皂溶液、0.1%苯扎溴铵溶液、百毒杀、含氯消毒剂等。固定液有10%福尔马林溶液及95%乙醇等。

（三）剖检注意事项

1.剖检对象的选择

剖检猪（图5-1）最好是选择临床症状比较典型的病猪或病死猪。有的病猪，特别是最急性死亡的病例，特征性病变尚未出现。因此，为了全面、客观、准确了解病理变化，可多选择几头疫病流行期间不同时期出现的病、死猪进行解剖检查。

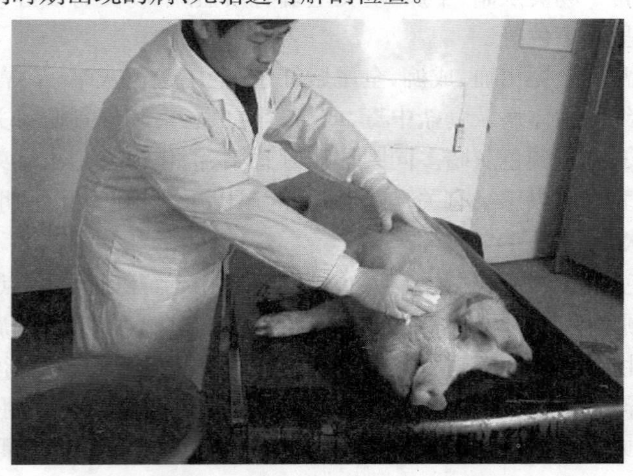

图5-1 剖检猪

2.剖检时间

在猪死亡以后，尸体剖检进行越快，准确诊断的机会越多。尸体剖检必须在死后变性不太严重时进行。夏季须在死后4～8小时完成，冬季不得超过24小时，否则尸体会发生自溶和腐败现象，难以判断原有病变，失去剖检意义。剖检最好在白天进行，因为灯光下很难辨别病变组织的颜色（如黄疸、变性等）。

3. 正确认识尸体变化

动物死后，尸体会受体内存在的酶和细菌的作用，以及外界环境的影响，逐渐发生一系列的变化，其中包括尸冷、尸僵、尸斑、血液凝固、溶血、尸体自溶与腐败等。正确地辨认尸体的变化，可以避免把某些死后变化误认为生前的病理变化。

4. 剖检人员的防护

剖检人员，特别是剖检人畜共患传染病猪尸体时，应穿工作服、戴胶皮手套和线手套、戴工作帽，必要时还要戴上口罩或眼镜，以预防感染。剖检中皮肤被损伤时，应立即消毒伤口并包扎。

剖检后，双手用肥皂洗涤，再用消毒液浸泡、冲洗。为除去腐败臭味，可先用0.2%高锰酸钾溶液浸洗，再用2%～3%草酸溶液洗涤褪色，再用清水清洗。

5. 尸体消毒和处理

剖检前应在尸体体表喷洒消毒液，如怀疑尸体患炭疽病时，取颌下淋巴结涂片染色检查，确诊患炭疽病的尸体禁止剖检。死于传染病的尸体，可采用深埋或焚烧进行处理，搬运尸体的工具及尸体污染场地也应认真清理消毒。

6. 注意综合分析诊断

有些疾病特征性病变明显，通过剖检可以确诊，但大多数疾病缺乏特征性病变。另外，原发病的病变常受混合感染、继发感染、药物治疗等诸多因素的影响。在尸体剖检时应正确认识剖检诊断的局限性，结合流行病学、临床症状、病理组织学变化、血清学检验及病原分离鉴定，综合分析诊断。

7. 做好剖检记录，写出剖检报告

尸体剖检记录是尸体剖检报告的重要依据，也是进行综合分析诊断的原始资料。记录的内容要力求完整、详细，能如实地反映尸体的各种病理变化。记录应在剖检当时进行，按剖检顺序记录。记录病变时要客观地描述病变，对无眼观变化的器官，不能记录为“正常”或“无变化”，可用“无眼观可见变化”或“未发现异常”来记录。

二、剖检顺序及检查内容

(一)体表检查

在进行尸体解剖前，先仔细了解死猪的生前情况，尤其是比较明显的临床症状，以缩小对所患疾病的考虑范围，使剖检有一定导向性。体表检查首先注意品种、性别、年龄、毛色、体重及营养状况，然后再进行死后征象、天然孔、皮肤和体表淋巴结的检查。

1. 死后征象

猪死后会发生尸冷、尸僵、尸斑、腐败等现象。根据这些现象可以大致判定猪死亡的时间、死亡时的体位等。

(1)尸冷　尸体温度逐渐下降与外界温度一致，其时间长短与外界的气温、尸体大小、营养状况、疾病种类有关，一般需要1～24小时。因破伤风而死的，其尸体的体温有短时间的上升，可达42℃以上。

(2)尸僵　尸僵发生在死亡后1～4小时，由头、颈部开始，逐渐扩散到四肢和躯干。经10～15小时，尸僵逐渐消失，凡高温、急死或死前挣扎的尸僵发生较快；而寒冷、消瘦的较迟缓。

(3)尸斑　尸体剥皮后，常在死亡时着地的一侧皮下呈现暗红色，指压红色消失。

(4)腐败　尸体腐败时腹部膨大,肛门突出,有恶臭气味,组织呈暗红色或污绿色。脏器膨大、脆弱,胃肠中充满气体。

2. 天然孔

注意检查口、鼻、眼、肛门、生殖器等有无出血现象,有无分泌物、渗出物和排泄物,以及可视黏膜的色泽,有无出血、水疱、溃疡、结节、假膜等病变。

3. 皮肤

注意检查皮肤的色泽变化,有无充血、出血、创伤、炎症、溃疡、结节、脓疱、肿瘤、水肿等病变,有无寄生虫和粪便黏着等变化。

4. 体表淋巴结

注意观察淋巴结有无肿大、硬结等病变。

(二)固定、剖腹检查脏器

1. 固定(图 5-2)

尸体取背卧位,一般先切断肩胛骨内侧和髋关节周围的肌肉(仅以部分皮肤与躯体相连),将四肢向外侧摊开,以保持尸体仰卧位置。

2. 剖开腹腔(图 5-3)

从剑状软骨后方沿腹壁正中线由前向后至耻骨联合切开腹壁,再从剑状软骨沿左右两侧肋骨后缘切开至腰椎横突。这样,腹壁被切成大小相等的两楔形,将其向两侧分开,腹腔脏器即可全部露出。

图 5-2　固定

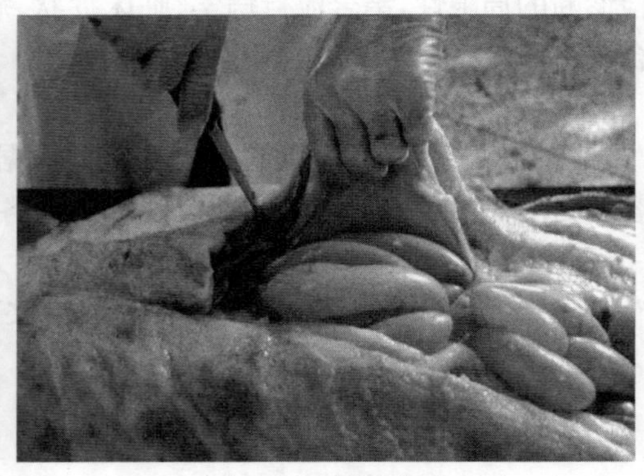

图 5-3　剖开腹腔

剖开腹腔时,应同时进行皮下检查,看皮下有无出血点、黄染等。在切开皮肤时需要检查腹股沟浅淋巴结,看有无肿大、出血等异常现象。如腹股沟淋巴结水肿且不出血,或肿大到原来的 3～5 倍,可能是圆环病毒引起;如周边出血,里面有规范出血,则可能是猪瘟引起;如有坏死,多由副伤寒引起。

3. 腹腔器官的取出与检查

腹腔切开后,须先检查腹腔脏器的位置和有无异物等。

(1)腹腔器官的取出　腹腔器官的取出,有两种方法:第一种方法,胃肠全部取出。先将小肠移向左侧,以暴露直肠,在骨盆腔中单结扎。切断直肠,左手握住直肠断端,右手持刀,从前向腰背部分离割断肠系膜根部等各种联系,至膈时,在胃前单结扎,剪断食管,取出全部胃肠道。

第二种方法,胃肠道分别取出。①在回盲韧带(将结肠圆锥体向右拉,盲肠向左拉,即可看到回盲韧带），游离缘双结扎，剪断回肠，在十二指肠道双结扎，剪断十二指肠。左手握住回断端，右手持刀，逐渐切割肠系膜至十二指结扎点，取出空肠和回肠。②先仔细分离十二指肠、胰与结肠的交叉联系，再从前向后分离割断肠系膜根部和其他联系，最后分离并单结扎，剪断直肠，取出盲肠、结肠和直肠。取出十二指肠、胃和胰。

(2)腹腔器官的检查　取出腹腔的各器官后要逐一检查，可按脾、肠、胃、肝、肾及膀胱的次序进行。

①脾。注意检查脾的大小、重量、颜色、质地、表面和切面的状况。如患败血性炭疽时，脾可能高度肿大，色黑红，柔软；急性猪瘟时脾发生出血性梗死。②肠。检查肠壁的薄厚，黏膜有无脱落、出血，肠淋巴结有无肿胀等。患猪副伤寒的猪肠黏膜表面覆盖糠麸样物质。③胃。检查胃内容物的性状、颜色，剖去内容物看胃黏膜有无出血、脱落穿孔等现象。④肝。检查肝的颜色、质地等。⑤胆。检查胆囊的外观是否肿大，滑破胆囊看胆汁的颜色是否正常。⑥肾。两个肾先检查比较，看大小是否一样有无肿胀。剖去肾包膜看肾脏表面有无出血点。然后将肾平放横切后观察肾盂、肾盏有无肿大、出血等。⑦ 膀胱。检查膀胱的弹性、膀胱内膜有无出血点等。

4.胸腔剖开与各器官的检查。

(1)胸腔剖开　先检查胸腔压力，然后从两侧最后肋骨的最高点至第一肋骨的中央作二锯线，锯开胸腔。用刀切断横膈附着部、心包、纵隔与胸骨间的联系，除去锯下的胸骨，胸腔即被打开。

另一剖开胸腔的方法是：用刀（或剪）切断两侧肋软骨与肋骨结合部，再把刀伸入胸腔划断脊柱左右两侧肋骨与胸椎连接部肌肉，按压两侧胸壁肋骨，折断肋骨与胸椎的连接（图 5－4），即可敞开胸腔。

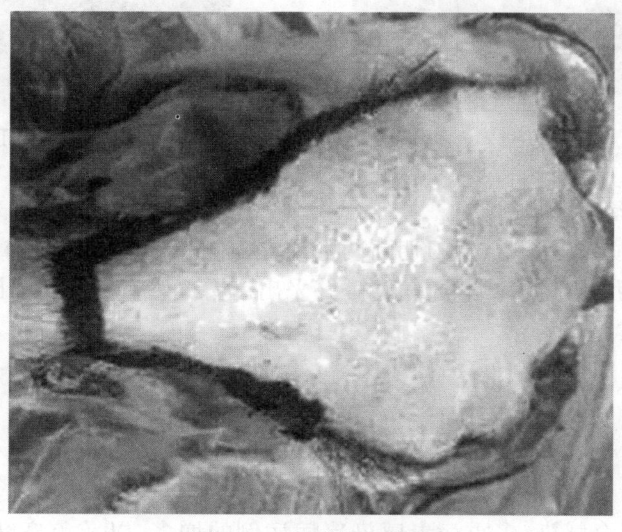

图 5－4　胸腔打开线路

(2)胸腔器官检查　打开胸腔后先看肾包膜有无粘连、有无纤维状物渗出，传染性胸膜肺炎时有此症状。看胸腔和心包是否有积液，如胸腔积液可能是由弓形体或是附红细胞体引起的疾病。看肋骨两侧是否有出血点，如有出血点则多由猪瘟，链球菌引起。看喉头会厌软骨是否有针尖样出血点，如有，可以怀疑是猪瘟。再将气管剖开，是否有大量泡沫，如有，可能是胸膜肺炎引起。将支气管剖开，看是否有多量的脓汁，如有，可能是副猪嗜血杆菌引起。

看左右肺的大小、质地、颜色等。气喘病肺变为肉样、放在水中下沉，正常的肺放在水中是不下沉的。猪肺疫时肺脏表面因出血水肿呈大理石样外观。如水肿，出血，可能是弓形体引起；如肺无气泡，似橡皮样，可能是圆环病毒引起；如有虾肉样变（白色），可能是喘气病引起；如有分散的肉样变，可能是副猪嗜血杆菌病、猪瘟引起。

检查心脏是否有心包积液、坏死出血、水肿、纤维素性渗出物等现象。如心包积液，多由败血性疾病引起；如心冠脂肪水肿，可能由圆环病毒引起；如心冠脂肪出血或心内膜出血，多由链球菌或猪瘟引起；如有纤维素性炎症，多由胸膜肺炎或副猪嗜血杆菌引起；如心肌坏死或苍白，多由口蹄疫或缺硒引起。看心包膜有无出血点，切开心脏看二尖瓣、三尖瓣有无异常现象。猪丹毒溃疡性心内膜炎，增生，二尖瓣上有灰白色菜花赘生物检查时应特别注意。

5. 颅腔剖开（图 5－5）

清除头部皮肤和肌肉，先在两侧眶上突后缘作一横锯线，从此锯线两端经额骨、顶骨侧面至枕嵴外缘作两条平行的锯线，再从枕骨大孔两侧作“V”形锯线与两条平行线相连。此时将头的鼻端向下立起，用锤敲击枕嵴，即可揭开颅顶，露出颅腔。看有无出血点、萎缩、坏死现象。

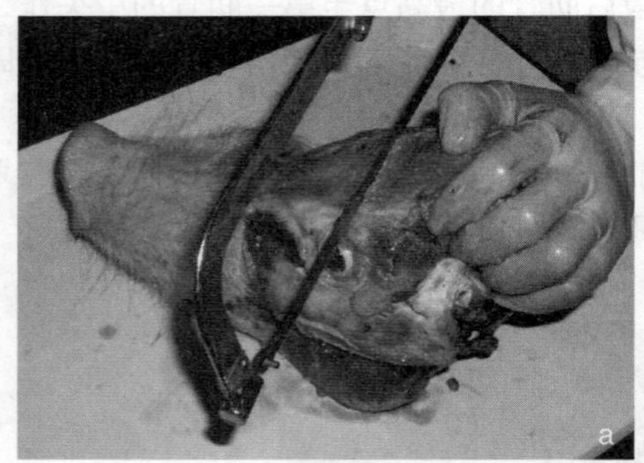

a. 颅腔剖开

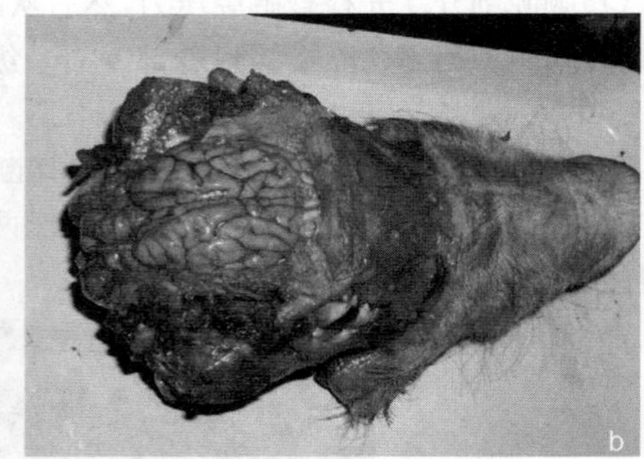

b. 揭开颅顶

图 5－5 锯开颅骨

6. 口腔和颈部器官采出

剥去颈部和下颌部皮肤后，用刀切断两下颌支内侧和舌连接的肌肉，左手指伸入下颌间隙，将舌牵出，剪断舌骨，将舌、咽喉、气管一并采出。看气管有无黏液、出血点及扁桃体有无肿大、出血点等现象。

第四节　血样采集和送检

近年来，随着混合感染、多重病毒感染猪病病例的增多，以及免疫麻痹和免疫抑制病例的广泛存在，不仅临床诊断需要血清学检验予以支持，一些大型猪场在日常管理中为了提高免疫质量，也开展了免疫效果评价即化验检测，而化验检测便需要采血。

一、血样的采集

猪场通过采集血样，可以定期做些抗体验测，及时掌握猪群的抗体高低，更确实地做好免疫保健。同时，对疾病的快速诊断提供精确依据。

1. 猪耳静脉采血

(1)采血部位　猪耳背部的静脉血管。

(2)采血方法　先洗净猪耳，进行消毒处理，由助手用手指捏住耳根部静脉血管处，使耳静脉管充盈、怒张。左手抓住猪耳，将其托平并使耳尖稍抬高，右手持针，使针尖与猪耳水平面呈 10°～15°，沿血管走向刺入，轻轻回抽注射器见有回流血液，抽够血样，拔出针头，用消毒棉球压迫针孔止血。

2. 猪前腔静脉采血

(1)采血部位　猪前腔静脉。

(2)采血方法　采用前腔静脉采血时，根据猪的大小可采用仰卧保定法，站立套鼻法及手握前肢倒提保定法。

20 千克以下的仔猪前腔静脉采血，一般采用仰卧保定法(图 5-7)。由一名助手抓握两后肢，尽量向后牵引，另一助手用手将下颌骨下压，使头部贴地，并使两前肢与体中线基本垂直，此时，两侧第一对肋骨与胸骨结合处的前侧方呈两个明显的凹窝，消毒后，由右侧凹窝处，由上而下，偏中央及胸腔方向刺，见有回血，即可采血。

中大猪前腔静脉采血，采取站立提鼻保定法(图 5-8)。用保定器拴住上颚，将猪头上举，尽可能抬得高些，使猪的头颈与水平面呈 30°以上，身体平直，前肢伸向后方，在胸腔入口前下方两侧的凹陷处向心脏位置的胸腔方向进针 1～3 厘米，边进针边抽吸，当有大量血液进入针管时，说明刺中了前腔静脉，此时停止进针，采够足量血样。采用前腔静脉采血，应选择颈右侧为宜，不宜刺到神经，安全性高些。

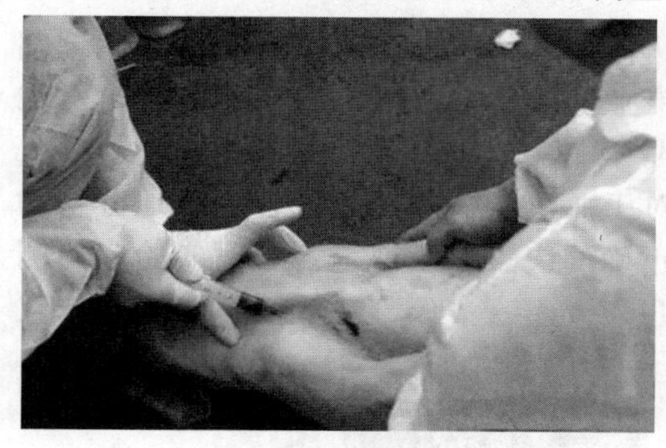

图 5-7　仔猪前腔静脉采血

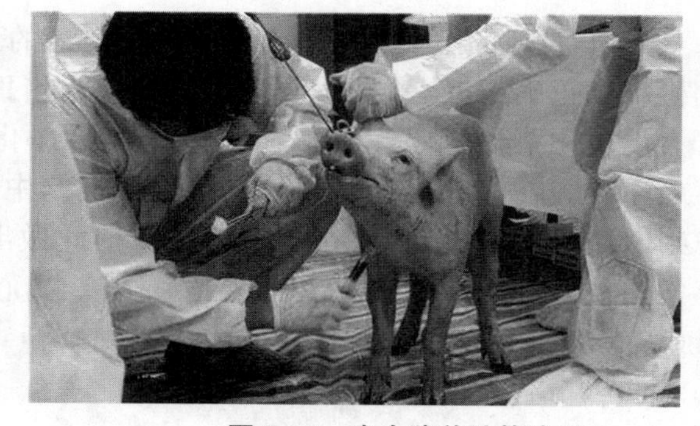

图 5-8　中大猪前腔静脉采血

二、血样的预处理

一般进行血清学检验的血样采集量为 5～10 毫升，采集后应继续吸入少量空气倾斜静置 15～25 分，待针管内血样斜面凝固并析出少量血清时，方可移动送检。当进行猪瘟病原学检测时，一般在准备时针管中已经抽进了 3 毫升的抗凝剂，采集血样至 10 毫升（血液 7 毫升）时退针，退针后应立即反复颠倒和摇动，使抗凝剂和血液充分混匀。

单纯用于免疫效果评价的抗体检测，其血样最好进行离心处理，只将血清送检。若采样中使用一次性塑料针管，静置时间可长些，待充分凝集时以干净针管直接抽取 0.5 毫升血清送检。

对来自不同类群、不同猪舍的血样应当标记清楚。现场可用记号笔直接标注于针管。在无记号笔的情况下，可用手术胶布粘贴针管，再用圆珠笔标记。为了避免血样在保存和运送过程中流失,可采用“弯针头”的办法,即用止血钳夹住针头向针管方向折弯,使针尖同针管呈 15°以下锐角,然后再带上针头。

三、血样的运送

血样(或血清)应在 6 小时内送检。运送时应注意低温(2~8℃)保存,避光,防震荡。夏季农户使用泡沫箱运送时,箱内应放冰块,并以毛巾包裹冰块或血样,避免样品结冰。

四、血样的保管

因故无法立即送检的血样(或血清),应低温保存,即放在冰箱的保鲜室内。切忌冷冻保存。血样放置的时间越长,检测的结果越不真实。

五、注意事项

血样采集时必须注意:一要选择合适的采血对象。应依据检验目的选择采样对象。诊断采血应选择症状与众多病猪相同的有代表性个体。检测免疫效果时应选择接种灭活疫苗(死苗)30 日龄以上的健康个体,或选接种弱毒疫苗 20 日龄以上的健康个体。病原监测应选择不同类群的个体,种公猪全部采样,繁殖母猪、后备母猪、商品猪群随机抽样,非健康个体不采样。二要标记清楚,做好档案记录。三要注意安全。种公猪和母猪的体型大、力量大,保定时一个人非常困难,可把套住猪上颌的拉环另一端固定在钢栏架或其他固定物体上以防挣脱。多余的血样应集中处理,不得随意丢弃。

第五节 现代猪场血清学检测意义

随着规模化、集约化养殖的发展,现在的猪病越来越复杂,仅凭临床经验和病理剖检难以正确把握,最科学最有效的办法是借助专业实验室做检测。目前血清学检测成为规模化猪场免疫效果评估、疫病诊断和净化的一种有效途径,正变得越来越重要并日趋广泛。临床兽医或养殖场主在养猪生产中,对于血清学检测结果进行正确地分析和判断,有助于我们获取有效的信息并依此做出正确的决策以及改进。兽医实验室检测常用仪器有酶标仪、洗板机、荧光显微镜、离心机、荧光定量 PCR 仪、全自动核酸提取仪(图 5-9 至图 5-14)。

图 5-9 酶标仪

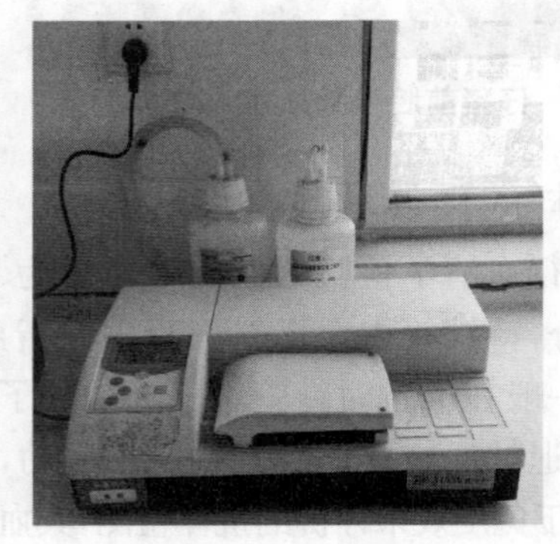

图 5-10 洗板机

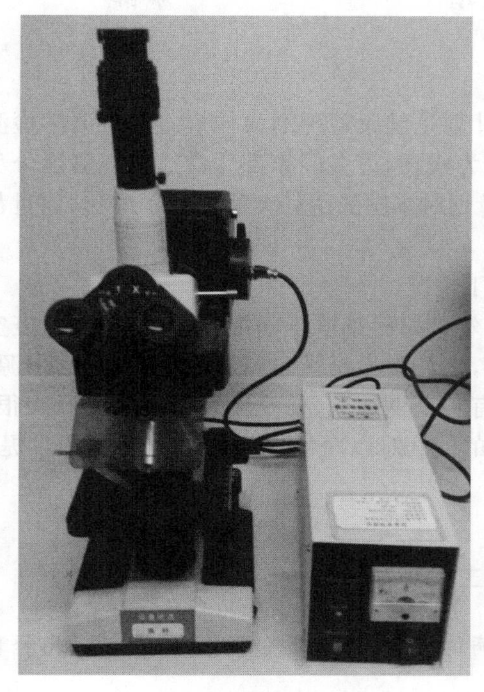

图 5-11 荧光显微镜

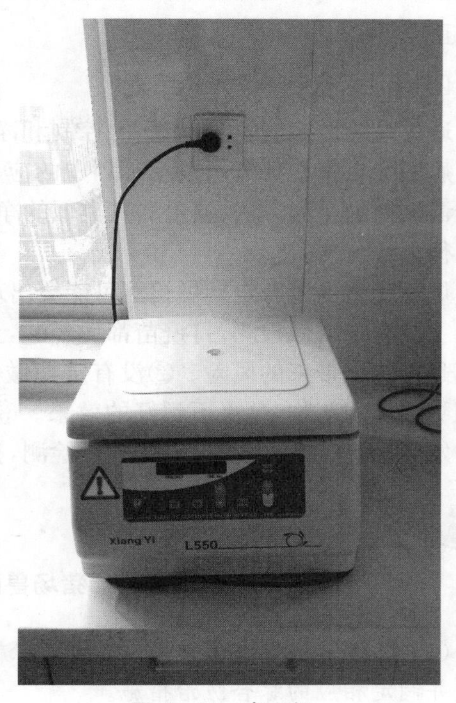

图 5-12 离心机

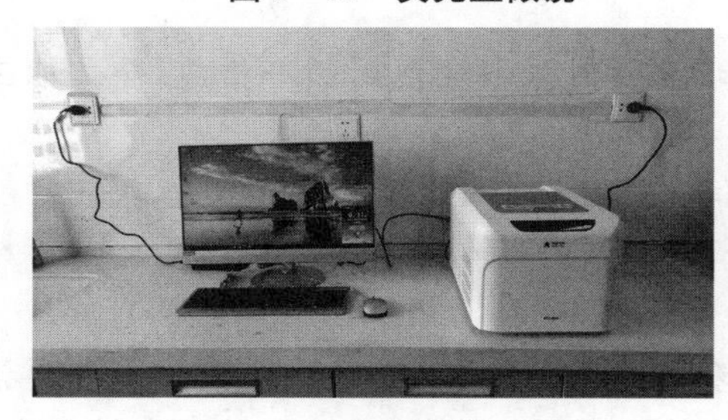

图 5-13 荧光定量 PCR 仪

图 5-14 全自动核酸提取仪

血清学检测意义概括起来主要有以下几方面：

一、监测母源抗体，确定最佳首免时机

在临床上，恰当的免疫接种时间往往是有效免疫的关键。目前，大家都能够认识到，在使用疫苗尤其是活苗的时候，一定要考虑母源抗体的影响，如母源抗体太高时打苗，免疫效果会受到很大影响；母源抗体太低时打苗，野毒可以趁机而入给养殖场带来很大的风险。最可靠的方法就是通过血清学检测来监测母源抗体的消长规律，确定首免最佳时机并为以后的免疫打好坚实的基础。

二、疫苗免疫效果评估

应用血清学检测方法来评估猪群免疫后的抗体水平，从而判定选用的疫苗免疫质量是否可靠、免疫方式是否确凿有效、免疫程序是否合理。

三、疾病预警

定期检查免疫抗体的高低及整齐度，提前了解疾病在场内的感染状况，制定相应策略及

时纠正。

四、疾病控制和净化计划

通过系统地检测，实施疾病的控制和净化计划是健康管理的最佳模式。血清学检测用于疾病根除在猪伪狂犬病根除计划中的应用最为成功，许多国家都凭借这种能够区分免疫和野毒抗体的检测方法、通过极其类似的净化计划对本国的伪狂犬病进行了净化，而且都取得了很大的成功。

规模化猪场没有定期做检测可能会出现以下情况：

①没有定期做检测，打疫苗都凭经验，至于效果如何难以正确把握，容易造成免疫空当以至野毒感染带来的风险。②没有定期做检测，猪场发生疫情时，难以找到真正的根源，即使用了很多的药物，总得不到好的效果。③没有定期做检测，暴发大规模疫病的风险很大，一旦发生，无法弥补。④没有定期做检测，猪场的疫病难以净化，猪场的生产效益很难提高。

延伸阅读

猪场兽医师工作要点

(1)注意了解、调查本地区疫情，掌握流行病的发生、发展等有关信息，及时提出合理化建议并制定相应的综合防治措施。

(2)定期检疫，定期进行抗体检测工作。

(3)一旦发生疫情或受到周围疫情威胁，猪场要及时采取紧急封锁等措施，全体职工要绝对服从猪场发布的封锁令。

(4)建立健康猪群，引入种猪要检疫并隔离饲养观察至少 40 天，尽量自繁自养。

(5)及时隔离病猪、处理死猪，污染过的栏舍、场地要进行彻底消毒，各舍要设 1～2 个病猪专用栏。

(6)病死猪用专车运到腐尸池处理；解剖病猪在腐尸池的解剖台进行，操作人员要消毒后才能进入生产线；每次剖检写出报告存档，临床检查、剖检不能确诊的要采取病料化验。

(7)及时将猪群疫病情况反映给猪场生产技术部，以便有计划地进行药物控制与预防。

(8)对病猪必须做必要的临床检查，如体温、食欲、精神、粪便、呼吸、心率等全身症状的检查，然后做出正确的诊断。

(9)诊断后及时对因对症用药，有并发症、继发症的要采取综合措施。

(10)残次、淘汰的猪要经兽医鉴定后才能决定是否出售。

(11)预防中毒、应激等急性病，发现时及时抢救治疗。

(12)及时治疗僵猪，配方采用肌苷+维生素 B_1+右旋糖酐铁，各 2 毫升，每天 1 次，连用 7 天，治疗前应先对病猪进行和驱虫、健胃。

(13)对仔猪黄白痢等常见病要有目的地进行对照治疗，定期做药敏试验，有计划地进行药物预防。

(14)久治不愈或无治疗价值的病猪及时淘汰。

(15)猪场兽医要熟练掌握肌内注射、静脉注射、腹腔补液、去势手术、难产等简单的兽医操作技术。大猪治疗时采取相应保定措施。

(16)勤观察猪群健康情况，及时发现病猪，及时采取治疗措施，严重疫情，及时上报。

(17)做好病猪病志、剖检记录、死亡记录,经常总结临床经验、教训。

(18)兽医技术人员要根据猪群情况科学地提出防治方案,并监督执行。

(19)按时提出药品、疫苗的采购计划,并注意了解新药品,新技术。

(20)正确保管和使用疫苗、兽药,有质量问题或过期失效的一律禁用。

(21)药房要专人管理,备齐常用药。库存无货要提前1周提出采购计划。注意疫苗、药品的保管条件,避免损失浪费。接近失效的药品要先用或及时调剂使用,各猪舍取药量不得超过1周用量。

(22)注射疫苗时,小猪一栏换一个针头,种猪每头换一个针头。病猪不能注射,病愈后及时补注。

(23)接种活菌苗前后1周停用各种抗生素。

(24)发生过敏反应肌内注射肾上腺素;为预防过敏反应及加强免疫效果可在注射疫苗前饮水添加免疫肽、多种维生素等药物。

(25)严格按说明书或遵兽医嘱托用药,给药途径、剂量、用法要准确无误。

(26)用药后,观察猪群反应,出现异常不良反应时要及时采取补救措施。

(27)有毒副作用的药品要慎用,注意配伍禁忌。

(28)免疫和治疗器械用后消毒,不同猪舍不得共用注射器等医疗器械。

(29)对猪场有关疫情、防治新措施等技术性资料、信息,要严格保密,不准外泄。

猪场建设和管理常用的五个方面数据

1. 猪舍大门宽0.7～1米,高1.6～1.8米。

2. 猪场药浴池长5～7米,宽3米,深0.5～0.7米;

3. 猪舍内排污沟:长同猪舍,宽≥清粪锨(宽2厘米,深6～60厘米)。

4. 猪舍外双联沉淀池:长8～10米,宽3米,深1.5～2.0米。

5. 猪场选址时需注意的最小间距,猪场与猪场、牛场、羊场、兔场、毛皮动物饲养场:150米;猪场与禽场:200米;猪场与大型家禽饲养场、养禽养猪小区:1 000米;猪场与工厂、集镇、村庄等人口稠密区:500米;猪场与铁路、国道和省道、高速公路和快速通道:500米;猪场与乡村道路:≥200米;猪场与水源地:≥500米。

第六章　猪场常见病防治

第一节　猪的病毒性传染病

一、猪瘟

猪瘟又叫烂肠瘟，是由猪瘟病毒感染引起的一种急性、热性、高度接触性传染病。虽然芬兰、比利时、丹麦、瑞典、英国和美国等20多个国家在1917～1992年陆续宣布在其国内猪瘟已经消灭，但目前世界上仍有40多个国家和地区在流行，主要分布在南美洲、欧洲及亚洲一些国家和地区，由于其危害较大，经济损失巨大，国际兽医局将其列为A类16种法定检疫传染病之一。

(一)病原

猪瘟病毒属于黄病毒科瘟病毒属，猪瘟病毒为单股正链RNA病毒，病毒呈球形，核衣壳为20面体立体对称，直径38～44纳米，有囊膜。病毒对环境抵抗力不强，在自然干燥下易死亡。在污染的环境中如果保持充分干燥且温度较高，经过1～3周病毒可失去感染性。有效消毒药如：2%氢氧化钠热溶液、3%甲酚皂溶液、20%～30%草木灰水、5%～10%漂白粉等，1小时即可杀死病毒。病毒血毒经60～70℃ 1小时加热才可杀灭。病毒在冻肉中可存活数月。尸体腐败2～3天，病毒即被灭活。

猪是本病原唯一的自然宿主和重要的传染源。猪在感染后由尿、粪便和各种分泌物排出病毒，部分健康猪感染1～2天未出现症状就能排毒，部分病猪康复后5～6周仍带毒和排毒，易感猪采食被病毒污染的食物和饮水，病毒主要经扁桃体、口腔黏膜及呼吸道黏膜进行感染。

本病一年四季均可发病，不同猪的品种、年龄、性别均可感染，发病率和死亡率较高，传播迅速，潜伏期一般为5～7天，短的2天，长的可达21天。妊娠母猪感染后病毒可通过胎盘传播给胎儿，造成流产，产死胎，弱仔或仔猪断奶后出现腹泻。

(二)临床症状

1. 最急性型

突然发病，症状急剧，体温升高42℃左右，有的不表现临床症状突然死亡，有的高热稽留，卧地不起，食欲废绝，全身痉挛，耳部、腹部、四肢内侧明显皮肤和黏膜发绀(图6-1)。

2. 急性型

此型较常见。体温升高在41℃左右，高热不退，精神高度沉郁，呆立或常卧一处或闭目嗜睡，眼结膜发炎，大眼角有眼屎，在下腹部、耳根、四蹄、外阴等处可见到紫红色斑点，初期便秘，排出羊粪样干球，不久出现腹泻粪便。公猪包皮积尿，用手挤压后流出浑浊灰白色恶臭液体(图 6－2)。仔猪急性感染者还有神经症状，主要表现倒地磨牙，眼球上转，肌肉强直，四肢抽搐，头向后仰呈或角弓反张，最终心力衰竭而死。

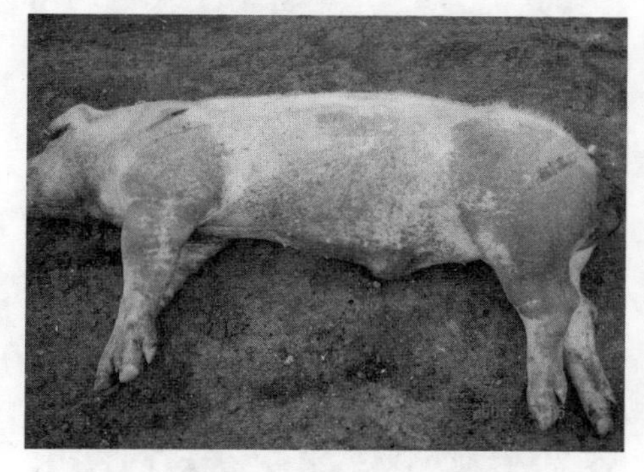

图 6－1　耳部、颈部及后肢皮肤发绀

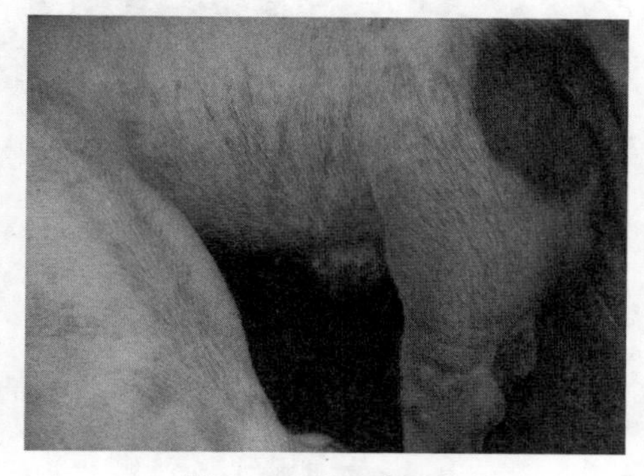

图 6－2　公猪包皮积尿

3. 亚急性型

此型常见于老疫区或流行中后期的病猪，症状比急性型稍轻，仔猪和育肥猪的舌、口腔黏膜及齿龈有紫红色出血斑和溃疡(图 6－3)。病猪日渐消瘦，四肢无力，步态不稳，病程长达 20～30 天，最终死亡。

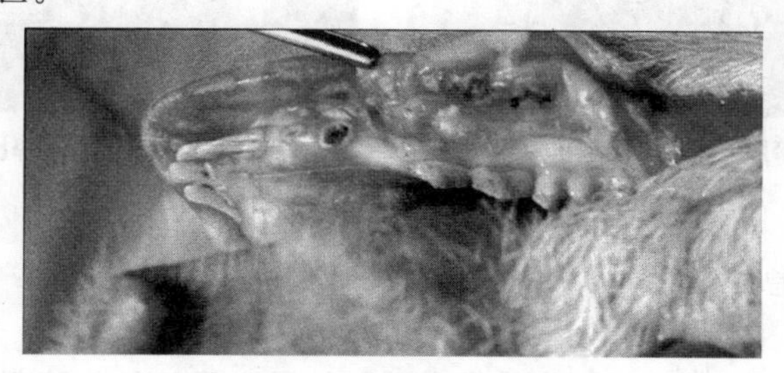

图 6－3　口腔黏膜血斑、溃疡

4. 慢性型

主要表现消瘦、贫血、食欲不振、便秘与腹泻交替进行，常伏卧，步态缓慢无力，鼻盘、耳端、四肢末梢、尾根、腹下出现紫斑或坏死痂，病程 1 月以上，未死亡者常转变为僵猪。妊娠母猪感染后会造成流产，产死胎或产出弱仔猪或断奶后即发生腹泻。

5. 温和型

病情发展缓慢，病情长达 2～3 月，体温常在 40～41℃，腹下多见瘀血和坏死，有时可见耳部或尾巴皮肤坏死，即人们常说的干耳朵、干尾巴。

(三)病理变化

1. 最急性型

常见不到显著的病理变化。

2. 急性型

淋巴结呈大理石状周边出血，图 6－4；膀胱、喉头黏膜出血(一般为点状出血，图 6－5，图 6－6)；脾脏边缘有黑色突出于表面的梗死灶(图 6－7)；肾脏土黄色，有数量不等的出血点，少者数个，多者如“麻雀蛋”(图 6－8)；齿龈和唇黏膜有出血或溃疡；肺有出血斑点；胃黏膜、大肠黏膜充血、出血，慢性病例大肠尤其回盲口有轮层状，中间突起的纽扣状溃烂(图 6－9)。

图 6-4 淋巴结周边出血

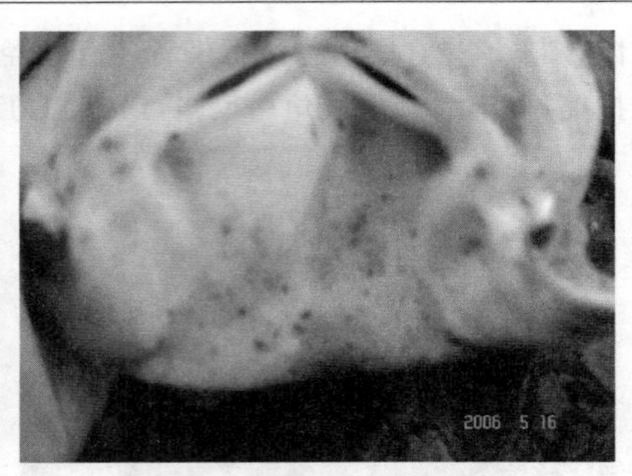

图 6-5 喉头黏膜点状出血

图 6-6 膀胱黏膜点状出血

图 6-7 脾出血性梗死

3. 亚急性型

全身出血病变比急性型轻，但坏死性肠炎和肺炎的变化较明显。

4. 慢性型

主要表现为坏死性肠炎。断奶猪肋骨末端与软骨交界处骨化障碍（见有黄色骨化线，主要是由于钙、磷代谢扰乱）。

5. 温和型

一般轻于典型猪瘟的变化，如淋巴结水肿，轻度出血或不出血，脾脏稍肿，有 1～2 处梗死灶，膀胱黏膜出血点少，回盲瓣少有纽扣状溃疡，有时可见坏死病变（图 6-9）。

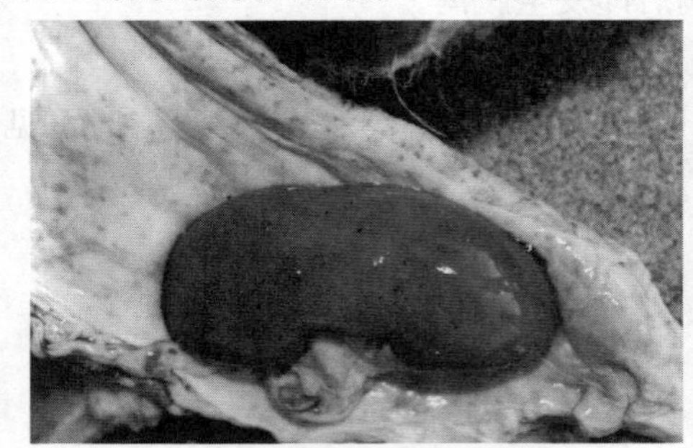

图 6-8 肾脏有小点状出血

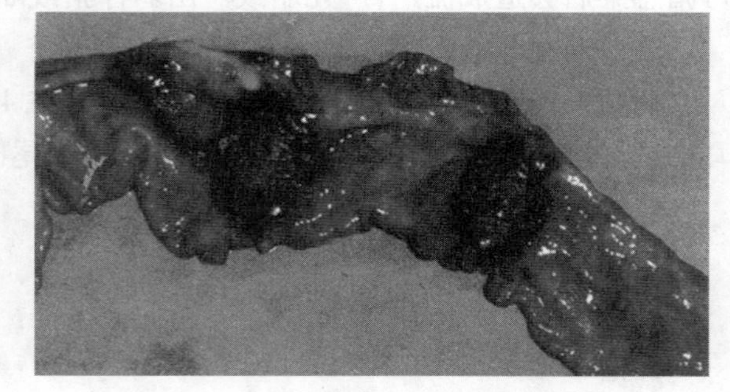

图 6-9 结肠黏膜上的“纽扣状”溃烂

（四）防制措施

（1）加强饲养管理 坚持自繁自养是防止猪瘟传入的有效途径。引进种源，必须严格检疫，隔离观察 20 天以上才能进入生产区。猪场要建立严格的卫生管理制度，栏舍、环境要定期消毒。严禁无关人员进入生产区。对不同阶段,不同途径的猪实行分舍饲养,避免互相感染。

延伸阅读

猪瘟疫苗的种类及使用方法

1. 疫苗的种类

(1)猪瘟活疫苗　兔化弱毒苗。

(2)猪瘟活疫苗　传代细胞苗。

(3)猪瘟活疫苗　淋脾苗。

2. 猪瘟疫苗使用方法

(1)猪瘟活疫苗——兔化弱毒苗的用法　该疫苗为肌内或皮下注射。使用时按瓶签注明头份用无菌生理盐水按每头份1毫升稀释,大小猪均为1毫升。该疫苗禁止与菌苗同时注射。注射本苗后可能有少数猪在1～2天发生反应,但3天后即可恢复正常。注苗后如出现过敏反应,应及时注射抗过敏药物,如肾上腺素等。该疫苗要在－15℃以下避光保存,有效期为12个月。该疫苗稀释后,应放在冷藏容器内,严禁结冰,如气温在15℃以下,6小时内要用完;如气温在15～27℃,应在3小时内用完。注射的时间最好是进食后2小时或进食前。

(2)猪瘟活疫苗——传代细胞苗的用法　该疫苗大小猪都可使用。按标签注明头份,每头份加入无菌生理盐水1毫升稀释后,大小猪均皮下或肌肉注射1毫升。注射4天后即可产生免疫力,注射后免疫期可达12个月。该疫苗宜在－15℃以下保存,有效期为18个月。注射前应了解当地确无疫病流行。随用随稀释,稀释后的疫苗应放冷暗处,并限2小时内用完。断奶前仔猪可接种4头份疫苗,以防母源抗体干扰。

(3)猪瘟活疫苗——淋脾苗的用法　该疫苗为肌肉或皮下注射。使用时按瓶签注明头份用无菌生理盐水按每头份1毫升稀释,大小猪均1毫升。该疫苗应在－15℃以下避光保存,有效期为12个月。疫苗稀释后,应放在冷藏容器内,严禁结冰。如气温在15℃以下,6小时内用完。如气温在15～27℃,则应在3小时内用完。注射的时间最好是进食后2小时或进食前。

(2)治疗方法　①高免抗猪瘟血清。0.2毫升/千克体重,肌内注射,每天1次,连用3天。②疫苗疗法。对发病猪每头肌内注射5～10头份猪瘟兔化弱毒细胞苗。③中药疗法。败酱草、生石膏、石菖蒲各125克,青松针叶100克,地骨皮、忍冬藤各47克,水煎服,每天1剂,连用3～5剂。④对症治疗。饮水加葡萄糖、多维;使用抗生素,防治继发感染;高热时,使用退热药物等措施。

延伸阅读

常见猪瘟免疫失败的原因

(1)隐性感染　当猪群感染有低毒力猪瘟病毒株,处于潜伏期时,接种猪瘟疫苗,可使疫苗免疫失败,也有可能激发隐性感染猪发生猪瘟。

(2)先天感染　仔猪最常见。种猪(主要是繁殖母猪)的持续性感染是仔猪发生先天感染猪瘟的源头,应坚决淘汰,达到净化猪群的目的。

(3)母源抗体干扰　未断奶仔猪接种疫苗应考虑母源抗体的因素,若接种疫苗过早即被母源抗体中和,影响疫苗免疫效果。若接种疫苗过晚则仔猪失去母源抗体保护时易感染猪瘟,故应监测抗体,了解母源抗体降低时间,合理选定首免日龄。

(4)疫苗保存不当　疫苗保存于－15℃,有效期为1年;于0～8℃阴暗干燥处保存,有效期为6个月;于8～25℃保存,有效期为10天。疫苗使用时应检查冻干苗的真空包装是否完好,失真空的或接近有效期的不能使用。

(5)免疫剂量不足　免疫剂量不足致使免疫效果大打折扣,应考虑母源抗体、疫苗自身降解速度等问题,合理使用免疫剂量。我国兽药典规定C株细胞苗免疫剂量为150RID(免感染量),但大量实践证明,这个剂量不足以完全保护,在欧洲一些国家已采用加大剂量的方法,建议种猪4～5头份,仔猪3头份。

(6)疫苗注射操作失误　①猪群注射免疫时漏掉没打或打飞针或针头过粗使疫苗外溢,致使注入猪体内的疫苗量不足,均不能使其产生有效保护力。②接种疫苗的针头应严格消毒、做到一猪一针头,避免器械传播。③应避免局部消毒药碘酊与疫苗接触带入肌肉组织,影响疫苗的免疫效力。④疫苗稀释后应现配现用,不应停留过长时间,以免造成免疫效果降低。

(7)药物不合理使用　免疫前后使用抗病毒或免疫抑制性药物如氯霉素、卡那霉素等均可降低疫苗免疫效果。

(8)免疫抑制病的存在　免疫抑制病(支原体感染、圆环病毒病、蓝耳病等)、霉菌毒素等因素均可破坏机体免疫系统,造成机体的免疫细胞凋亡,影响疫苗免疫效果。

(9)免疫检测不重视　应定期从免疫猪群中抽检,查看抗体效价,对注射疫苗后抗体产生达不到保护水平的仔猪应及时补种,补种后抗体水平仍不好的猪可进一步查明原因,若感染野毒,要坚决淘汰,杜绝可能的传染源。

(10)饲养管理及其他诱发因素　猪舍通风不好,保温、排粪、排尿设备不良,圈舍温度过高,湿度过大,尤其体质差的猪只在应激因素作用下或在疫病感染因素下容易导致继发感染。

二、非洲猪瘟

非洲猪瘟是只感染猪和野猪的一种急性、热性传染病,其临床表现为高热、皮肤发绀和各脏器出血,发病率和死亡率可高达100%,该病被世界动物卫生组织(OIE)列为法定报告的动物疫病,是我国重点防范的外来动物疫病之一。

1921年肯尼亚首次报道发生非洲猪瘟,于20世纪60年代传入欧洲,70年代传入南美洲,2007年传入高加索地区和俄罗斯。2018年8月3日我国确诊首例非洲猪瘟疫情。目前尚无有效疫苗和治疗药物,只能采取消毒(图6－10)、深埋(图6－11)以及扑杀(图6－12)等措施。

非洲猪瘟的危害,首先是引起猪发病死亡。一旦发病,发病率和死亡率可达100%,造成巨大的经济损失和社会影响,其二非洲猪瘟不是人畜共患病,不传染人(图6－13),中国养猪人身处险境,要做好“常态化,持久战”的心理准备。

图 6－10　非洲猪瘟全面消毒

图 6－11　非洲猪瘟病死猪无害化处理——深埋

图 6－12　非洲猪瘟病猪——扑杀

图 6－13　非洲猪瘟不传染人

(一)病原

非洲猪瘟病毒是非洲猪瘟科非洲猪瘟病毒属的重要成员，病毒有些特性类似虹彩病毒科和痘病毒科，是一种大型双股线状 DNA 病毒，其病毒粒子是正 20 面体对称，成熟病毒粒子具有囊膜。在猪体内，非洲猪瘟病毒可在几种类型的细胞质中复制，复制机制与痘病毒相似，其复制的主要靶细胞是网状内皮细胞和单核巨噬细胞，通过巨噬细胞或者网格蛋白介导的内吞作用侵入宿主细胞，脱去内膜后主要在胞质中进行转录、翻译、组装下一代病毒，然后通过出芽方式释放到细胞外，进入下一轮感染周期。该病毒可在钝缘蜱中增殖，并使其成为主要的传播媒介。

非洲猪瘟病毒耐低温，低温暗室内血液之中的病毒可生存 6 年，室温中可活数周，加热被病毒感染的血液 56℃70 分或 60℃20 分可灭活病毒，许多脂溶剂和消毒剂也可以将其破坏，病毒对乙醚和氯仿敏感，2%氢氧化钠、2%～3%次氯酸钠、0.3%福尔马林、3%邻苯基酚或碘化合物作用 30 分，均可灭活该病毒。

(二)临床症状

1. 最急性型(强毒株)

最急性型常无临床症状，突然死亡，死亡率高达 100%。

2. 急性型(强毒株)

急性型发病率和死亡率可达 100%。病猪减食，体温突然上升至 40.5℃以上，最高可达

42℃，呈稽留热型（约4天），此时无其他明显症状，直至体温开始下降或临死前2天才出现症状。病程4～7天。症状表现为精神沉郁，全身衰竭，后肢无力，不愿行走，心跳加快。有些病猪咳嗽，呼吸困难，眼、鼻有浆液性、黏液性或脓性分泌物；耳、鼻、四肢和腹部有紫绀区（图6－14），界限明显，四肢及腹部皮肤有出血斑；有的病猪腹泻和呕吐，有的排血便（图6－15）；怀孕母猪发生流产。

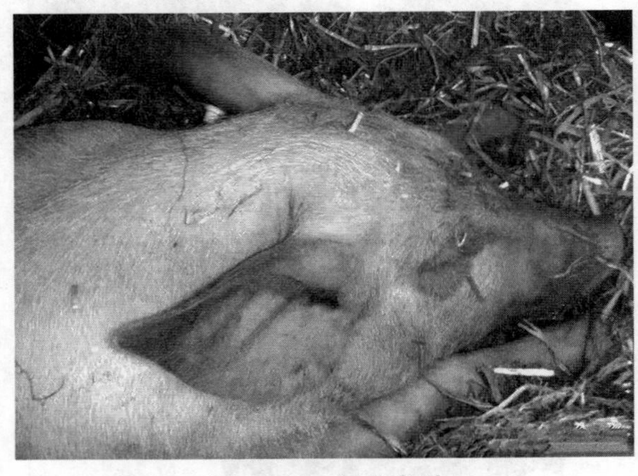

图6－14　耳朵发绀

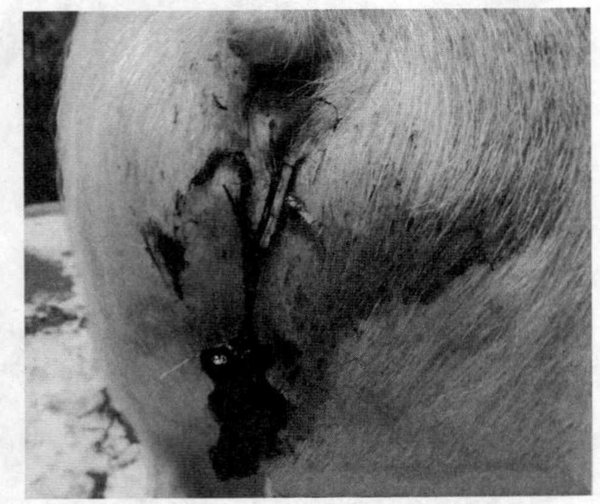

图6－15　血便

3. 亚急性型（中等毒力毒株）

亚急性型较急性型病情轻，病死率低，病程可持续数周至数月，可见血清学转阳。

4. 慢性型（弱毒株）

慢性型较亚急性型病情轻微，有的病例呈现慢性肺炎症状。病死率低，病程可持续数周至数月，可见血清学转阳。

（三）病理变化

1. 最急性型

无明显病理变化。

2. 急性型

病猪耳、鼻端、腋、腹壁、尾、外阴部等无毛和少毛的部位有界限明显的紫绀区，耳部紫绀区常肿起，鼻孔常见出血。四肢腹壁等处有出血斑块，中央黑色，四周干枯。①内脏淋巴结。内脏淋巴结严重出血，似血窦（图6－16）。②脾脏。南非病株感染的猪脾严重充血肿大（图6－17），达正常脾的5倍以上，呈黑紫色，质地柔软，切面脾小梁模糊，脾小体明显可见，脾边缘有小梗死灶，呈黑红色隆起病灶。③肝胆。肝脏瘀血，实质变性，与胆囊接触部间质水肿。胆囊大，充满胆汁，胆囊壁因水肿而明显增厚，其浆膜和黏膜有出血斑点。④肾脏和脑膜。肾脏有出血斑点（图6－18），约30%病例的膀胱黏膜有出血点。脑膜充血、出血。胸腔、腹腔、心包腔积液增多（图6－19），呈黄色或淡红色，大肠的扣状肿只偶然出现。肺小叶间、结肠黏膜和浆膜、肠系膜、胆囊壁等处常有水肿，呈胶冻浸润。

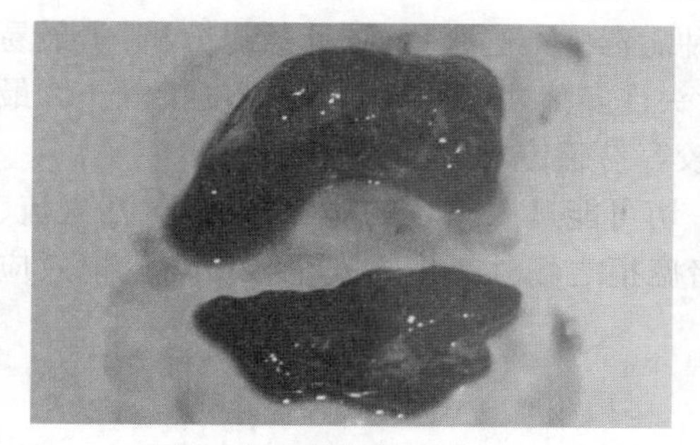

图 6－16　淋巴结出血

图 6－17　脾脏出血肿大

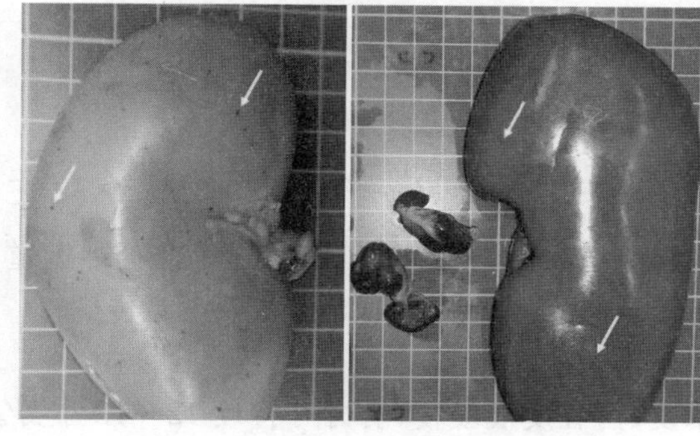

图 6－18　肾脏的出血斑点

图 6－19　胸腔积液

3. 亚急性型

腹水和心包积液，胆囊壁及肾脏周围水肿，局部充血性脾肿大伴随局灶性梗死，淋巴结出血、水肿和易碎，肾脏出现瘀斑和瘀血。

4. 慢性型

慢性病例尸体极度消瘦，具有明显的浆液性纤维素性心包炎，与心外膜和相邻的肺组织粘连，心包增厚，心包腔积有污灰色液体，其中混有纤维素凝块。肺有支气管炎变化，肠腔积大量黄褐色液体。腕、跗、趾、膝关节肿胀，关节腔内积有灰黄色液体，关节囊呈纤维素性增厚。

(四)防制措施

(1)消灭传染源　严格消毒与猪可能高度接触的传染源：猪场的饲养员及其随身物体；同栏的猪，邻近猪栏的猪等；钝缘蜱等（目前没有证据表明老鼠、苍蝇是宿主）；饲料、兽药、配种及其相关产品（精液、输精管等）、注射器、兽药、水、空气、外来的车辆、泔水等。病死猪无害化处理挖坑深埋（图 6－20）或焚烧后深埋（图 6－21）。

图 6－20　病死猪无害化处理挖坑深埋

图 6－21　焚烧病死猪

(2)截断传播途径　目前,从实验室通过接种病毒感染健康猪,统计数据分析:①最易感染的传播途径:肌内注射,如疫苗免疫时,一个针头许多猪共用;与病猪的高度接触。②最难传播的传播途径:通过口腔,进入扁桃体。③比较容易感传播途径:鼻腔。

(3)做好生物安全措施　做到能有效控制一切可能进入猪场的病毒来源,包括人流、物流、空间、饲料、药品、水源等,真正做到将非洲猪瘟拒之场外。生物安全效应与木桶效应一样,只要有一个环节出差错,全部功夫都白费!

三、猪圆环病毒病

本病是由猪圆环病毒引起的一种新的传染病。其主要特征为猪的体质下降、消瘦、腹泻、呼吸困难、咳喘、贫血和黄疸。

猪圆环病毒病的流行特点

一是病猪和带毒猪(多数为隐性感染)为本病的主要传染源。病毒存在于病猪的呼吸道、肺脏、脾脏和淋巴结中,从鼻液和粪便中排出病毒。经呼吸道、消化道和精液及胎盘传染。

二是哺乳仔猪很少发病。

三是本病流行以散发为主,有时可呈现暴发,病程发展缓慢,有时可持续12～18个月。

四是饲养管理不善,饲料质量差,环境恶劣,通风不良、饲养密度过大,不同日龄的猪混群饲养,以及各种应激因素的存在可诱发本病,并加重病情的发展,增加死亡率。

五是由于圆环病毒能破坏猪体的免疫系统,造成免疫抑制,引起继发性免疫缺陷,因而本病常与猪繁殖与呼吸综合征病毒、细小病毒、伪狂犬病毒及副猪嗜血杆菌、猪肺炎支原体,猪胸膜肺炎放线杆菌、多杀性巴氏杆菌和链球菌等混合或继发感染。

(一)病原

猪圆环病毒属于圆环病毒科圆环病毒属成员,同科的其他病毒有鸡贫血病毒和鹦鹉啄羽病毒等。本病毒是动物病毒中最小的一种病毒,其粒子直径为14～25纳米,二十面体对称,无囊膜,基因组为单股环状DNA病毒。本病毒分为2型,即圆环病毒Ⅰ型和Ⅱ型。圆环病毒Ⅰ型对猪无致病性,但能产生血清抗体,在猪群中较普遍存在,用其接种2日龄的猪与9日龄的猪不出现任何临床症状。圆环病毒Ⅱ型对猪有致病性,可引起猪发病。

圆环病毒对外界环境的抵抗力较强,对氯仿不敏感,在pH3的酸性环境中很长时间不被灭活,70℃时可存活15分。病毒不能凝集牛、羊、猪、鸡等动物和人的红细胞。

(二) 临床症状

与圆环病毒Ⅱ型感染有关的猪病主要有以下5种,临床表现如下:

1. 仔猪断奶后多系统衰竭综合征

病猪表现精神不振、食欲差、发热、被毛粗乱,渐进式消瘦(图6-22)、生长迟缓、咳嗽、喘气、贫血、皮肤苍白、体表淋巴结肿大,腹泻、胃溃疡、嗜睡。临床上有的皮肤与可视黏膜发黄,约有20%的病猪呈现贫血与黄疸症状,具有诊断意义。

图 6-22　仔猪渐进式消瘦

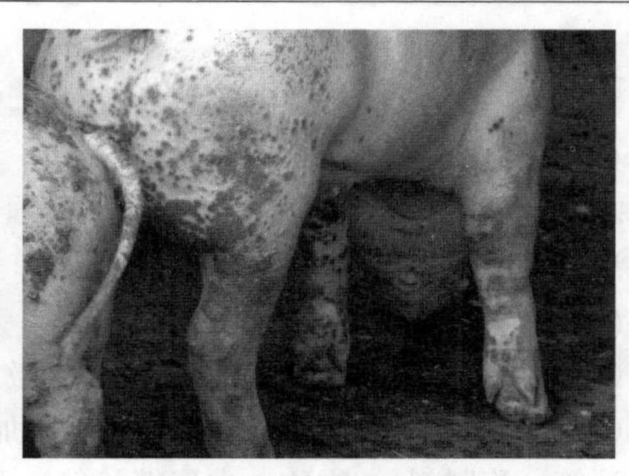
图 6-23　全身皮肤的紫红色斑点、斑块

2. 猪皮炎和肾病综合征

病猪发热、不食、消瘦、苍白、跛行、结膜炎、腹泻等。特征性病变是在会阴部、四肢胸腹部及耳朵等处的皮肤上出现圆形或不规则形的紫红色病变斑点或斑块，有时这些斑块相互融合成条带状（图 6-23）。经产母猪也有感染，但少见，随着病情发展，病变可布满全身，感染严重者有时皮肤呈紫红色斑块。

3. 母猪繁殖障碍

发病母猪主要表现为体温升高达 41～42℃，食欲减退，出现流产、产死胎、弱仔、木乃伊胎，断奶前仔猪死亡率上升达 11%。

4. 猪间质性肺炎

临床上多表现为猪呼吸道病综合征、多见于保育期和育肥期的猪咳嗽、流鼻液、呼吸加快、精神沉郁、食欲不振、生长缓慢。

5. 传染性先天性震颤

发病仔猪站立时震颤、由轻变重，卧下或睡觉时震颤消失，受外界刺激时（如突然发生的噪声或寒冷等）可以引发或加重震颤，严重时影响吃奶，以至死亡。若精心护理，多数仔猪在 3 周内可恢复。

（三）病理变化

1. 仔猪断奶后多系统衰竭综合征

剖检可见间质性肺炎和黏液脓性支气管炎。肺脏肿胀，间质增宽，质度坚硬似橡皮样，其上面散在有大小不等的褐色实变区（间质性肺炎）。肝硬化、发暗，肾脏水肿呈灰白色、发黄，皮质部有白色病灶，脾脏轻度肿胀，胃的食管区黏膜水肿，有大块溃疡形成。盲肠和结肠黏膜充血、出血。全身淋巴结肿大 4～5 倍，切面为灰黄色，可见出血。特别是腹股沟、纵隔、肺门和肠系膜与颌下淋巴结病变明显。若有继发感染则可见胸膜肺炎，腹膜炎，心包积水，心肌出血，心脏变形质地柔软。

2. 猪皮炎和肾病综合征

病理变化主要是出血坏死性皮炎和动脉炎以及渗出性肾小球性肾炎。剖检可见肾肿大、苍白，表面覆盖有出血小点。脾脏轻度肿大，有出血点。肝脏呈橘黄色外观，心脏肥大，心包积液，胸腔和腹腔积液，淋巴结肿大，切面苍白，胃有溃疡。

3. 母猪繁殖障碍

剖检可见死胎与木乃伊胎，新生仔猪胸腹部积水，心脏扩大、松弛、苍白、有充血性心力衰竭。

4. 猪间质性肺炎

剖检可见弥漫性间质性肺炎，呈灰红色，肺细胞增生，肺泡腔内有透明蛋白，细支气管上皮坏死。

5. 传染性先天性震颤

病猪无肉眼可见的明显变化。

(四)防制措施

(1)加强饲养管理　加强消毒，减少应激，降低饲养密度，注意通风和保持适宜的室温。

(2)药物预防　目前多数猪场在饲料中加入有效的植物提取物(如丝兰属植物提取物、牛至油等)，酶制剂(植物酸、木聚糖酶等)，益生素、酸制剂、小肽制剂、寡糖等用于提高机体免疫。①仔猪用药。哺乳仔猪在3、7、21日龄注射3次头孢噻呋(500毫克/毫升)0.2毫升；断奶前1周至断奶后1个月，用清瘟败毒散＋健胃散＋复合维生素B＋替米考星拌料。②母猪用药。母猪在产前1周和产后1周，饲料中添加清瘟败毒散＋健胃散＋复合维生素B＋替米考星。

(3)疫苗预防　目前可以用猪圆环病毒Ⅱ型灭活疫苗来预防，仔猪2～3周龄接种1毫升/头，一个月后再接种一次；母猪每半年接种一次，2毫升/头。

(4)若发病目前尚无特效的治疗方法 应早发现、早确诊、早治疗。根据不同临床症状结合应用抗病毒与抗生素药物进行对症治疗，以控制继发感染，减少死亡。

四、猪流行性乙型脑炎

该病最早发现与日本，1935年，日本学者从死亡病人的脑组织分离到病毒，发现其抗原性与圣路易斯脑炎不同，首次确定了病原，又称日本乙型脑炎。猪流行性乙型脑炎是一种动物和人共患的蚊媒病毒性疾病。大多数家畜易感，如马、牛、绵羊、山羊等，其他动物也易感如鸽子、犬、鸡、鸭、兔等。本病主要发生在夏秋，尤其7～10月蚊子活动猖獗的季节。

(一)病原

乙型脑炎病毒，属于黄病毒科。分为3个血清型，三者具有不同的生物学特性，包括生长特性和毒力。病毒呈球形，直径约40纳米，有囊膜，具有20面体对称，基因正链单股RNA。

乙型脑炎病毒在环境中不稳定，易被消毒剂灭活，常用消毒药如碘酊、2%氢氧化钠、3%甲酚皂溶液、甲醛、福尔马林等都有迅速灭活作用。病毒对酸和胰酶敏感，56℃30分可被灭活，100℃2分亦可使其灭活。最适宜pH 8.5。

(二)临床症状

猪常突然发生，体温升至40～41℃，呈稽留热，病猪神经萎缩，嗜睡喜卧，强行驱赶则摇头摆尾似正常样，不久又卧下。食欲减少或废绝，口渴增加，粪干呈球状，表面附着灰白色黏液；尿呈深黄色。个别猪兴奋，乱撞及后肢轻度麻痹，有的猪病猪视力障碍，最后麻痹死亡。妊娠母猪突然发生流产，产出死胎、木乃伊胎和弱胎，但多为死胎(图6-24)。胎儿大小不等，小的如人的拇指，大的与正常胎儿无多大差别。母猪流产后症状很快减轻，体温和食欲恢复正常。公猪睾丸肿胀(图6-25)，多呈单侧性，局部发热，疼痛数天后开始消退，多数缩小变硬。有时也有两侧性的，肿胀程度不等，一般多大于正常0.5～1倍，大多数患病公猪2～3天后肿胀消失，逐渐恢复正常，偶尔个别公猪丧失配种能力。

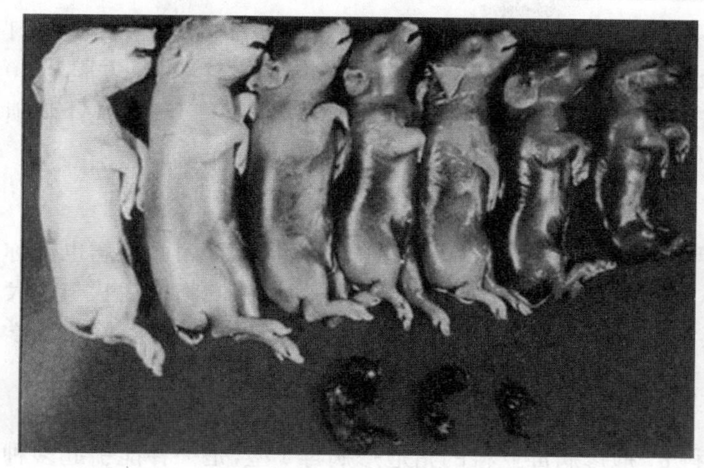

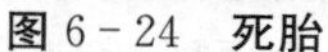

图 6-24　死胎

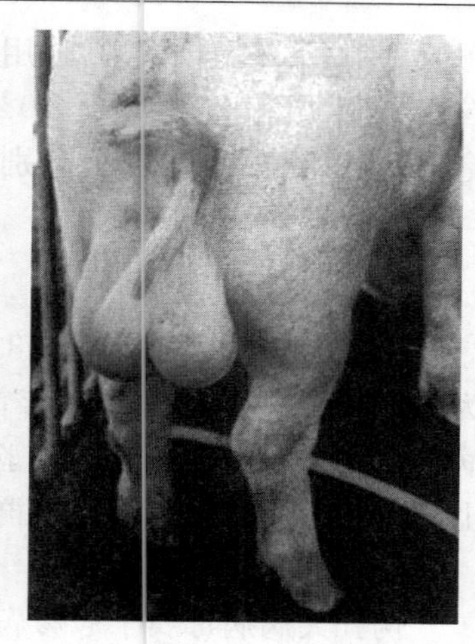

图 6-25　睾丸肿胀

（三）病理变化

肉眼可见病变主要在脑、脊髓、睾丸和子宫。脑和脊髓可见充血、出血、水肿，进一步观察脑水肿（图 6-26）的仔猪中枢神经系统发育不良，特别是大脑皮层变薄，小脑发育不全，脊髓髓鞘形成不良。睾丸有充血、出血和坏死。母猪子宫内膜充血水肿，黏膜上覆盖有黏稠的分泌物。胎盘呈炎性浸润，流产或早产胎儿常见脑水肿，皮下水肿，有血浸润，胸腔积液，腹水增多。睾丸鞘膜腔中有大量黏液，附睾边缘和鞘膜脏层纤维性增厚。

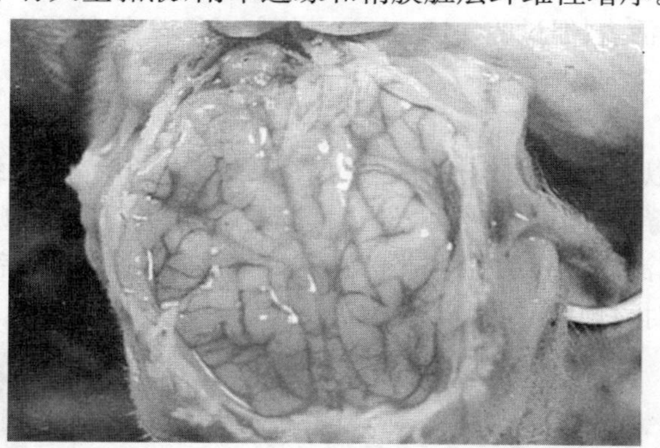

图 6-26　脑水肿

（四）防制措施

（1）灭蚊　灭蚊是控制乙型脑炎流行的一项重要措施，但在广大农村，消除蚊虫基本上是不可能的。

（2）免疫预防　免疫接种是一项有效的防控措施。可在蚊蝇来临前一个月（3 月底 4 月初）对 4 月龄以上及成年种公、母猪注射乙型脑炎灭活疫苗一次，间隔 4～6 周再注射一次，以后每年 2 次。

（3）药物治疗　本病一般无特效疗法，临床用抗生素和磺胺类药物防止并发症，可提高自愈率，中药治疗以清热解毒，滋阴凉血为治则。以下治疗方法供参考：①用猪白细胞介素、干扰素或皮质类固醇进行治疗。②防止继发感染。成年公母猪用青霉素 80 万～200 万国际单位，链霉素 100 万国际单位，地塞米松磷酸钠注射液 5～10 毫升，板蓝根注射液 20 毫升，每天分上、下午肌内注射，连用3～5天。③安宫牛黄丸(50千克以上服2粒，50千克以下1粒)温开水调和1次灌服。10%硫酸镁5毫升(100千克体重)一次脑俞穴注射，复方胆汁10毫升，维丁胶性钙10毫升分别一次肌内注射；二耳内分别灌入食醋各10毫升；同时针刺锁口、牙关、鼻梁、山根等穴。

五、伪狂犬病

伪狂犬病最早发生于1983年美国的一头牛，病牛极度瘙痒，最后死亡，因此本病也被称为“疯痒病”。瑞士于1849年首次采用伪狂犬病这个名词，这是因为病牛的临床症状与狂犬病相似。1910年通过滤过实验证实该病原为病毒，1934年确证该病毒为疱疹病毒，免疫学上与单纯疱疹和疱疹病毒B群有关。

(一)病原

伪狂犬病病毒属于疱疹病毒科α-疱疹病毒亚科的猪疱疹病毒Ⅰ型，是一种能引起多种动物发热、奇痒及脑髓炎为主要症状的疱疹病毒。伪狂犬病病毒粒子为圆形，全病毒的直径150～180纳米，核衣壳的直径为105～110纳米。病毒粒子的最外层是病毒囊膜，是由宿主细胞衍生而来的脂质双层结构。囊膜表面有长8～10纳米呈放射状排列的纤突。

伪狂犬病病毒对酯溶剂如乙醚、丙酮、氯仿、乙醇等高度敏感，对消毒剂无抵抗力，5%石炭酸2分可杀死，1%～2%氢氧化钠溶液可立即杀死，0.5%次氯酸钠，3%酚类10分可使病毒灭活，甲醛、紫外线也可使其灭活，在0.6%氢氧化钠溶液中，6小时还不能使其完全灭活，碘酊、季铵盐及酚类复合物能迅速有效地杀灭伪狂犬病病毒，伪狂犬病病毒最适合pH 6～8，在pH 5～9还能保持稳定的感染活力，但过酸(pH<4.3)、过碱(pH>9.7)的环境1～7天才可使其灭活。

(二)临床症状

1.母猪

伪狂犬病病毒可以通过胎盘屏障，感染和杀死子宫内的胎儿，导致流产，若妊娠前3个月内感染伪狂犬病病毒，胚胎会被吸收，母猪重新进入发情期；若妊娠中3个月或妊娠末3个月感染，一般可表现流产或死胎(图6-27)；若妊娠临近足月时母猪感染则产出弱胎；若母猪或接近分娩期感染时，仔猪出生后就患伪狂犬病，1～2天即死亡。

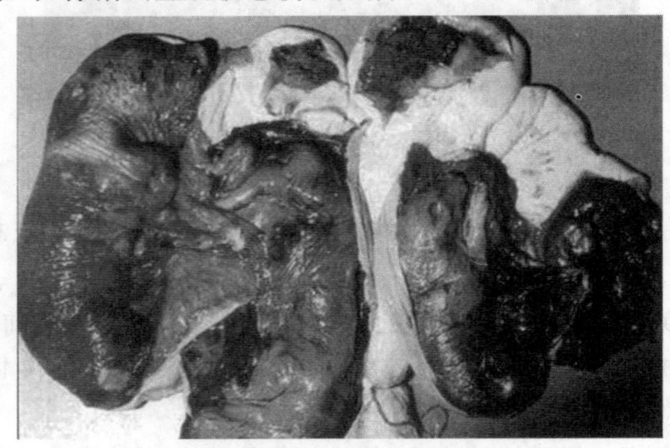

图6-27 母猪产出的死胎

2.新生仔猪

病猪倦怠，厌食，发热41℃，之后出现严重的临床症状，有的表现中枢神经系统症状，开始震颤，唾液分泌增多，口鼻流沫，运动障碍共济失调和眼球震颤，病猪耳朵一个向前一个向后(图 6-28),进一步发展表现抽搐(图 6-29),甚至角弓反张,突然发作癫痫。有的病猪后肢麻痹呈犬坐式,有的转圈或侧卧划水运动,有的呕吐和腹泻,一般哺乳仔猪的死亡率很高,有的整窝死亡。

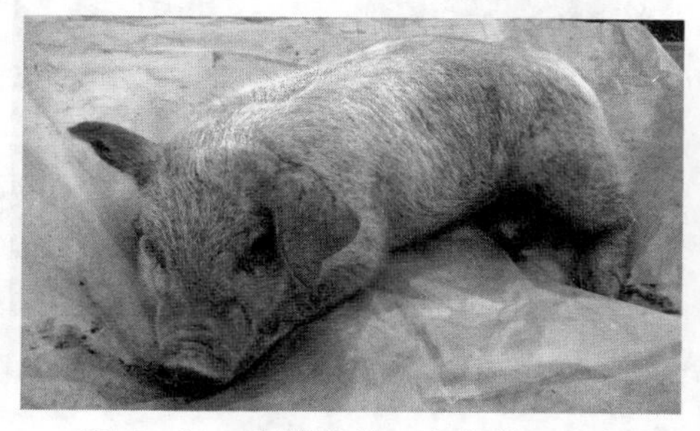

图 6-28 病猪耳朵一个向前一个向后

图 6-29 病猪呈抽搐症状

3. 断奶仔猪

感染也可引起死亡,症状与哺乳仔猪相似,但症状较轻微,大龄断奶猪感染 3～6 天后表现倦怠,厌食,体温升高至 41～42℃。一般有呼吸道症状,表现为打喷嚏,鼻有分泌物,有呼吸道症状,病猪体质恶化,生长缓慢。症状持续 5～10 天,大多数猪退热,恢复食欲后迅速痊愈。但出现中枢神经系统症状猪:发病率高达 100%,但死亡率低,为 1%～2%,特征性症状为呼吸症状,有的个别猪也会表现中枢神经系统症状。

4. 公猪

除呼吸道症状外还可表现睾丸肿胀,萎缩,丧失配种能力。有的康复后可留下遗留永久性症状如头部倾斜等症状。

(三)病理变化

本病死亡后的剖检变化,无论是母猪还是仔猪、死胎,其内脏的病变基本一致,只不过以死胎和新生仔猪最为典型。伪狂犬病病毒感染眼观病变主要是肾脏有针尖状出血点(图 6-30),扁桃体坏死(图 6-31),中枢神经系统症状明显时,脑软膜和脑实质严重出血,打开颅腔可见脑软膜下有广泛的出血区(图 6-32),若是刚死或扑杀的病猪,打开脑膜后有大量鲜红的血液溢出,死亡时间长的可见大量凝血块。颌下淋巴结及腹股沟和全身淋巴结,呈棕黄色肿大,切面呈黄白相间的槟榔状(图 6-33)。脑脊髓液量过多,肝、脾等实质脏器浆膜下常可见灰白色坏死病灶,肺充血、水肿和坏死点。新流产的母猪有轻微的子宫内膜炎,子宫壁增厚,水肿等。检查胎盘时可见坏死性胎盘炎。公猪生殖道的外观病变为阴囊炎。另外空肠后段和回肠可见不同程度的卡他性胃炎和肠炎。

图 6-30 肾脏针尖状出血点

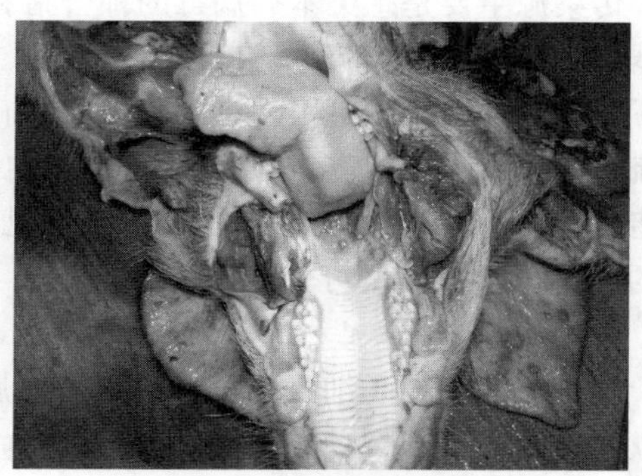

图 6-31 扁桃体坏死

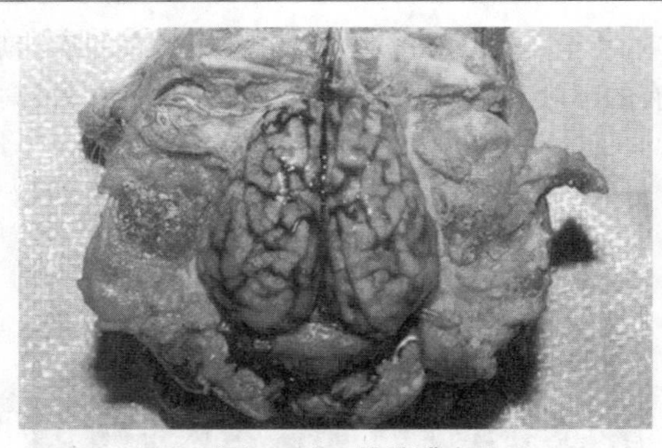

图 6-32　软脑膜出血

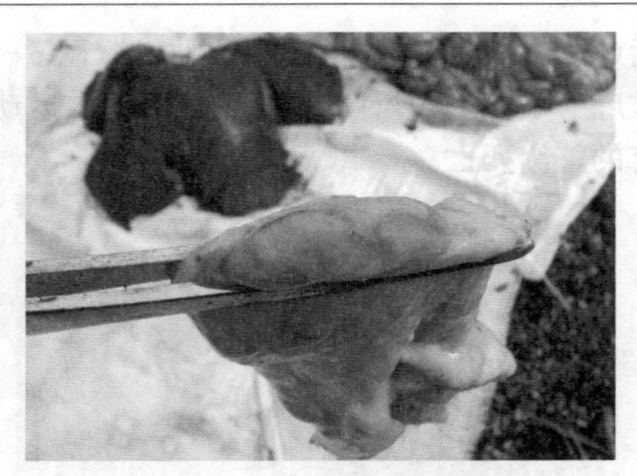

图 6-33　淋巴结棕黄色肿大

(四)防制措施

(1)加强饲养管理　①减少应激。伪狂犬病会终身潜伏感染,长期带毒和散毒的危险性大,而且这种潜伏感染随时都有可能被其他应激因素激发而引起疾病暴发。②搞好卫生,加强消毒。发病猪舍用2%～3%的氢氧化钠溶液进行消毒,对病猪进行隔离或扑杀。猪场应严格灭鼠,控制犬、猫、鸟类和其他禽类进入。

(2)疫苗免疫预防　伪狂犬病疫苗有灭活疫苗和弱毒疫苗,一般主张种猪以灭活苗免疫为宜(因种猪饲养时间一般在3年或更长,发生基因重组、毒力增强、病毒变异的概率要多),仔猪和育肥猪可使用基因缺失苗(因仔猪和育肥猪生长周期短,发生基因重组的危险性很小)。①灭活疫苗的免疫程序:种猪第一次注射后,间隔4～6周加强免疫一次,以后每半年预防一次,然后产前一月左右加强免疫一次,可获得良好免疫效果。留作种用的仔猪在断奶时注射一次,间隔4～6周加强免疫一次,以后按种猪免疫程序进行。②弱毒疫苗免疫程序。种猪第一次注射后,间隔4～6周加强免疫一次,以后每隔6个月注射一次。育肥猪断奶时注射一次,直到出栏。

(3)药物治疗　发病仔猪在未出现神经症状之前,注射猪伪狂犬病高免血清或病愈猪全血,有一定疗效。

六、猪细小病毒病

猪细小病毒病是由细小病毒引起的一种以繁殖障碍为主的传染病。猪是已知的唯一的易感动物。不同年龄、性别的家猪和野猪都可感染,尤以初产母猪为典型。可水平传播,亦可垂直传播。

传染源主要是感染本病病毒的种公猪和母猪。带毒猪经粪、尿、鼻液、唾液、精液以及死胎、弱胎、胎衣、胎水向环境排毒,污染水源、饲料、土壤、猪舍等。病毒一般可在猪舍存活数月不死。阴性猪场一旦引入带毒猪,通常前3个月内全场所有的猪都会被感染,而后呈地方性流行或散发,并持续多年。带毒种公猪也可通过交配传染母猪,怀孕母猪可通过胎盘感染胎猪,鼠类也可机械性带毒散毒。本病可见于一年四季(尤其是规模化猪场),但农村散养为主的地区,仍为春、秋两季产仔多时常见。

(一)病原

猪细小病毒属于细小病毒科细小病毒属,生物物理和生化特性概括为成熟的病毒粒子呈立体对称,有2～3种衣壳蛋白,直径约为20纳米,无囊膜或基本脂类,单股DNA病毒基因组。

猪细小病毒通常在扁桃体、颌下淋巴结、肾、肝、脊髓和肠系膜淋巴结内增殖。猪感染后3～7天开始通过粪便排出病毒，以后呈不规则排毒。感染猪的脏器、分泌物、排泄物以及种公猪的精液中都含有病毒，猪感染后6～10天，即可产生高滴度的抗体，经感染前后抗体水平监测比较即可发现猪群的感染状况。病毒的感染性血凝活性和抗原性都明显耐热，适应pH范围广，对酶有抵抗力。2%氢氧化钠热溶液可杀灭该病毒。

（二）临床症状

主要症状为病猪母源性繁殖障碍。不同阶段感染可表现不同的病理学反应：妊娠初期（10～30天）的母猪感染后，可导致不规则发情而屡配不孕或窝产仔数明显减少；妊娠中前期（30～50天）感染时，怀孕母猪的腹围逐渐缩小，分娩时胎儿大部分为木乃伊；妊娠中期（50～60天）感染时，大部分胎儿为死胎（图6－34）；妊娠70天时感染，母猪主要表现为流产；妊娠70天后感染，因胎儿已具备部分免疫应答能力，能产生抗体，故不宜送检用作分离病毒。病猪除了流产、死胎、木乃伊胎（图6－35）、弱仔、不孕等症状外，个别母猪体温升高，后躯不灵活。仔猪有腹泻、皮炎等表现。

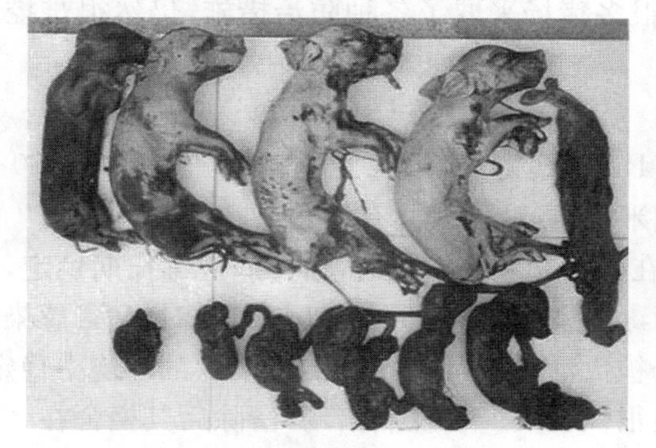

图6－34 在同一窝中不同孕期死亡的异常胎儿

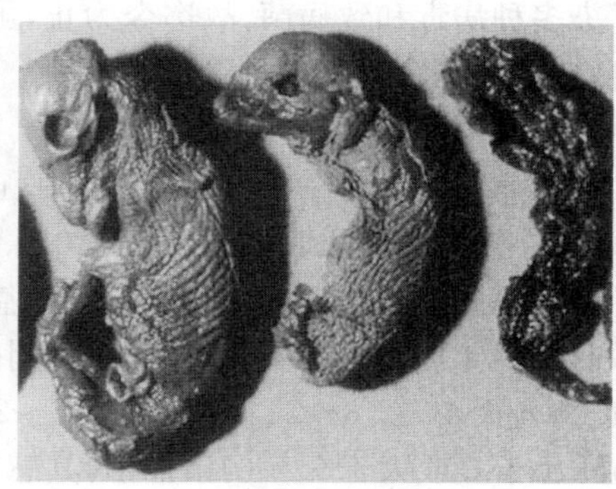

图6－35 木乃伊胎

（三）病理变化

母猪子宫内膜有炎症。胎盘不完全钙化，子宫内有不同组合的胎儿，有的被溶解，有的被吸收（图6－36）。感染胎儿主要表现为充血、水肿、出血、体腔积液、干尸化、坏死。

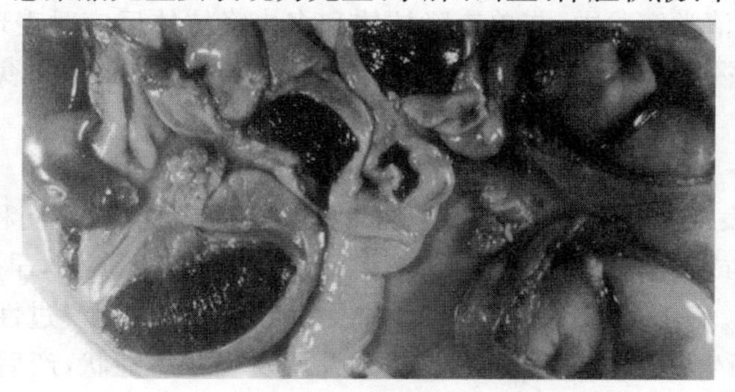

图6－36 子宫中死亡的胎儿及木乃伊胎

（四）防制措施

（1）加强饲养管理 坚持自繁自养，以防引入带毒猪。若需引进，应从非疫区进猪并加强检疫（血凝抑制试验效价低于1∶256或呈阴性时方可进猪）、做好隔离工作（间隔14天检疫2次，血凝抑制试验阴性才能混群）。

(2)免疫预防　在疫区初产母猪配种前2个月要进行自然感染或注射疫苗保证其产生足够的抗体，以保护胎儿不被侵害。后备母猪建立主动免疫后才能配种，一般有两种方法：①自然感染方式。让后备母猪在配种前自然感染PPV，把多次经产的老母猪放入后备猪群中混养，或用散毒猪的粪便饲喂后备猪群。②免疫接种法。目前国内有灭活苗和弱毒疫苗在其配种前一个月免疫。

(3)药物治疗　本病无有效的治疗方法。

七、蓝耳病

蓝耳病是猪以繁殖障碍和呼吸系统综合征为主要特征的一种病毒性传染病，美国在1987年首先报道了此病，特征主要表现为母猪妊娠晚期流产、死胎和弱胎明显增加，仔猪出生率降低，断奶仔猪死亡率升高，母猪再发情推迟。另外在发病流行中，哺乳仔猪和断奶仔猪出现严重的呼吸道疾病也是一种重要的特征。蓝耳病病毒一方面由于其遗传型和相关表型可以不断变化以及此病毒的长期存在，另一方面由于该病毒可导致机体产生免疫抑制，诱发感染多种病毒和致病菌，故迄今为止，虽然很多猪场采取了各种防治措施，仍然很难控制疫情，造成的经济损失十分惨重。

(一)病原

蓝耳病病毒是为一种有囊膜的单股正链RNA病毒，病毒粒子呈球形，直径45～80纳米，内含一正方体核衣壳核芯，边长20～35纳米，病毒粒子表面有纤突。

蓝耳病病毒对温度的变化、pH值敏感。在−70℃和−20℃时，蓝耳病病毒长期稳定，有的数月到数年后仍有感染力。4℃时1周内病毒感染性丧失90%。20～21℃时，病毒感染性持续1～6天，37℃ 3～24小时，56℃ 6～20分被灭活。病毒在pH 6.5～7.5的环境中稳定，在pH小于6或大于7.5的条件下，其感染性很快丧失。在发病猪场，清除后其栏舍在3周内还具有传染性。

对蓝耳病病毒的生物学和遗传学研究的结果表明，不同的毒株和分离株，其RNA合成时易出现内在性错误，RNA基因组因点突变、删除、添加和取代而具有很高的突变频率。病毒的这一特性将导致以下几种情况：感染的猪群表现不同的临床症状；病猪组织器官出现不同的病理变化；在血清学实验中，与单克隆抗体和多克隆抗体反应时表现不同的抗原性；不同的病毒其RNA序列出现差异，这可能影响到商品疫苗在不同猪场的免疫效果有所不同。

(二) 临床症状

1. 急性型

发病母猪主要表现为体温升高，精神沉郁、食欲减退或废绝，不同程度的呼吸困难(图6-37)，间情期延长或不孕。妊娠后期(105～107天)，母猪发生流产，早产，死胎、木乃伊胎、弱仔，有的产后无乳。有的病猪在脊背部、耳部及外阴部皮肤出现一过性青紫色或蓝色斑块(图6-38)。部分新生仔猪表现呼吸困难，运动失调及轻瘫等症状，产后1周内死亡率明显增高。

仔猪表现体温升高，呼吸困难(有的腹式呼吸)(图6-37)，食欲减退或废绝，腹泻，被毛粗乱，渐进性消瘦，少部分猪可见耳部皮肤发绀(图6-38)，死亡率高，断奶前仔猪死亡率可达80%～100%，断奶后仔猪的增重率降低，日增重可下降50%～75%，死亡率升高(10%～25%)。耐过猪生长缓慢，易继发其他疾病。

图 6－37　仔猪呼吸困难

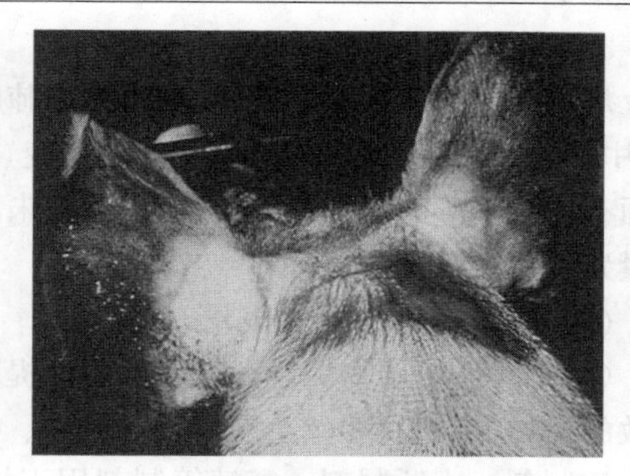
图 6－38　病猪耳部皮肤严重发绀

2. 慢性型

这是目前在规模化猪场蓝耳病表现的主要形式。大多数患慢性蓝耳病的母猪，其繁殖性能可恢复到正常水平。但每窝仔猪数会减少，同时受胎率会长期下降 10%～15%。育肥猪对本病易感性较差，临床仅出现轻度厌食和不同程度的呼吸道症状。公猪的发病率较低，感染后一般体温不高，但公猪的精液品质下降，精子出现畸形，精液可带毒。

3. 亚临床型

猪感染后有临床症状的相对较少，所以大多数被感染的育肥猪呈亚临床型，这类病猪虽不表现症状，但会排毒，造成蓝耳病病毒的持续性感染。

(三)病理变化

1. 急性型

对患蓝耳病的母猪流产的胎儿及弱仔猪剖检，可见胸腔内积有多量清亮液体，偶见肺水肿，死胎的体表在头顶部、臀部及脐带等部位有鲜红到暗红色的出血斑块。心包液比正常增多 1 倍以上，心肌变软，心脏表面色泽为暗红，严重者整个心脏表面呈蓝紫色，肺脏成灰紫色，有轻度水肿，肺小叶间质略有增宽。肝脏稍肿胀，质地变脆易破，肝的颜色灰紫到蓝紫，严重者整个肝脏呈紫黑色，脾脏变薄，呈蓝紫到紫黑色。肾脏肿大呈纺锤状，表面全部为紫黑色，切面可见肾乳头为紫褐色，肾盂水肿。全身淋巴结微肿，呈褐紫色到紫褐色。

2. 慢性型

剖检母猪、公猪病例，可见肺脏瘀血、肺小叶间质增宽，间质性肺炎变化(图 6－39)。

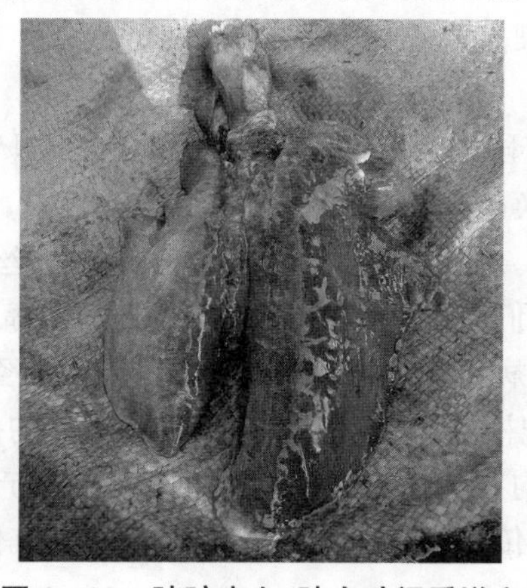
图 6－39　肺脏瘀血、肺小叶间质增宽

3. 亚临床型

病理变化一般不明显，中大病死猪的肺脏部分或半边膈叶萎陷，两膈叶出现一边大一边小，中期呈灰紫色，后期则呈现复杂的病变，膈叶大体呈紫褐色到蓝紫色，肺小叶间质增宽，表面有深浅不等的暗褐色到紫色斑点，与未出血的白色区域呈紫白相间的外观，膈叶切面有大量紫红色血液和泡沫。

(四)防制措施

(1)平时做好药物保健　药物保健以提高机体免疫力为主，目前多数猪场在饲料中加入有效的植物提取物（如丝兰属植物提取物、牛至油等），酶制剂（植物酸、木聚糖酶等），益生素、酸制剂、小肽制剂、寡糖等制剂用于提高机体免疫，尤其近两年纯中药制剂使用者增多，反映效果尚可。

(2)加强饲养管理　尤其注意营养、消毒、通风、卫生、应激等诱发因素。搭配合理的营养，增强机体的抗病能力。质量差的原料最好不要使用，避免导致慢性中毒，免疫力下降，诱发猪高热病。在新进猪进入猪场外面的隔离设施 14 天后，进行血液检测。隔离期至少一月，便于根据实验室结果决定是否混群。

(3)免疫预防　目前国内有进口的蓝耳病疫苗，也有国产灭活疫苗和弱毒苗。不过据市场反馈效果看，可能有些猪场感染有其他因素（霉菌毒素、支原体、圆环病毒感染等因素）影响机体免疫应答功能，故免疫效果不尽相同。若使用疫苗预防建议母猪最好用灭活苗，仔猪、育肥猪既可使用灭活苗也可使用弱毒苗。

八、猪流感

猪流感是由 A 型病毒引起的猪的一种急性、传染性呼吸道疾病，以突发、咳嗽、呼吸困难，发热，衰竭及迅速康复为特征，吸道病一般发展很快，但很快转归，少数病例也可因病毒性肺炎而导致死亡。

猪流感常与猪的运输、室内外温度变化过大等应激因素有关，流感的发生通常是暴发性的，猪群同时发病，尤其在养殖密集的易感猪群中，空气传播可引起大范围的暴发流行，但通常在爆发前 2～5 天猪群中可见到少许猪有病症。该病主要经鼻、咽途径发生猪对猪的直接传播，有鼻腔内分泌物提供足够的传染性材料使易感猪得以感染。本病一年四季均可传播，但多以夏末至冬季发生较多。据报道一方面人可以感染猪流感病毒，产生急性、致死的呼吸道病。另一方面猪也可以感染人流感病毒。

(一)病原

猪流感病毒 RNA 是分节段的，核酸型为多阶段单股 RNA，不同的 A 型流感病毒之间混合感染时可能发生基因交换或重排，流感病毒能凝集猪、羊、马、驴、牛、鸡、鸽、豚鼠和人的红细胞，但不凝集兔的红细胞。病毒粒子具有多形态，球状、丝状或不规则形，有囊膜，囊膜表面突出的糖蛋白（纤突），它们分两种：血凝素和神经氨酸酶。其中，血凝素能吸附到红细胞上引起红细胞凝集，并诱导病毒囊膜与细胞膜的融合。神经氨酸酶能水解细胞表面受体特异性糖蛋白末端的 N－乙酰神经氨酸，使凝集到红细胞上的病毒洗脱下来，或从感染的细胞中释放出来。这两种蛋白均有免疫性。由血凝素刺激机体产生的血凝抑制抗体能阻止病毒的血凝作用，并中和病毒的传染性，由神经氨酸酶产生的抗体能干扰病毒的释放，但在防治感染上不起作用。

(二)临床症状

猪群发病突然，几乎全群发病，表现厌食，钻草，扎堆(图 6-40)，反应迟钝，呼吸急促，腹式呼吸(图 6-41)，结膜炎，流鼻液，发热时体温可高达 40.5～41.7℃，发病率高达 100%，但死亡率通常不到 1%。实验感染怀孕母猪，可引起死胎或一月龄以内仔猪死亡。本病病程短，如无并发症多数一周左右后康复。

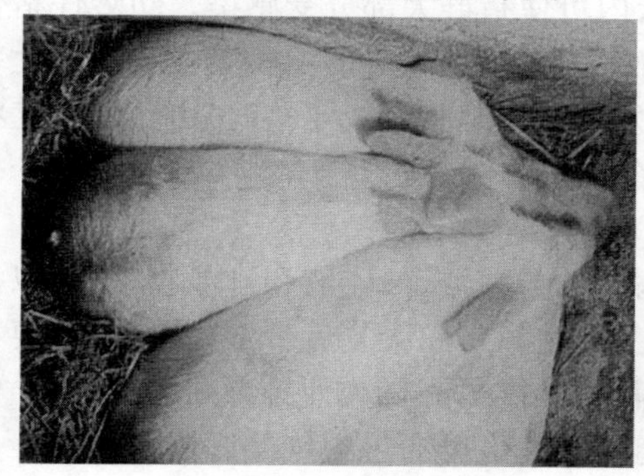

图 6-40　病猪扎堆

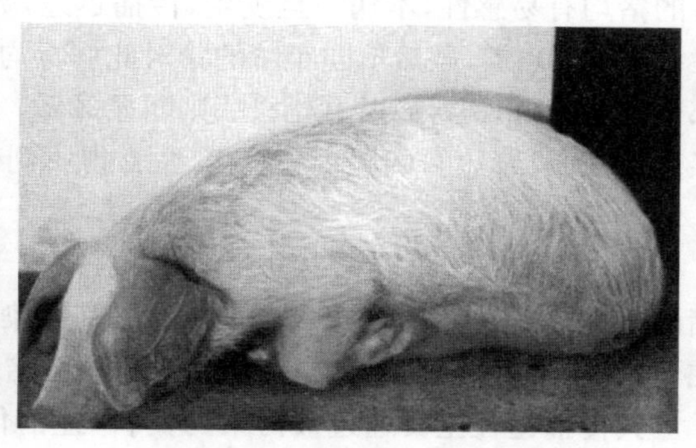

图 6-41　病猪发热，呼吸急促

(三)病理变化

单纯猪流感的可视病变主要为病毒性肺炎。常见到肺脏的心叶和尖叶呈不规则的对称，切面有大量白色或棕红色泡沫样液体流出，严重时有一半以上的肺脏病变，病变区与正常区域界限明显，病变区为紫红色似鲜牛肉状，稍凹陷膨胀不全，周围组织有苍白色气肿，呼吸器官，鼻、喉、气管、支气管黏膜充血、出血，表面有大量泡沫状黏液(图 6-42)，有时血液呈棕色或红色。

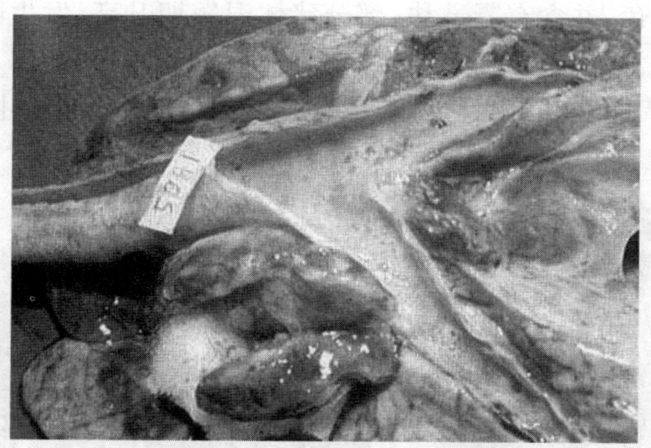

图 6-42　支气管黏膜表面大量泡沫状黏液

(四)防制措施

(1)加强饲养管理　保持猪舍清洁干燥无尘埃的舒适环境，减少应激，保持饮水清洁，减少感染动物与易感猪接触，包括与其他动物如禽类接触，避免种间传播。

(2)免疫预防疫苗　疫苗防疫往往效果不显著，因为 A 型流感病毒亚型较多，又经常变异，再加上各亚型间基本无交叉免疫力，市售疫苗往往只有几个亚型，所以流感病毒无特异的疫苗可用于预防。

(3)药物治疗　猪流感尚无特异性疗法，金刚烷胺能有效地降低人工感染猪的热反应和减少病毒的排出，但尚无获准的抗猪流感病的治疗药物。临床主要通过清洁的饮水中添加维生素、饲料中使用祛痰药、抗生素和其他微生物制剂进行治疗，以控制并发或继发的细菌感染。

九、猪传染性胃肠炎

传染性胃肠炎是一种高度接触性传染病，多发生在冬春寒冷季节，即 12～4 月，各种年龄的猪均有易感性，本病一旦发生，传播迅速，数天内可使猪群大部分受感染。幼龄仔猪伤亡率高达 100%，虽然不同年龄的猪对此病毒均易感染，但随着年龄的增长其症状和死亡率都会有所降低，5 周龄以上死亡率则明显降低。若发生于育肥猪或成年猪时，由于临床症状轻微，一般只有短暂的厌食和腹泻，常常得不到确诊。

(一)病原

传染性胃肠炎属于冠状病毒，该病毒存在于病猪的各脏器官、体液和排泄物中，但以病猪的十二指肠、肠系膜淋巴结含量最高，其传染源主要是病猪和康复后带毒猪，病毒主要存在于猪的小肠黏膜、肠道内容物、肠系膜淋巴结和扁桃体中，并可随粪便排毒 8 周之久。

其传播途径主要通过被污染的饲料，经消化道传染。也可通过空气经呼吸道传染。尤其是密闭猪舍，湿度大，猪集中，更易传播。

在疾病早期，呼吸系统组织和肾脏的含毒量也很高。该病毒不耐热，在 4℃以上很不稳定，加热 56℃ 45 分，65℃ 10 分死亡，相反在 4℃以下时，该病毒可以长时间地保持其感染性，在阳光下暴晒 6 小时即被灭活。紫外线能使其迅速灭活，肠道内的病毒在－20℃可保存 6 个月，病毒对乙醚，氯仿敏感，所有对囊膜病毒有效的消毒剂对其均有效。

(二)临床症状

仔猪感染后突然发生呕吐(图 6－43)，紧接着发生急剧性水样腹泻(图 6－44)，粪便为黄绿色或灰色，有时呈白色，并含有凝乳块，部分猪体温短期升高，发生腹泻后体温反而下降。病猪迅速脱水，严重口渴。一般 2～7 天死亡，10 日龄内死亡率较高。育肥猪和成年猪的症状较轻，采食量下降，腹泻，有时出现呕吐，一般 3～7 天恢复，很少发生死亡。

图 6－43　病猪呕吐

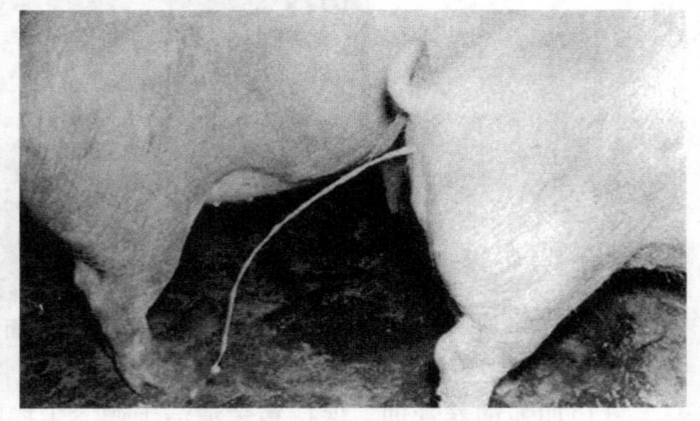

图 6－44　病猪水样腹泻

(三)病理变化

肉眼变化常见于胃肠道，胃内充满凝乳块，胃底黏膜轻度充血，有时黏膜下有充血、肿胀(图 6－45)，小肠内充满黄色的常常是泡沫性的液体，小肠壁变薄，弹性降低，以致肠管扩张呈半透明状(图 6－46)，用生理盐水将肠内容物冲掉，在玻璃器皿内铺平，加入少量生理盐水，在低倍显微镜下或放大镜下观察，可见到空肠绒毛显著缩短(图 6－47)。

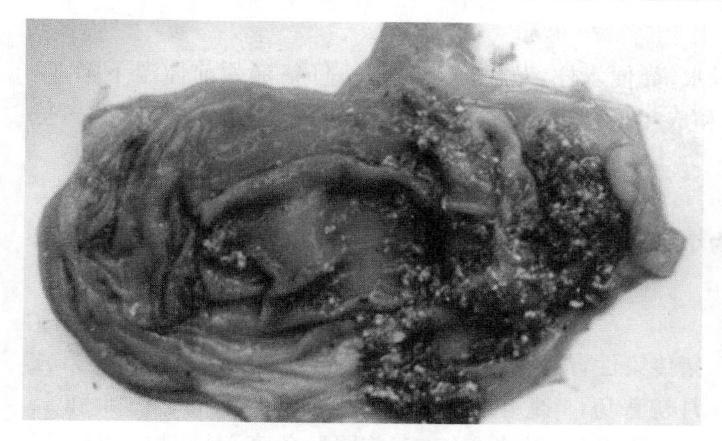

图 6-45　病猪胃黏膜充血、肿胀

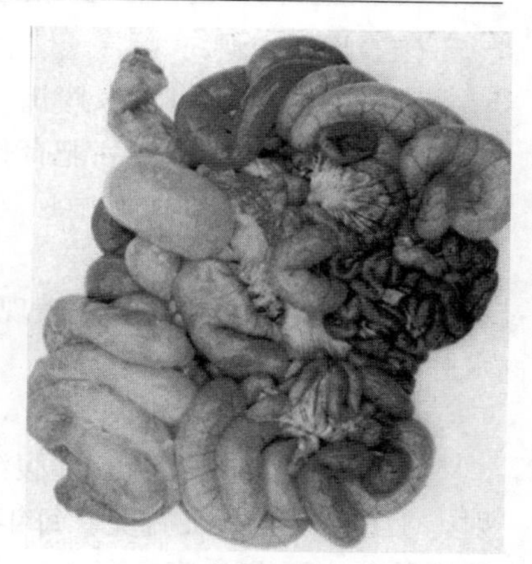

图 6-46　病猪小肠充血，肠腔充气

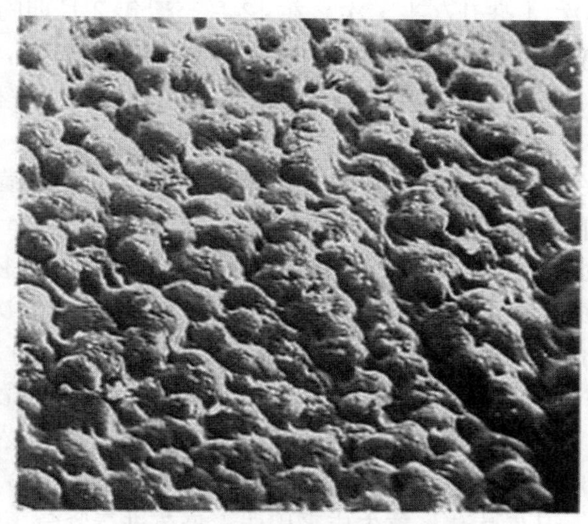

图 6-47　病猪小肠绒毛萎缩变短

(四)防制措施

(1)预防　主要依靠保健和免疫相结合措施进行。新生仔猪在第 1 周龄对本病最敏感，常常是在产后不久即发现病例，在此时期内任何一种免疫注射都不能起作用。此外血清抗体对保护仔猪尚不能生效。决定性的作用是通过小肠中经常存在的抗体在发生感染之前对猪传染性胃炎病毒高度敏感的上皮细胞进行保护，出于这样一个目的，近年来人们都在集中寻找一个能通过母源抗体的被动传递来保护仔猪提供乳汁免疫为前提，给妊娠母猪产前 20～40 天口服强毒能产生良好的乳汁免疫，即将已发病猪的粪便直接接种，让猪群集中发病，集中处理，缩短发病时间，提高母猪初乳中的抗体水平，被动保护仔猪，但散布强毒，是潜在的危险，所以要严格控制，谨慎进行。

(2)治疗　本病无特效治疗方法，在患病期间，补水、控制继发感染和对症治疗是关键。

十、猪流行性腹泻

(一) 病原

猪流行性腹泻的病原是流行性腹泻病毒。病毒粒子呈现多形性，倾向圆形，外有囊膜。

(二)临床症状

病猪主要表现为呕吐、腹泻、脱水,粪便水样、黄色或灰黄色。仔猪濒死前体温下降,呕吐多发生于哺乳或采食后;肥育猪和成年猪精神委顿,厌食,持续腹泻 3~7 天,恢复后多呈生长发育不良。

(三)病理变化

剖检病变主要在小肠。表现为小肠黏膜充血,肠壁变薄,充满黄色液体,肠淋巴结充血、水肿。

(四)防制措施

(1)免疫预防 猪流行性腹泻、猪传染性胃肠炎、猪轮状病毒感染三联灭活苗,后海穴注射。①经产母猪。a. 首免。每年 9 月初普免,4 毫升/头/次;以后经产母猪产前 45 天和 15 天跟胎免疫两次,4 毫升/(头·次)。重要提示:母猪全年"产前跟胎免疫"是防控关键。b. 每年 9 月、10 月普免 2 次,4 毫升/(头·次),在 12 月至翌年 2 月期间所有母猪加强一次,4 毫升/(头·次)。②仔猪。9 月至翌年 3 月的哺乳仔猪:3 周龄首免,一个月后加强免疫一次,2 毫升/(头·次)。③后备种猪。9 月至翌年 3 月期间补栏的后备种猪,进入产群前完成 2 次免疫,间隔 3 周,4 毫升/(头·次)。

(2)药物治疗 采取对症疗法,解除酸中毒和脱水使用抗生素和磺胺类药物防止继发感染。产房仔猪要及时补液,细心护理,母子兼治。

①对腹泻乳猪及时补液:a. 个体治疗(主要对产房 1~14 天的乳猪和偏小的乳猪)时,可灌服用药。可选用思密达(蒙脱石散),每头乳猪 1/2 包灌服,每天 2 次,连灌 2~3 天;干扰素,1 毫升/40 千克,肌内注射,隔天再注射一次。b. 全群补液(主要针对 14 天以上能喝水的乳猪),腹泻乳猪超过 10%时,进行全群补液,口服补液盐+乳酸环丙沙星或乳酸诺氟沙星,1 天 1 次,连用 3~5 天。②营养调理。腹泻控制后在 100 升饮水中加入适量电解多维,1 天 1 次,连用 3 天。③母猪料中添加恩诺沙星可起预防作用(用量见说明),连加 3 天。

(3)紧急防制措施 凡发病猪场首先应采用弱毒疫苗进行紧急预防接种,一般 7 天即可平息疫情。有条件的猪场,可采用淘汰母猪或育肥猪制备高免血清(必须无菌,56℃,30 分灭活),用于口服或肌内注射,可以收到很好的治疗效果。另外,可采用对症治疗(补液)或用抗生素控制各种混合感染和继发感染。

十一、猪轮状病毒病

轮状病毒病是引起多种幼龄动物病毒性腹泻的一种急性肠道传染病。

(一)病原

病原体为轮状病毒,归类于呼肠孤病毒科轮状病毒属。有资料报道,从小孩、犊牛、羔羊、马驹中分离到的轮状病毒,也可以感染仔猪。轮状病毒主要存在于病猪及带毒猪的消化道,随粪便排出体外,污染饮水、饲料及周围环境,经消化道感染而发病。该病毒相当稳定,对外界环境的抵抗力较强,对温度、pH、化学物质和消毒剂有耐受性。在温度为 18~20℃时,至少可耐受 7~9 个月。在温度为 60℃时可耐受 30 分。在有机物质方面,轮状病毒可被 2%戊二醛酸,70%乙醇,3.7%的福尔马林,10%碘酊,67%氯胺-T 和的二氯苯氧氯酚灭活。

(二)临床症状

潜伏期一般为 12~24 小时,病初精神沉郁,食欲不振,不愿走动,有的仔猪吃奶后即呕吐，继而腹泻，粪便呈灰色、黄色或黑色，为水样或糊状(图 6－48)。寒冷、潮湿、应激、不良环境对疾病的严重程度和病死率有较大影响。本病一般体温正常，常呈地方性流行。

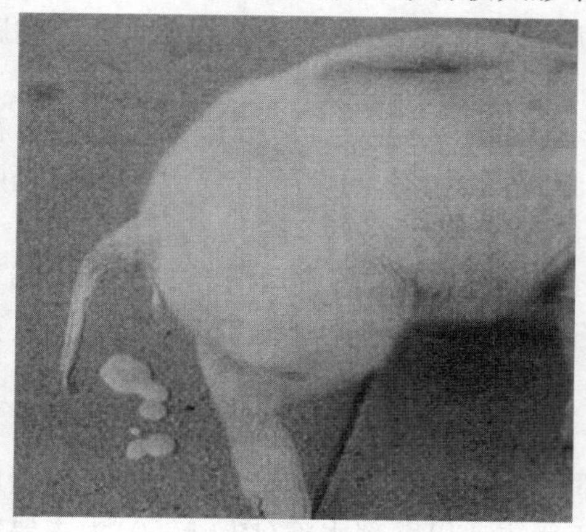

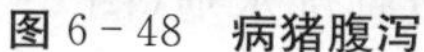

图 6－48　病猪腹泻

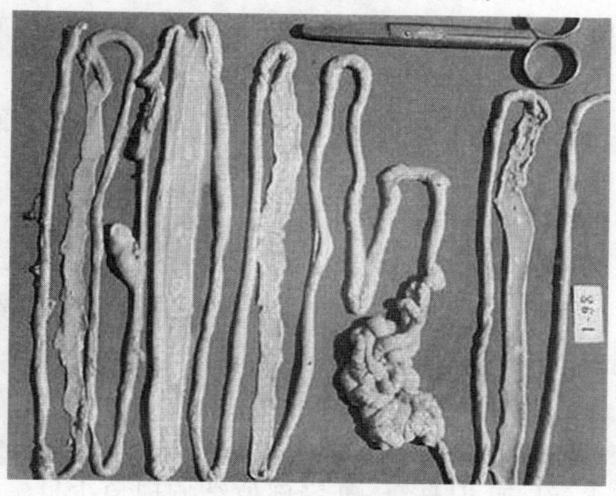

图 6－49　小肠壁变薄

(三)病理变化

主要病变在胃肠道。组织学检查可见小肠绒毛顶端融化，为立方上皮细胞覆盖。绒毛固有层柱状细胞增多，有单核和多形核细胞浸润。轻微的胃弛缓，胃内充满凝乳块和乳汁。小肠壁变薄、呈半透明(图 6－49)，涨满，内容物呈液状，小肠绒毛萎缩。

(四)防制措施

(1)加强饲养管理　保持圈舍卫生，注意防寒保暖，做好消毒工作，增强母猪和仔猪的抵抗力。在疫区要做到新生仔猪及早吃到初乳，因初乳和乳汁中含有一定量的保护性抗体，能减少发病和减轻症状。

(2)药物治疗　发病猪用 5%葡萄糖盐水或口服补液盐，给病猪自由饮水，同时使用抗生素防止继发感染，静脉注射 10%葡萄糖溶液和 10%碳酸氢钠溶液，以防治脱水和酸中毒。

十二、口蹄疫

口蹄疫是偶蹄兽的一种急性、热性、高度接触性传染病，人是否可能被传染尚需进一步证实。口蹄疫病毒在病毒的水疱液和水疱中大量存在。自然发病的动物常限于偶蹄兽，黄牛最易感，由于此病毒长期在猪群中反复流行，对猪毒力增强，而对牛羊致病力降低，故猪先发病，牛羊后发病或根本不发病。幼畜对口蹄疫病毒最易感，主要传染源为患病动物和带毒动物。

本病一年四季均可发生，但与光照的强弱和气候的冷暖有直接的影响，因此本病的流行又可表现出季节性，一般情况下，冬春低温季节多见，夏秋高温季节少见，自然感染的潜伏期为 24～96 小时，当水疱破裂后，体温即恢复正常，若无继发感染，经 1～2 周病损部位结痂愈合。若蹄部严重病损，需 3 周以上才能痊愈，口蹄疫对成年猪的致死率一般不超过 3%。

本病传播速度快，发病率高，传播途径复杂，病毒多型、易变，一旦被感染，易感猪高度集中，极易暴发流行口蹄疫疫情，鉴于口蹄疫的严重破坏性和危害性，我们必须采取强而有力的综合防控措施，加强防范。

(一)病原

口蹄疫病毒属小核糖核酸病毒科，口疮病毒属，是 RNA 型病毒。病毒呈球形，直径为

22～30纳米，无囊膜，对酸敏感。该病毒有A、O、C、亚洲Ⅰ型和南非1、南非2、南非3共7个血清型，病毒多型易变，不同血清型的病毒感染动物所表现的临床症状基本一致，但无交叉免疫性（如患过O型口蹄疫的猪康复后，仅对O型病毒有抵抗力，但若感染其他型病毒的感染仍会发生口蹄疫）。

口蹄疫病毒对外界环境抵抗力较强，在畜舍干燥垃圾中可存活14天，潮湿垃圾中可存活8天，尿中39天，土壤表层夏季3天、秋冬季28天，污水中21天（17～21℃）。对酸、光照很敏感，在pH 6.0时，每分钟损失90%，pH 5.0时，每分又损失90%。2%氢氧化钠、3%～4%甲醛、0.5～1%过氧乙酸、30%热草木灰水、10%新鲜石灰乳剂等常用消毒剂在15～25℃温度下0.5～2小时后才能杀死病毒，碘酊、乙醇、石炭酸、甲酚、苯扎溴铵等对口蹄疫无杀灭作用。

（二）临床症状

体温升高到40℃以上，前期跛行，厌食，病变部位初期发红，之后肿胀，形成水疱，破溃后流水，结痂，但鼻盘、乳房部位结痂现象少见。成年猪主要以蹄部水疱（图6-50）为主要特征，口蹄黏膜、舌面、鼻盘、乳房等部位发生大小不等的米黄色水疱（图6-51，图6-52），破溃后出血，严重的蹄壳脱落，跛行，不能站立。仔猪受感染时，水疱症状不明显，仔猪和较大的猪主要表现为胃肠炎和心肌炎（图6-53），常呈急性死亡，死亡率80%以上。

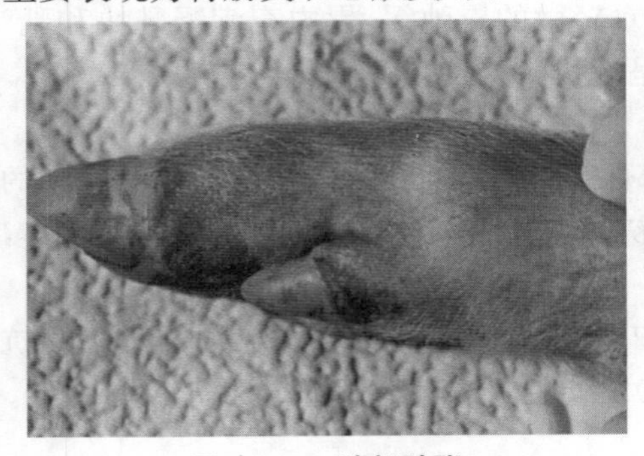

图6-50　蹄部肿胀

图6-51　鼻盘部水疱

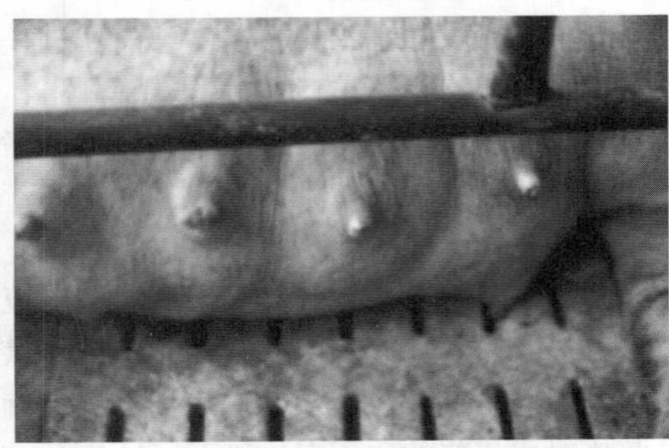

图6-52　乳房部水疱

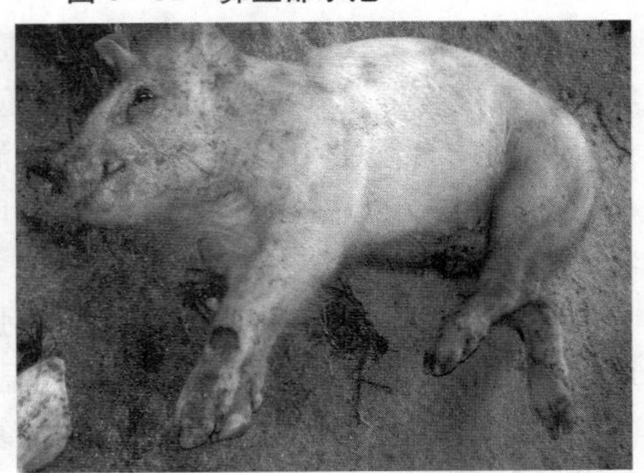

图6-53　仔猪心肌炎

（三）病理变化

心包膜有弥漫性出血点，心脏表面、切面有灰白色或淡黄色斑点或条纹故称虎斑心（图6-54），心肌松软，似水煮样。

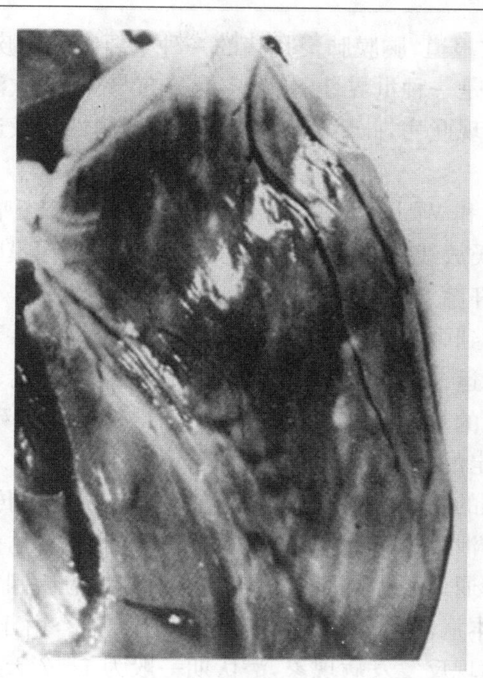

图 6－54　虎斑心

(四)防制措施

对于口蹄疫的防控,健全的生物安全是前提,猪群的健康水平是根本,饲养管理是关键,注射疫苗是有效措施,合理的药物保健是必要的补充。

(1)加强饲养管理　发病猪舍要保持安静,除正常的作业外,尽可能减少人员的出入,以减少对猪的刺激,防止心肌炎的猪因刺激而死亡;保持良好的卫生,通风要良好,空气要新鲜,地面要清洁、干燥,防止蹄部感染,尽可能减少猪群的密度,防止对病猪踩踏等不利因素。

(2)免疫预防　建议使用含有新毒株的疫苗,可增加保护率,一般的口蹄疫免疫程序为:仔猪,首免 40～50 日龄,二免应在 80～90 日龄;后备猪,配种前一个半月左右连注射 2 次,间隔为 20 天;其他猪,每年 9～10 月连续免疫 2 次、间隔 20 天,2～3 月连续免疫 2 次,间隔 20 天。普通苗或高效苗在母猪妊娠期间尽可能不要注射,以避免个别猪流产。配种前 3～5 天也不宜注射普通苗,否则,会影响正常的发情与排卵。合成肽苗反应较小,相对安全。

(3)药物治疗　①注射用药。可以紧急注射高含量猪基因工程复合干扰素或反义核糖核酸,每天 1 次,连用 3 天。注意,不要盲目注射抗生素,因为抗生素对病毒无效,却增加了应激反应,用多了还会增加抗生素的毒副作用,损害肝肾的功能,降低猪自身的免疫力,不但治不好病,相反会增加死亡率。②饮水。每 100 千克水中加入电解多维 50～100 克、葡萄糖 2 千克、氧化钠 350 克、碳酸氢钠 250 克、氧化钾 150 克,自由饮水到痊愈为止,每天中午饮 3～4小时清水。

第二节　猪的细菌性传染病

一、传染性胸膜肺炎

猪的传染性胸膜肺炎是由胸膜肺炎放线菌引起的一种接触性呼吸系统传染病。本病由

Pattison 等于 1957 年首次报道，胸膜肺炎是猪的一种重要呼吸道疾病，在临床上主要表现为肺炎和胸膜炎的特征。它是一种世界性疾病，广泛分布与美洲、欧洲和亚洲的一些国家和地区，我国于 1987 年首次发现此病，此后逐渐蔓延，成为细菌性呼吸道的主要疫病之一。

(一)病原

本病原体曾由 Shope 和 White 等在 1964 年命名为胸膜肺炎嗜血杆菌，后经 DNA 同源性研究表明，它与列里尔氏放线杆菌的关系密切，因此建议将胸膜肺炎嗜血杆菌归入放线杆菌属，称为胸膜肺炎放线杆菌。

胸膜肺炎放线菌为小到中等大的球状杆菌，有时形成丝状，并可表现显著的多形性。该菌革兰氏阴性，有荚膜，无运动，不形成芽孢，但有菌毛，兼性厌氧，对消毒药抵抗力不强，易被常用消毒剂及较低温度的热力所杀，一般在 60℃下 5～20 分即死，但对结晶紫、杆菌肽、大观霉素、林可霉素等有一定的抵抗力。

各种年龄、品种、性别的猪均易感，但以 6 月龄多发。主要的传播途径是通过空气、猪与猪间的接触或通过污染排泄物进行传播，本病具有明显的季节性，多发生于 4～5 月和 9～10 月。运输、气候骤变、猪舍通风不良、拥挤、环境突变及其他应激因素均可成为本病菌发生的诱因，病猪和带菌猪成为本病的传染源，主要经呼吸道传播。由于耐过猪长期带菌，所以一个猪群发生本病后往往出现反复发病现象，潜伏期一般为 1～7 天。

(二)临床症状

1. 最急性型

一个或几个断奶猪群突然发病，体温升高到 41.5℃，厌食，有的猪可出现短期腹泻或呕吐症状，患病猪往往早期躺卧时呼吸道病症不明显，后期心力衰竭和循环障碍，晚期出现严重的呼吸困难和体温下降症状，病死猪的体躯末端发绀，口鼻流出带红色的泡沫。

2. 急性型

病猪常突然发病，体温升高至 40.5～41℃，主要表现为减食或不食，皮肤发红，精神沉郁，被毛粗乱，嗜睡，高度呼吸困难(开始胸式呼吸，继而转变为腹式呼吸)，严重时呼吸困难呈现张口结舌，状极痛苦，若不及时治疗，1～2 日死亡。

3. 亚急性和慢性型

亚急性和慢性多在急性期后出现，病猪发病轻，病程 15～20 日，体温稍高或正常，食欲减退，精神不振，不同程度的自发性或间歇性咳嗽，生长缓慢，少数猪可能出现跛行，关节肿大。有人报道胸膜肺炎放线杆菌还可导致中耳炎。

(三)病理变化

病理变化主要在肺部及呼吸道内。

1. 最急性型

病死猪剖检可见气管和支气管内充满泡沫状带血的分泌物。肺充血、出血和血管内有纤维素性血栓形成。肺泡与间质水肿，肺的前下部有炎症出现。

2. 急性型

迅速死亡的猪，喉头充满血性液体，肺炎多为双侧性，紫红色，切面坚实如肝组织，肺间质内充满血色胶样液体。随着病程的发展，纤维素性胸膜肺炎蔓延至整个肺脏(图 6-55)，造成肺与胸壁、肺与心包、心肺与膈肌都相互被纤维素粘连在一起(图 6-56)。

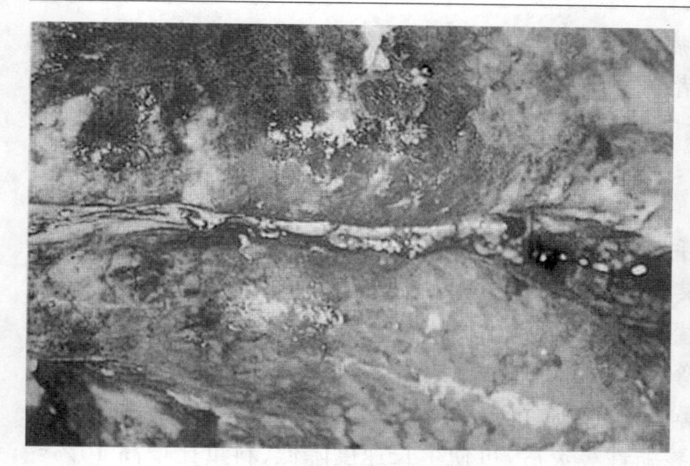

图 6－55　肺部有灰白色化脓灶

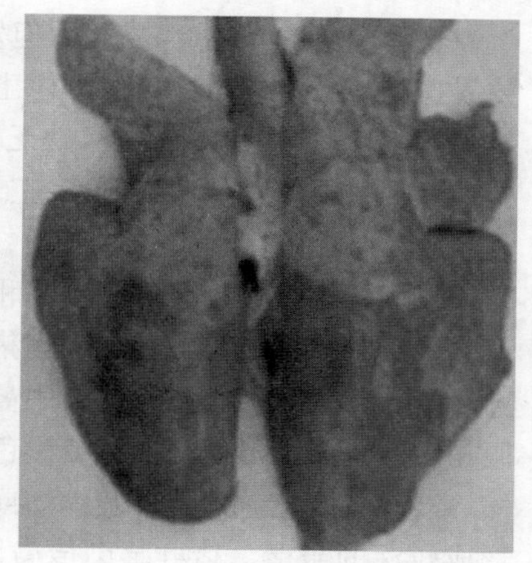

图 6－56　大面积出血性肺炎

3. 亚急性和慢性型

有的在肺部可见坚实的干酪样硬实变区或含有坏死碎屑的空间，稍凸于表面，与胸膜、膈、心外膜粘连。慢性型发病还可见肺脏上大小不等的结节（结节常发生于膈叶），结节周围包裹有较厚的结缔组织，结节有的在肺内部，有的突出于肺表面，并在其上有纤维素附着而与胸壁或心包粘连，或与肺之间粘连。心包内可见到出血点。

（四）防制措施

（1）加强饲养管理　坚持采用全进全出饲养模式，猪舍注意通风换气，尽量减少应激，保持营养均衡，定期严格清洁消毒。

（2）药物预防　①对已受本病污染的猪场应制订药物防治计划，投喂敏感的抗生素进行药物预防，常用的有氟苯尼考、多西环素、大环内酯类、头孢类等抗生素。②该病虽有疫苗使用，但其病原血清型多，各型之间无显著的交叉免疫，再加上免疫抑制等因素的存在，故导致免疫效果欠佳。若选择疫苗免疫，一般在母猪产前 20～30 天和产后 25～30 天免疫接种 3 毫升，仔猪在断奶时接种 2 毫升。

二、猪传染性萎缩性鼻炎

猪传染性萎缩性鼻炎由支气管败血波氏杆菌或多杀性巴氏杆菌引起的一种慢性呼吸道传染病。

（一）病原

其病原主要有两种：一种是非进行性萎缩性鼻炎，主要由产毒性支气管败血波氏杆菌所致；另一种是进行性萎缩性鼻炎，主要由多杀性巴氏杆菌引起或与其他因子共同感染引起。无论哪一种病原都可引起鼻甲骨发育不全，严重时可致猪只不同程度的鼻面部变形及鼻中隔的扭曲，或由经常打喷嚏而造成的鼻出血，鼻出血在非进行性萎缩性鼻炎中少见，但其是进行性萎缩性鼻炎的特征性变化。

其病原抵抗力不强，一般的消毒药均可杀死。支气管败血波氏杆菌在快速升高温度和降低温度可加快本菌灭活，在土壤中可存活达 6 周，在 56℃30 分即可灭活。多杀性巴氏杆菌在 60℃，10 分可灭活，在粪料中本菌的感染可保持一个月，在腐尸或冻尸内可存活 3 个月，对常用消毒剂（戊二醛、氨水、次氯酸钠、碘酊等）敏感，在 0.5%苯酚中 15 分即可被灭活。

各种年龄的猪均有易感性，但发病率一般随着年龄的增长而下降，品种不同易感性也有差异(长白猪特别容易感染，国内土猪少发)。另外饲养管理的好坏也是影响本病的发生和发展的因素，猪栏潮湿、拥挤，缺乏蛋白质、矿物质(尤其是钙)和维生素，可使发病率提高。传播途径主要经过带菌的母猪、空气、呼吸道等途径传染。

(二)临床症状

发病初期仅仔猪表现打喷嚏和呼吸困难，鼻孔流出黏液性或脓性分泌物，有时鼻涕里带血丝，甚至时常流出鼻血，个别病猪甚至会因为流鼻血过多衰竭死亡(图 6－57)，吃料时常用力甩头，以甩掉鼻腔分泌物，或用鼻端拱地或在硬地上摩擦。眼结膜炎，经常流泪，导致在内眼角下的皮肤上形成灰白色或黑色弯月形泪斑(图 6－58)。8～10 周后，病猪出现鼻甲骨萎缩，致使颜面部变形，如鼻腔缩短或鼻腔歪向受损严重的一侧(图 6－59)，鼻盘正后部的皮肤形成较深的皱褶。猪群感染传染性萎缩性鼻炎后，可使生长速度降低、料重比增高 10%～30%，经济效益严重受损。

图 6－57　鼻出血

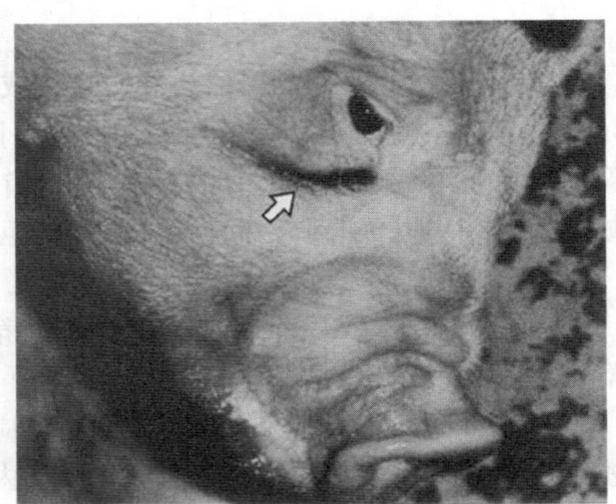

图 6－58　弯月形泪斑

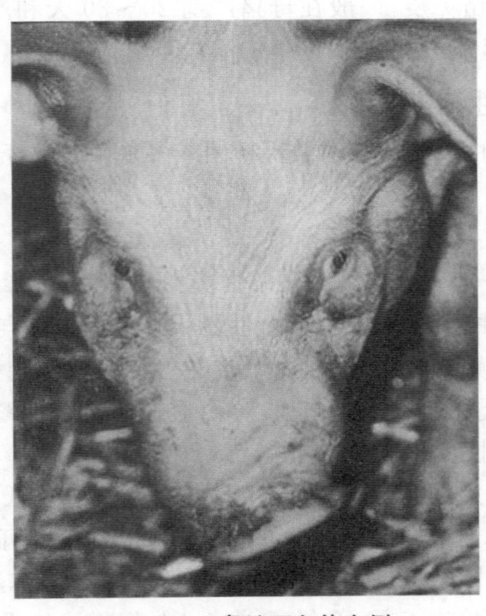

图 6－59　鼻端歪向体左侧

(三) 病理变化

病变多局限于鼻腔和邻近组织。最具特征性的变化是鼻甲骨萎缩，尤其鼻甲骨的下卷曲最为常见(图 6－60)，鼻甲骨卷曲变小而钝直，甚至消失，鼻中隔部分或完全弯曲，使鼻腔变成一个鼻道，鼻腔黏膜常附有黏脓性或干酪样渗出物。

图 6－60　鼻甲骨萎缩

(四)防制措施

(1)免疫预防　我国已研制出支气管波氏杆菌(Ⅰ相菌)油佐剂灭活疫苗，对妊娠母猪产前 2 个月及 1 个月皮下注射各一次，剂量分别是 1 毫升和 2 毫升；下胎次在预产前 1 个月加强免疫一次，剂量为 2.5 毫升。对未免母猪群所产的仔猪，在 1 周龄及 3～4 周龄皮下注射各一次。此外还可用支气管败血波氏杆菌Ⅰ相菌和产毒素 D 型的多杀性巴氏杆菌制成的油佐剂二联灭活疫苗，在母猪产前 1 个月注射一次。免疫母猪所产的仔猪在 1 周龄、4 周龄、8 周龄时各注射一次，这样可产生较强的免疫力。

(2)加强饲养管理　猪传染性萎缩性鼻炎是条件性传染病，通过降低饲养密度、搞好环境卫生、减少应激因素(温差变化大、受凉、贼风等因素)、加强消毒、通风等管理工作，对控制和预防本病也有很大作用。

(3)药物治疗　病猪的治疗可选用抗生素和磺胺类药物，常用治疗方法如下：①泰乐菌素 0.1 克/千克，磺胺嘧啶 0.1 克/千克，拌料，连用 7 天。②土霉素 0.4 克/千克，磺胺二甲氧嘧啶 0.1 克/千克，拌料，连用 7 天。

治疗时还应结合临床选择对症治疗：猪患传染性萎缩性鼻炎时，呼吸道黏膜上皮组织会受到破坏，所以增加维生素 A、维生素 D、维生素 C、维生素 K 及维生素 B 的给予，对维持黏膜上皮组织的结构完整，增强机体抗感染的能力也相当重要。

三、梭菌性肠炎

猪梭菌性肠炎亦称仔猪红痢，是由 C 型产气荚膜梭菌引起的肠毒血症，该病主要侵害出生 12 小时至 7 日龄以内的乳猪，但保育、育肥猪也时有发生，仔猪主要表现为死亡率较高的急性出血性肠炎，排气味腥臭红痢。有临床症状的病猪常以死亡而告终。

因本病可持续 2 个月之久，在较短时间内又可多次暴发，一旦确定本病存在，建议最好隔离患病猪群，并加强饲养管理，做好免疫等预防工作。

(一)病原

产气荚膜菌是一种有荚膜的革兰氏阳性杆菌，大小为(1～1.5)微米×4.8 微米。芽孢呈卵圆形，常偏向一侧，不易看见。在马或牛血液琼脂培养基上厌氧培养 24 小时后清晰可见直径 3～5 毫米灰色菌落，圆形，周围见 β 溶血环。

(二)临床症状

临床症状随免疫状况和感染年龄不同而不同，在同一猪群或不同猪群存在较大差异。

1. 最急性型

仔猪出生后 12～36 小时即死亡，有的病猪可能不发生腹泻就死亡，有的发生血痢(图 6-61)，体质逐渐衰弱，不愿走动，很快进入濒死状态。

图 6-61　病猪血痢

2. 急性型

乳猪一般在 3 日龄左右死亡。病猪排出淡红褐色水样粪便，粪中带有灰色坏死组织碎片。病猪失去生活能力，逐渐消瘦，衰弱，最后一天只能微弱地吸乳。

3. 亚急性型

出现持续性非出血性腹泻，通常在 5～7 日龄死亡。病猪精神状态及食欲尚可，但逐渐消瘦，有的极度瘦弱在濒死期出现脱水现象。粪便最初为黄色，之后为清水样，且有大量坏死组织碎片。

4. 慢性型

可持续 1 周至数周，呈间歇性或持续性腹泻。病猪粪便为灰黄色、黏稠样，尾巴包裹有干燥的粪便，在 10 天或以上更长时间内仍活泼健壮，但生长变缓，最终数周后死亡或被淘汰。

(三)病理变化

1. 最急性型

在危重病例中可见猪腹部皮肤变为淡黑色，通常脐带仍在，会阴部有淡红色粪便，切开腹壁可见水肿，腹腔内有血样液体，小肠出血严重(图 6-62)，有时波及回肠，肠壁可能出现气肿(图 6-63)，肠系膜淋巴结鲜红色。在有病变的肠末端，甚至在直肠可见出血性肠内容物。

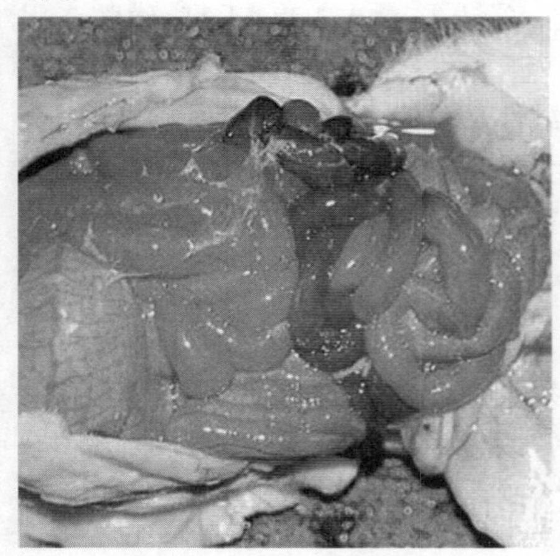

图 6-62　小肠出血

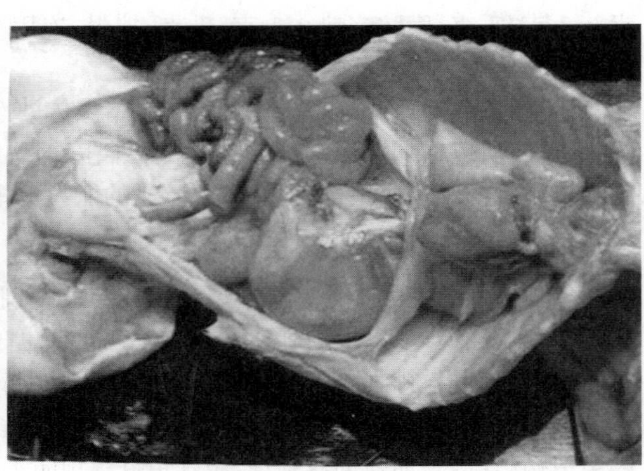

图 6-63　肠壁气肿

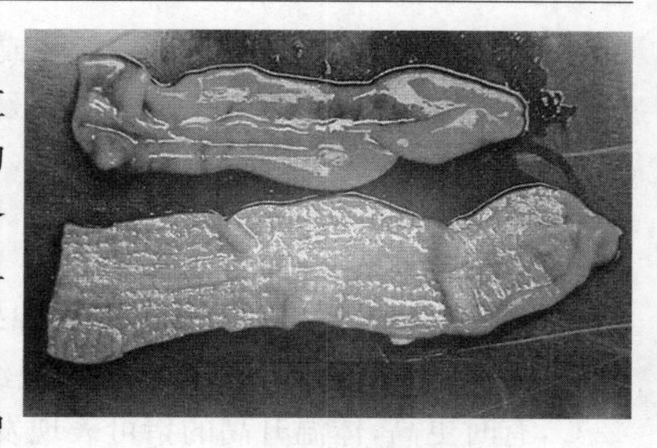

图 6-64　肠黏膜坏死

2.急性型

体表脱水或体况下降,会阴部有鳞状物或黏性红色粪便。肠道少见变红,可见局灶性淡红色区,有的病例在距幽门 30 厘米后空肠有一段长约 40 厘米界限明显的气肿。通常肠壁增厚,肠内容物有时呈血样,有些肠黏膜坏死(图 6-64)。

3.亚急性型

猪瘦弱,受感染的小肠段可能相互粘连。肠壁增厚、易碎,黏膜表面覆盖一层紧密黏着的坏死膜,从浆膜表面观察似一条灰黄色的纵带。

4.慢性型

慢性病例也有类似上述病理变化,但从肠道的浆膜表面观察病变不明显,肠壁局灶性增厚,黏着的坏死膜局灶性分布,且界限清楚。这些病灶可能 1～2 厘米,且只附着一层坏死膜,在其深部边缘带有大量不同类型的细菌,肠壁深层有明显的慢性炎症。

(四)防制措施

(1)药物预防　①因本病可在仔猪出生几个小时内发生,为阻止疾病的发展,对产下的仔猪应采取保护措施,可以让初生仔猪尽快口服抗生素(如氨苄西林),3 天内坚持每天治疗。②对该病的预防有赖于免疫接种,即给怀孕母猪注射菌苗,让仔猪出生后通过吸吮初乳获得免疫,这是预防仔猪红痢最有效的方法,一般给母猪注射两次 C 型产气荚膜梭菌类毒素:在配种时或妊娠中期注射一次,第二次在产前 2～3 周免疫一次即可。

(2)药物治疗　因肠道的损伤已相当严重,即使病原体消除,病猪仍会出现死亡或生长停滞,所以病猪一旦出现临床症状,几乎无治疗意义。

四、猪丹毒

猪丹毒俗称"打火印",是人畜共患传染病,人感染猪丹毒丝菌所致的疾病称为"类丹毒",主要发生于从事肉品、禽、鱼的相关接触人员如兽医、猪场管理员、实验室工作人员及相关的职业者等。

本病在世界多数地区存在,并在多数养猪地区均有发生。不同年龄的猪均有易感性,10 月龄最易感,以 3 个月左右的架子猪发病率最高,3 个月以下和 3 个月以上的猪很少发病,该病的流行无明显的季节性,但夏秋季发生较多,冬春季只有散发,带菌猪可以通过粪便排菌,成为感染源,污染周围环境,造成疾病传播,此外哺乳动物鱼类、禽类也带此菌。

(一)病原

猪丹毒杆菌是一种革兰氏阳性小杆菌,不形成芽孢和荚膜,不能运动。在病料内的细菌常呈单个、成对或成丛排列,慢性病猪心内膜上多呈长丝状(图 6-65)。

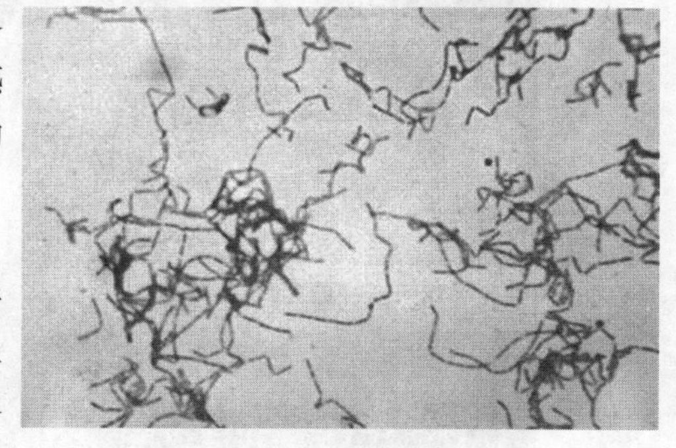

图 6-65　猪丹毒杆菌

猪丹毒杆菌虽然不形成芽孢,但对外界不良

的环境抵抗力却很强，耐干燥，在盐腌或熏制的肉内能存活3～4个月，但对消毒药的抵抗力较低。用2%福尔马林、3%甲酚皂溶液、1%氢氧化钠、1%漂白粉、克辽林等都能很快将其杀死，但对0.2%石炭酸、0.5%碘化钾、0.001%结晶紫有抵抗力。

(二)临床症状

1. 急性型(败血型)

临床较少见，急性猪丹毒一般病程较短，个别病例可能见不到临床症状就突然死亡，但也有在病后第2天或死亡前不久出现红斑的。大多数病例有明显的症状：体温升高40～42℃，有时更高，体温升高的猪可表现发抖，有些可能表现正常、食欲减少或废绝，有时见呕吐、喜卧、不愿走动，将病猪从猪群中拉出后，立即躺下。当人员接近时，猪只表现愤怒，并站起走开，伴有尖叫声，步态僵硬如踩高跷，停止前进或离开时不久又卧下。站立时四肢紧靠，头下垂，背弓起，不能站立。大猪粪便干硬，小猪则表现腹泻，妊娠期母猪感染可能发生流产。发病1～2天后可见皮肤红斑，其大小形状不一，以耳部、颈部、背部、腿外侧较多见，指压褪色，指去复原。病程2～4天，病死率80%～90%，不死者转为疹块型或慢性型。

哺乳仔猪和刚断奶小猪发生猪丹毒时，一般突然发病，往往表现神经症状，抽搐，倒地而死，病程多数不超过一天。

2. 亚急性型

其败血症状轻微，以皮肤出现疹块(图6-66)为特征，病初病猪食欲减退，精神萎靡，不愿走动，体温升高。1～2天后，在胸、腹、肩及四肢外侧出现大小不等的疹块，疹块形状有方形、菱形、圆形或不规则形，先呈淡红，后变为紫红，以至黑紫色，疹块部坚实，稍突起，界限明显，以后中央坏死形成痂皮，经1～2周恢复。也有不少病猪在发病过程中，症状恶化导致死亡。

3. 慢性型

一般由急性型或亚急性型转变而来，常见的有浆液性纤维素性关节炎，慢性疣状心内膜炎和皮肤坏死三种。①若发生关节炎，常见腕关节和肘关节肿大(图6-67)，疼痛，僵硬，步态强拘，甚至跛行。②若患心内膜炎则主要表现体温升高、呼吸困难、伏卧、心力衰竭，听诊有心内杂音，强行驱赶可突然倒地死亡。③若患皮肤坏死，则在背、耳、肩、蹄、尾等部位发生坏死，变黑色，干硬，似皮革状，进而坏死皮肤脱落后遗留一片无毛色淡的瘢痕。

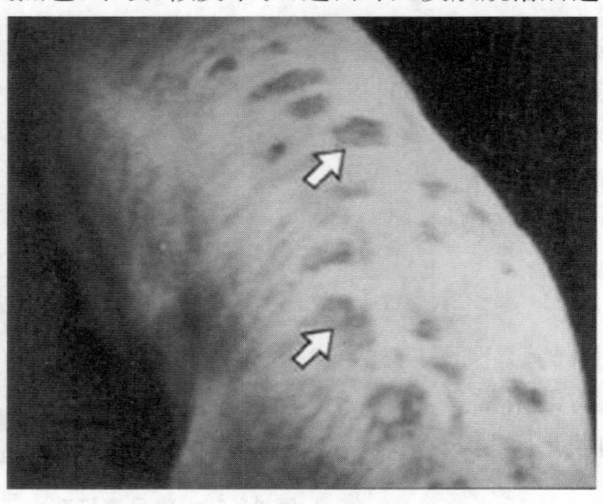

图6-66　皮肤出现斑疹块

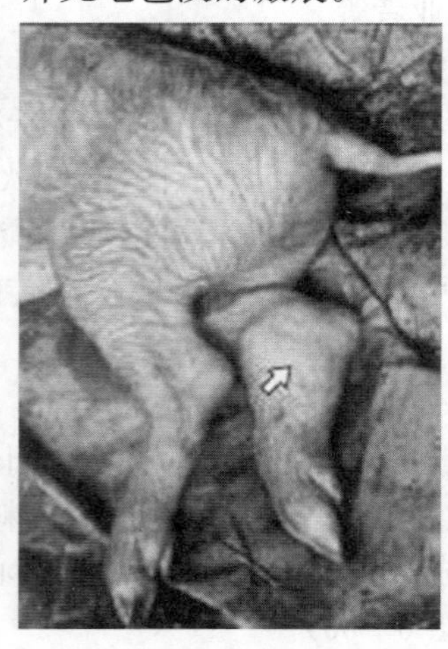

图6-67　肘关节肿大

(三)病理变化

1.急性型

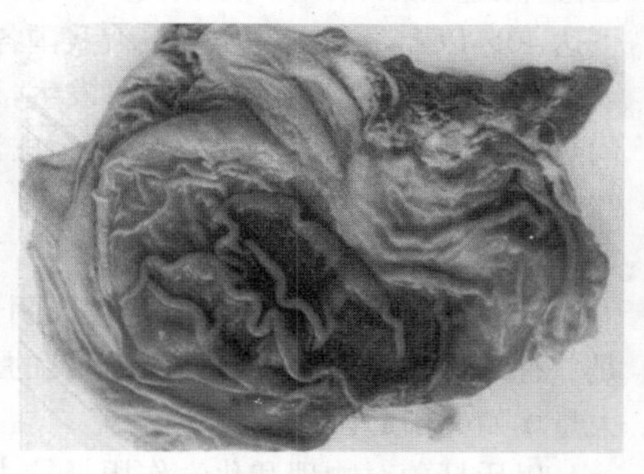

图 6-68 胃底黏膜红布样充血

皮肤上有大小形状不一的红斑呈弥漫性红色;脾肿大充血,呈樱桃红色;肾瘀血肿大,呈暗红色,表面如云雾状,切开皮质顶部有暗红色小点;淋巴结充血肿大,切面多汁充血,有小出血点;肺瘀血、水肿;胃底黏膜红布样充血(图 6-68),十二指肠充血、出血。

2.亚急性型

在皮肤上有特征性的方形或菱形的红色疹块。内脏的变化比急性型轻。

3.慢性型

心脏的房室瓣常有疣状心内膜炎,瓣膜上有灰白色增生物,形如菜花状(图 6-69);关节腔中含有大量的浆液性纤维素性渗出物,滑膜上有肉芽组织增生,形成骨刺(图 6-70),这种骨刺刺激关节表面,产生剧烈疼痛。

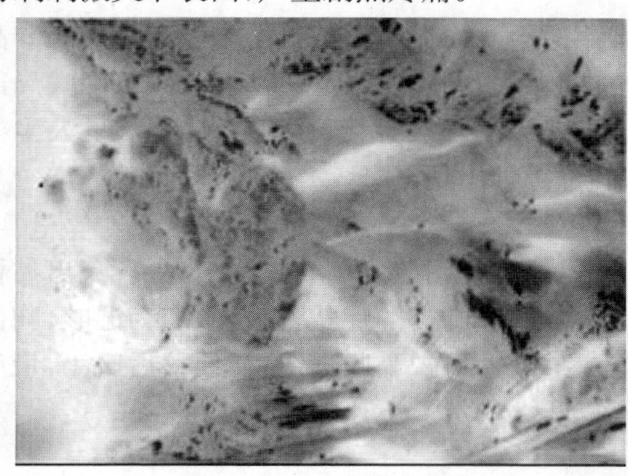

图 6-69 心内膜增生物

图 6-70 关节腔内增生物

(四)防制措施

(1)免疫预防 免疫接种是预防猪丹毒的最佳方法。一般于猪出生后 3 个月开始免疫接种,未断奶仔猪(20 日龄后)使用本菌苗后,应在断奶后 2 月左右加强免疫一次,以后每隔 6 个月免疫一次。

(2)加强饲养管理 若有新购进猪应严格隔离饲养,防止带菌传播;保持栏舍清洁卫生和通风干燥,防止污物、皮肤划痕等引起的感染;定期用酚类、碱类、次氯酸盐、季铵盐等消毒剂消毒。

(3)药物治疗 发现病猪后立即隔离,并全群投药预防,发病猪首选青霉素药物进行治疗(土霉素、林可霉素也有良好疗效),急性型猪丹毒可选择青霉素静脉注射,用量最好首先按照每千克体重 1 万单位。同时肌内注射常规剂量的青霉素,即 20 千克下的猪用 20 万单位,20~50 千克猪用 40 万~100 万单位,50 千克以上的猪可酌情增加,每天两次,直至体温和食欲恢复正常后 24 小时,不宜停药过早,以防复发或转为慢性。

五、猪肺疫

猪肺疫又称猪巴氏杆菌病,俗称“锁喉风”,有些地方又称肿脖瘟、清水喉等,它是由多杀性巴氏杆菌感染肺部所致，是猪的一种常见传染病。本病分布广泛，世界各地均有发生，发病率可达40%以上，死亡率超过5%。我国各地猪群均有发生，给养猪业造成严重的经济损失。

流行性猪肺疫一年四季均可发生，无明显季节性，但以冷热交替、气候剧变、多雨、潮湿、闷热的时期多发，一般呈散发性或地方流行性。多发于3～10周龄的仔猪，主要经消化道和呼吸道传播。

（一）病原

巴氏杆菌是一种短小的、革兰氏阴性的球杆菌，瑞氏染色两端着色较深。一般认为本菌是一种条件性病原菌，当猪处在不良的外界环境中，抵抗力下降或继发感染等因素使病原菌大量增殖并引起发病。

巴氏杆菌对物理和化学作用抵抗力低，冬季可存活2～3周以上，在自然干燥情况下迅速死亡，在水和腐败物中不能繁殖，5%的生石灰1分、1%的漂白粉1分均能将其杀死。巴氏杆菌对日光也很敏感，在室温条件下日光照射10分即死。

（二）临床症状

1. 最急性型

突然发病，常因呼吸困难窒息而死，病程数小时至4天。病程稍长的可表现为体温升高40.5～42.2℃，食欲废绝，呼吸极度困难，心跳加速，可视黏膜发绀，全身衰弱，颌下咽喉局部温度升高，红肿、坚硬，严重者由耳根延伸至前胸。患猪口鼻流出涎水或泡沫，常呈犬坐姿势，伸颈张口伸舌，有时有喘鸣声，耳部、颈部、腹部等处出现红斑。

2. 急性型

本型最常见。发病初期患猪瘟40.5～41.6℃，发生痉挛性咳嗽，脓性结膜炎，流出黏稠鼻液，有时混有血液，呼吸困难，呈胸式呼吸，表现为胸膜肺炎的症状，由于咳变为湿咳，胸部触诊有痛感，随病程发展，呼吸更加困难，常作犬坐姿势，可视黏膜发绀，初便秘后腹泻，最后卧地不起，患猪多因心脏衰弱，窒息、休克而死，病程5～8天，不死的则转为慢性。

3. 慢性型

患猪持续的咳嗽，呼吸持续困难，表现为慢性肺炎和胃炎。鼻腔流出黏性、脓性分泌物。有时出现痂样湿疹，关节肿胀，精神沉郁，食欲不振，常有腹泻。进而表现为营养不良，消瘦，病程可拖延2周以上而死亡，若及时治疗一般多数可以治愈。

（三）病理变化

1. 最急性型

全身败血病变，全身黏膜、浆膜、皮下组织有大量出血点，自颈部至前胸发生水肿，咽喉部及其周围结缔组织出血性浆液浸润，喉头气管内充满白色或淡黄色胶冻样分泌物，附近肌肉有时可见坏死。全身淋巴结肿大、出血，切面呈红色，心包膜有小出血点。肺急性水肿，脾脏不肿，但有出血。

2. 急性型

除了全身黏膜、实质器官、淋巴结的出血性病变外，主要以胸腔内的病变为主，表现为化脓性支气管炎，纤维素性胸膜炎，心包炎，及化脓性关节炎。肺水肿，间质增宽，肺小叶散在出血（图6-71），有不同程度的肝变，肺胸膜表面可见到红褐色到灰褐色斑点状病变区，胸腔积液，大多数病例在膈叶，有小指头到乒乓球大小的局灶性化脓灶、出血灶，严重的胸膜常有纤维素性附着物，甚至与肺发生粘连。一般情况下，淋巴结只是轻度肿胀，但在胸腔内充满脓样液体时淋巴结肿大。气管、支气管内有大量泡沫样黏液，黏膜发炎。

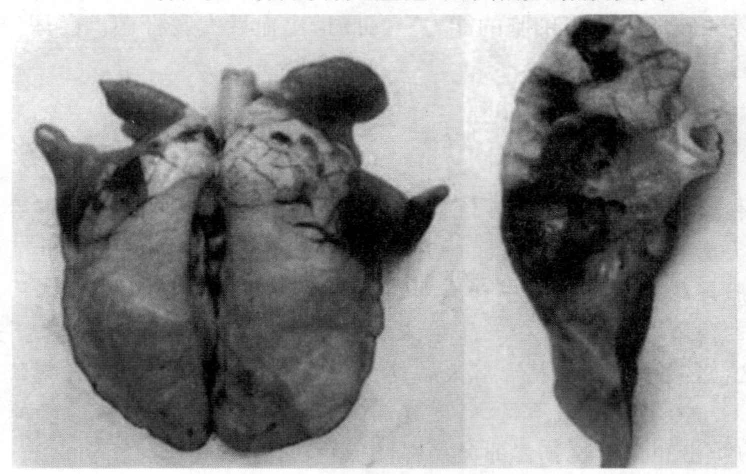

图 6－71 肺小叶散在出血

3.慢性型

肺病变区扩大，肺叶上有多处黄色或灰色坏死灶，外面有结缔组织包裹，内有干酪样物质，有的形成空洞，与支气管相通。心包积液，胸腔积液，胸腔内有纤维素性沉着，粘连，有时在肋间肌、纵隔淋巴结、支气管周围淋巴结、扁桃体、关节和皮下组织发生坏死灶。

(四)防制措施

(1)加强饲养管理 通风干燥，防寒保暖，保持清洁，营养均衡，定期消毒，减小猪群密度，减少混群与分群应激，减少外购猪只尤其育肥猪潜在疫病威胁，若需购进要进行健康状态评估，在分离与早期断奶无法进行的猪场应采取全进全出式生产，以减少发病率。

(2)免疫预防 国内有单价苗、二联苗和三联苗可供选择，一般认为单价疫苗要比联合疫苗的效果好一些。免疫程序：种猪每年 2 次，一般于春、秋两季定期免疫注射，临产和带仔母猪暂停接种。仔猪一般在 45～60 日龄进行首免，经常发生本病的猪场可在 80～90 日龄加强免疫一次。由于该菌苗是活疫苗，在接种前的 15 天和后 20 天应避免使用抗生素。

(3)药物治疗 大群预防，个别治疗适合本病的防控。猪多杀性巴氏杆菌对许多常用的抗生素具有耐药性，因此有条件的可做药敏试验。一般而言多杀性巴氏杆菌对氨苄青霉素、链霉素、氟苯尼考、庆大霉素、增效磺胺、喹诺酮类药物敏感。

六、猪大肠杆菌病

大肠杆菌在肠道是正常菌属，但有一些特殊型的大肠杆菌目前已证明具有致病性。其主要侵袭幼龄动物(新生仔猪从脱离母猪子宫到断奶前，接触产床、母猪皮肤等严重污染的环境，导致吞入来自母猪肠道菌群的细菌)，从而导致严重的腹泻和败血症。成年动物一般对本病有抵抗力，很少引发原发性疾病，但可长期带菌，成为传染源。

(一)病原

大肠杆菌属革兰氏阴性的短杆菌，有鞭毛，无芽孢，易在普通琼脂上生长，形成凸起、光滑、湿润的乳白色菌落。致病大肠杆菌多属于一些特定的血清型，并产生某些非致病性大肠杆菌不能产生的毒力因子。所以近年来大肠杆菌根据毒力因子的致病型分类：①产肠毒素性大肠杆菌。黏附在小肠黏膜上产生肠毒素，继而使小肠中水分和电解质的量发生改变，如果大肠不能将来自小肠的过多水分吸收则引起腹泻。②肠致病性大肠杆菌。③侵袭性大肠杆菌。直接侵袭并破坏肠黏膜细胞的能力。④肠道出血性大肠杆菌。⑤尿道致病性大肠杆菌。对猪致病的主要是前三种。

小知识

大肠杆菌性腹泻与病菌、环境条件和宿主因素的相互作用有关。只有吞入大量的携带有毒力因子的大肠杆菌才能产生腹泻。环境中致病性大肠杆菌的增加也可能导致新生仔猪大肠杆菌性腹泻的发生。初乳中含有非特异性杀菌因子及特异性抗体可抑制致病性大肠杆菌在肠道的附着,如果母猪在产子前未曾接触过致病性大肠杆菌,也不会在初乳中有特异性抗体,这样,其所产仔猪就会对大肠杆菌易感(故初产母猪所产仔猪较经产母猪所产仔猪更易感)。另外,初乳摄入不足、温度过低(低于25℃条件下的猪肠管蠕动能力显著降低,结果细菌的排出和保护性抗体的分泌都降低)也可导致腹泻。

(二)临床症状

猪大肠杆菌感染后主要表现为腹泻,其程度与大肠杆菌毒力因子及仔猪的年龄和免疫状况有关。新生仔猪下痢可在仔猪出生后2～3小时后发生,可影响单个猪或整窝猪。

1.仔猪黄痢

常发生于1周内,1～3日龄最常见,7日龄以上发生很少,捕捉和鸣叫时肛门冒出稀便,并迅速消瘦,脱水,最终死亡。

2.仔猪白痢

发生于10～30日龄仔猪,以2～3周龄常见,1月龄仔猪发生很少,仔猪突然发生腹泻,开始排糨糊样粪便(图6-72),继而变为水样,随后出现乳白、灰白或黄白色稀便(图6-73),气味腥臭。

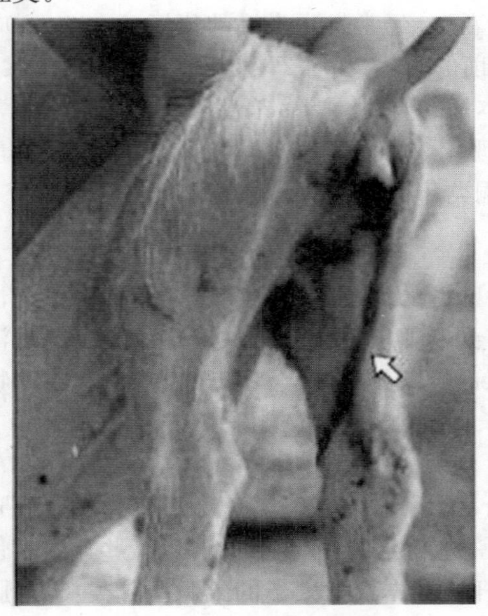

图6-72　糨糊样粪便

图6-73　白色或黄色稀便

3. 猪水肿病

猪水肿病又名大肠杆菌毒血症(神经毒),被感染动物年龄在4～12周龄,最早发生于4日龄仔猪。仔猪断奶后1～2周龄为常发此病,育肥猪和10天以内猪少见,发病率低,但死亡率高达90%。本病无明显季节性,但以春季的4、5月和秋季的9、10月发病较多。特别在气候骤变和阴雨季节更易发病,常突然发病,迅速死亡。而且体质健壮(个大的),营养良好的(肥壮的)仔猪多发。主要表现为肌肉震颤,共济失调,不时抽搐,用手触摸猪体,反应敏感,兴奋不安,叫声嘶哑,表现惊厥。眼睑和脸部水肿(图6-74),有时波及颈部、腹部皮下。

图6-74 病猪眼睑及脸部水肿

(三)病理变化

1. 仔猪黄痢

有的表现为败血性,一般可见尸体脱水严重,肠道膨胀,有大量黄色液状内容物和气体,肠黏膜有急性卡他性炎症变化,以十二指肠最严重,空肠、回肠次之,肝、肾有时可见小块坏死灶。

2. 仔猪白痢

尸体外表苍白消瘦,肠黏膜有卡他性炎症变化,有大量黏液性分泌液,胃内可见食滞。

3. 猪水肿病

胃的大弯或贲门部位水肿,切开后在胃的黏膜层和基层之间呈胶冻样水肿(图6-75)。切开皮肤,可见皮下呈灰白色凉粉样水肿液。结肠肠系膜及淋巴结水肿,整个肠系膜呈凉粉样,切开有多量清亮或茶色液体流出(图6-76)。有时其他部位也可见水肿如喉头、脑部等。

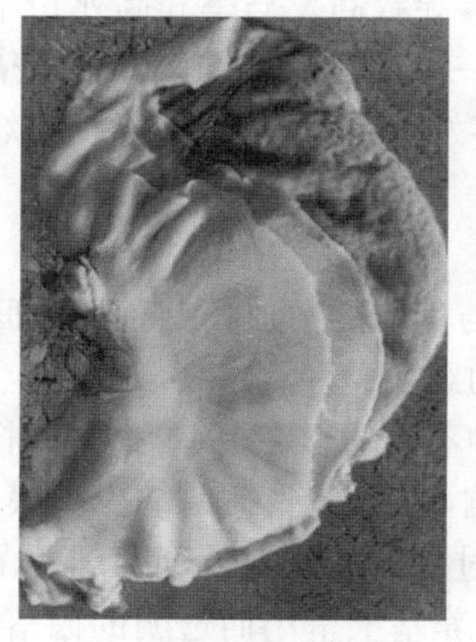

图6-75 胃大弯黏膜和胃壁水肿

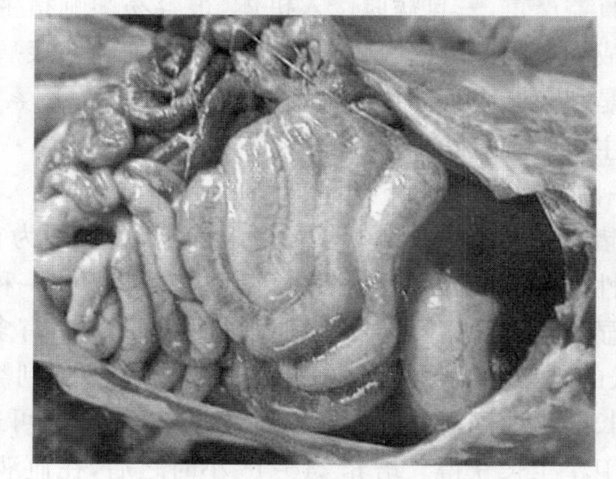

图6-76 结肠肠系膜水肿

(四)防制措施

大肠杆菌的预防主要取决于良好的环境卫生条件和免疫程序。

(1)仔猪黄痢 ①加强饲养管理,搞好环境卫生,及时消毒,注意保温,让仔猪及早吃上初乳并做好母猪产前产后护理工作。②存在黄痢的猪场可在仔猪出生后12小时内,口服抗生素或某些微生态制剂(如促菌生等)或注射长效土霉素或长效强力霉素等药物用于预防,但有的药物可能在某些猪场不敏感。因此，猪场要根据药物的敏感性，结合使用效果合理选择。③对母猪产前 40 天和 15 天免疫接种，目前有 K88－K99、K88－LTB、K88－K99－K987P 基因工程苗可选用，也可采用未经治疗的患猪黄痢接种于麦康凯琼脂分离大肠杆菌做自家苗，给怀孕母猪产前免疫接种。④治疗可选择敏感药物进行治疗，最好在鉴定出病原株后尽快进行药敏试验选择敏感药物，临床常选用氟喹诺酮类药物（诺氟沙星、恩诺沙星、环丙沙星等），痢菌净及某些磺胺类药物等进行治疗。

（2）仔猪白痢　①加强母猪饲养管理，酌情增减精饲料和青饲料，保持母猪泌乳量平衡，防止乳汁过稀或过浓或无乳，另外做好母猪清洁工作。②做好仔猪防寒保暖工作，提前诱食和开饲，促进消化机能发育。③搞好环境卫生，定期消毒，以防环境中大肠杆菌大量繁殖。④必要时可进行药物预防。

（3）猪水肿病　①饲养管理。加强断奶前后仔猪的饲养管理，减少应激（尤其断奶时留子走母，逐渐过渡），保持圈舍干燥卫生、通风良好，注意保温。②饲料营养。增加维生素丰富的饲料，防治饲料单一。仔猪断奶前后在饲料中添加亚硒酸钠维生素 E 粉进行预防有一定效果。③治疗需采取综合疗法，治疗原则为抗菌、利尿消肿、缓泻、镇静。当出现神经症状时，先使用盐酸氯丙嗪按 2～3 毫克/千克体重（1 支 2 毫升含 50 毫克）肌内注射。待猪安静后用复方磺胺嘧啶按 0.2 毫升/千克肌内注射，1 天 2 次。磺胺嘧啶或用蒸馏水（注射用水）1∶1 稀释后静脉注射。还可用甘露醇 20％溶液 30～50 毫升静脉注射，能起到利尿消肿作用。或用硫酸钠（芒硝、皮硝）按 1～1.5 克/千克溶于水内服。此外用亚硒酸钠维生素 E 2 毫升/头肌内注射，对本病亦有较好辅助治疗作用。

七、副猪嗜血杆菌病

由于饲养技术调整不当，气候突变以及突发新的呼吸道综合征等因素使本病日趋流行，危害也日益严重，一旦病原侵入机体，很容易影响猪生长，导致高发病率和高死亡率。目前该病已成为全国范围内影响养猪业的典型细菌性疾病。一些最新的报道指出，副猪嗜血杆菌可能是引起纤维素性化脓性支气管肺炎的原发因素，多发性浆膜炎、关节炎、咳嗽、呼吸困难是其主要表现症状。

（一）病原

副猪嗜血杆菌的分类学位置尚未确定，这是因为它与其他的嗜血杆菌种属之间缺乏核酸同源性，在已确认的副猪嗜血杆菌中存在着不止一种的细菌类别。

在显微镜下观察，可见副猪嗜血杆菌的细胞具有多种不同的形态，从单个的球杆菌到长的、细长的，以致丝状的菌体。但体外培养又可受到影响，即有一些细菌缺少荚膜和毒力。该菌生长时需要烟酰胺腺嘌呤二核苷酸，这种物质可通过血液的培养或葡萄球菌菌台条状附近的卫星生长获得。培养 24～48 小时之后，在血液培养基上呈小而透明的菌落，该菌落在血液琼脂上不出现溶血现象。

副猪嗜血杆菌只感染猪，通常本菌只侵害 2～4 月龄仔猪，主要在断奶后 5～8 周发生，一般单独感染呈散发，死亡率可达 50％，近年来猪的传染病流行表现为多种病原，即多种病毒和多种细菌的混合感染，一般认为，在肺炎或其他病发生过程中，副猪嗜血杆菌只是随机入侵的次要病原，然而当副猪嗜血杆菌一旦侵入机体后，它与其他病原的协同致病作用表现十分明显。

(二)临床症状

临床症状取决于炎性损伤的部位,病猪发病很快,接种该菌后几天内就发病,表现发热、食欲减退、厌食、反应迟钝、呼吸困难、疼痛(由尖叫推断),关节肿胀、跛行、战抖、共济失调,可视黏膜发绀,侧卧,随后发生死亡。急性感染可留下后遗症,即母猪流产,公猪慢性跛行。即使使用抗生素治疗感染母猪,分娩时也可能引发严重疾病。在通常情况下母猪的慢性跛行可能引起母性行为极端弱化。总之,咳嗽、呼吸困难、消瘦、跛行和被毛粗乱是其主要临床症状。

(三)病理变化

肉眼可见的损伤主要是在单个或多个浆膜面,可见浆液性和化脓性纤维蛋白渗出物,这些浆膜包括腹膜、心包膜(图 6－77)和胸膜,这些损伤也可能涉及脑膜和关节表面,尤其是腕关节和肘关节。

当与其他病原协同感染时,在胸腔内有大量的黄白色的纤维蛋白渗出物的积液,常出现肺水肿,肺与胸壁和心脏粘连,肺叶上有许多化脓灶。心包膜与胸膜粘连,心包膜不易剥离,严重者胸腔与腹腔以及胸腔内腹膜与各脏器之间全部被纤维蛋白粘连(图 6－78)。在显微镜下观察渗出物,可见纤维蛋白、中性粒细胞和少量巨噬细胞。

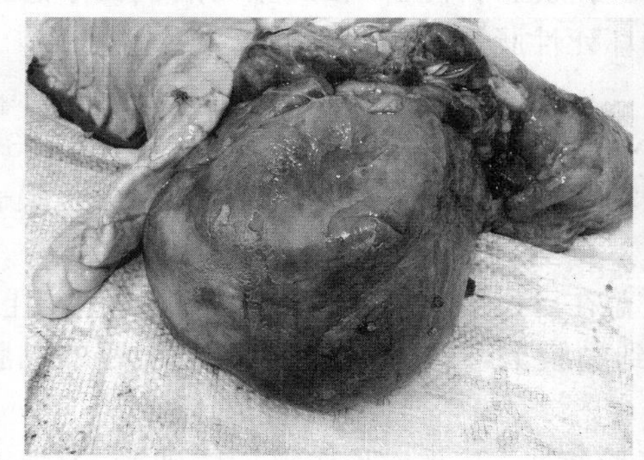

图 6－77　纤维素性心包炎

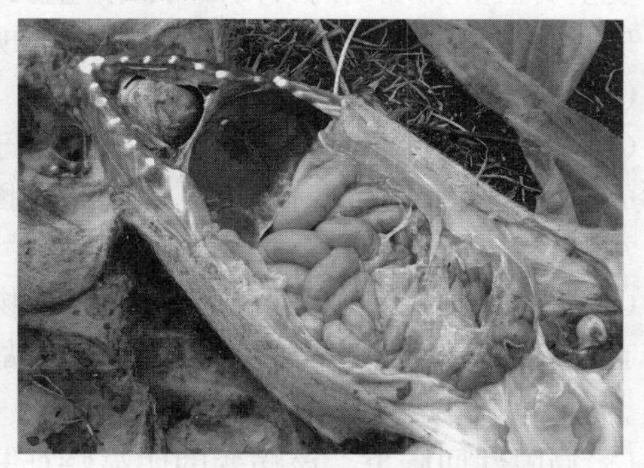

图 6－78　多发性浆膜炎

(四)防制措施

由于菌株致病力的差异,还不可能有一种灭活菌苗同时对猪所有的致病菌株产生交叉免疫力,控制方案可能包括疫苗接种和抗生素处理,但也应当加强饲养管理,以减少或消除其他呼吸道病原菌,如提前断奶、减少猪群流动,杜绝猪生产各阶段的混养状况等。

自繁自养的猪场,母代的免疫力和天然的免疫力是控制疾病过程的关键性因素。母猪接种后可对 4 周龄以内的仔猪产生保护性免疫力,应用多价灭活疫苗进行免疫接种,让猪产生特异性抗体是最重要的预防措施。种公猪每年 2 次,每头每次 3 毫升。后备母猪在配种前 30 天,15 天各接种 3 毫升,经产母猪每胎产前 4～5 周免疫 3 毫升。仔猪 15 日龄接种 1 毫升。由于副猪嗜血杆菌的血清型较多,往往因疫苗中的菌株与本场流行的菌株血清型不完全一致,结果免疫效果不够理想,若紧急情况下预防,可以考虑采集病死猪的肺脏等病料请有关单位做自家灭活苗。

当猪群中出现此病时,应立即对患猪选用对该菌敏感的抗生素针剂进行治疗,常用的有头孢菌素、氟苯尼考等药物。

八、猪增生性肠病

猪增生性肠病(PE)又叫猪增生性肠炎,是一种肠道疾病。该病在世界范围内广泛分布,健康猪体内也常含有此病菌,但发病少,呈地方性流行。在现代集约化养猪生产过程中,该病主要发生于生长育肥猪,临床表现为食欲低下、腹泻等特征。剖检主要以小肠和结肠黏膜增厚等为特征。

(一)病原

引起猪增长性肠病的病原是专性胞内寄生菌,该菌主要生长于肠黏膜细胞中。生长期的猪染病,随着简单的黏膜增生,发展为慢性增生性肠病,有的在此基础上可出现坏死性肠炎、局限性结节型回肠炎或者发展成为急性出血性增生性肠病的另外一些主要病变。

(二)临床症状

猪增长性肠病主要发生于6～20周龄断奶后的仔猪,种猪也可感染。4～12月龄的青年生长猪多发生急性出血性增生性肠病,临床表现为急性出血性贫血。首次感病患猪排出黑色柏油状稀便,有的患猪无此症状已死亡,仅表现皮肤苍白等症状。

临床尤其20～50千克的生长猪慢性增生性肠炎轻度病例比较多见,但难于发现。但当猪场发生贫血和无规则的腹泻而导致猪生长不良时就值得怀疑。较严重的病例由于感染黏膜出现非常严重的炎症或者坏死变化,常表现为坏死性肠炎或局限性回肠炎。

(三)病理变化

(1)慢性增生性肠炎　最常见的病变位于小肠末端50厘米处以及邻近结肠上1/3处,可形成不同程度的增生变化,可见病变部位肠壁增厚,肠管外径增加,肠系膜水肿,浆膜表面的正常网状结构组织明显。

(2)坏死性肠炎　显著特征是炎性渗出物覆盖在已发生的增生性肠炎的病变组织上,形成带有被膜的坏死灶。黄灰色奶酪状团块黏附到黏膜上,并紧密包裹在原已增厚的黏膜结构上。

(3)局限性回肠炎　该病变的明显特征是肠腔缩小,下部小肠变得如同硬管,习惯上称为“软管肠”,肠道的感染部位常位于末端。打开肠腔时可看到溃疡,通常呈直线型、有残存的岛状或邻近的肠黏膜相间。可出现肉芽肿组织,但最主要的特征是外肌层肥大。

(4)急性出血性增生性肠炎　急性出血性增生性肠炎常发生在回肠末端和结肠。表现为肠增厚,一定程度的肿大和浆膜水肿,回肠和结肠肠腔中常含有一个或多个的血块,但通常没有其他血液和食物。在直肠中可能含有血液和消化产物混合成的黑色柏油状粪便。

(四)防制措施

(1)加强饲养管理　可采用全进全出饲养方式,在每批猪进入前,严格清除粪便,彻底冲洗,使用季铵盐或含碘类消毒剂消毒,提供优质猪料,降低应激(恶劣天气条件尤其注意昼夜温差过大或湿热天气等因素),降低白色品种猪尤其是长白和大约克种猪及品种猪杂交的商品猪的易感性(在杜洛克和其他毛色猪种也经常有所发生)。

(2)药物治疗　健康猪群采用严格的隔离饲养,并根据感染情况合理选择使用药物进行防治。临床治疗常使用大环内酯类(泰乐菌素等)、金霉素、林可霉素、硫酸黏杆菌素、磺胺类等药物。

九、猪链球菌病

链球菌病是一种人畜共患病,猪链球菌最初是由荷兰的Jansen和Van Dorssen(1951)

及英国的Field等报道(1954)的，之后猪的链球菌病在所有养猪业发达的国家都有报道。2005年我国四川省发生人感染猪链球菌主要是由人感染链球菌2型所致，由南京农业大学陆承平最先确诊，并在疾病的有效防控中发挥了重要作用。

猪链球菌病自然感染的部位是上呼吸道(尤其扁桃体和鼻腔)、消化道和生殖道。临床常发生败血症、脑膜炎、关节炎、化脓性淋巴结炎，其中败血性链球菌发病率及死亡率较高，对猪场危害较大。

发病季节一般为夏秋季节，其余季节零星发生。新疫区的发病率、传播速度高于老疫区。各种年龄、各个品种的猪都可感染猪链球菌。病猪及死猪的尸体是本病传播的主要来源，病愈猪(带菌)也可传播本病(本病传入之后往往在猪群中陆续出现)。病猪的排泄物、病死猪天然孔流出的带菌血液、在处理过程中的污物、污水均可造成环境污染和疾病传播。链球菌病的病程一般在2～8天。

(一)病原

链球菌病的病原是链球菌，其形态是一种圆形或卵圆形的球菌，呈链状排列(图6-79)，革兰氏染色为阳性。本菌不形成芽孢，有的球菌可在培养基中形成荚膜。培养基特性上属兼性厌氧菌，一般无鞭毛，不能运动。

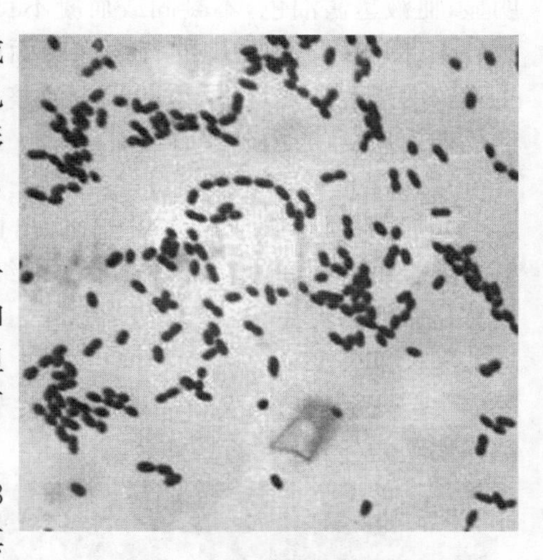

图6-79　猪链球菌

链球菌对外界抵抗力很强，能耐冷，对热也有一定的耐受性，在4℃水中可存活1～2周。在夏天和22～25℃条件下，猪链球菌在粪便中可存活8天，但在灰尘中只能存活24小时。在4℃的动物尸体中可存活6周，22～25℃存活12天。

链球菌对一些化学药品比较敏感，2%石炭酸3分，0.1%苯扎溴铵溶液5分，3%漂白粉5分能将其杀死。

(二)临床症状

1.败血型

由C群兽疫链球菌引起，潜伏期多为1～3天，最短的6小时。表现突然发病，体温升高40～42℃，精神委顿，全身衰弱，有的患猪可见耳朵、腹下、四肢末端有紫红色或出血性红斑。最急性病例往往头晚未出现任何症状，翌晨已倒地死亡。有的便秘或腹泻，尿含血液，皮肤有出血点或紫红斑；有的病猪出现肺炎症状，呼吸浅表而快，有浆液性鼻漏；有的跛行，甚至卧地不起。一般经12～18小时死亡，有些可转为亚急性或慢性。

2.脑膜炎型

由C群链球菌引起，多发于架子猪和断奶仔猪。病初体温升高(有的中后期体温可降至正常)，不食，便秘，有浆液性或黏液性鼻漏。继而出现神经症状，如共济失调、转圈或前冲后撞、空嚼、磨牙、伏卧或拍打背部产生“蛙跳”动作，继而后肢麻痹前肢爬行，四肢游泳状划动，甚至昏迷不醒，经30～36小时死亡。

3.关节炎型

由脑膜炎型和败血型转变而来，或从发病始就呈关节炎症状，以腕关节较多发，也有后肢肘关节发病病例。表现为一肢或几肢关节炎，关节肿胀，触之局部有热痛感，跛行，甚至不能站立，肿胀的部位若不恰当治疗，可在5～7天发生化脓，局部结缔组织增生、变硬，以致关节变形，种猪失去种用价值。

4. 化脓性淋巴结炎症

主要有E群链球菌引起，以淋巴结化脓性炎症及形成脓肿为特征，多见于架子猪。患病猪可见患部肿胀，有热痛感、坚硬，可影响采食、咀嚼、吞咽和呼吸。有的咳嗽，流鼻涕。经过一周后，肿胀的淋巴结化脓、肿胀部位中央变软，皮肤坏死，自行破溃流出脓汁，脓汁带绿色，黏稠，无臭，逐渐症状好转，最后局部愈合，病程2～3周。子宫炎时可发生流产与死胎。

(三)病理变化

1. 败血型

死后剖检呈败血症变化，各脏器充血，出血明显，血液呈酱油色，不凝固或血凝不良，脾脏多数肿大(图6-80)，在脾的背面和腹面中央有大小不等的黑色梗死块，严重的半个或整个脾脏呈黑色梗死病变，心内外膜有出血点。

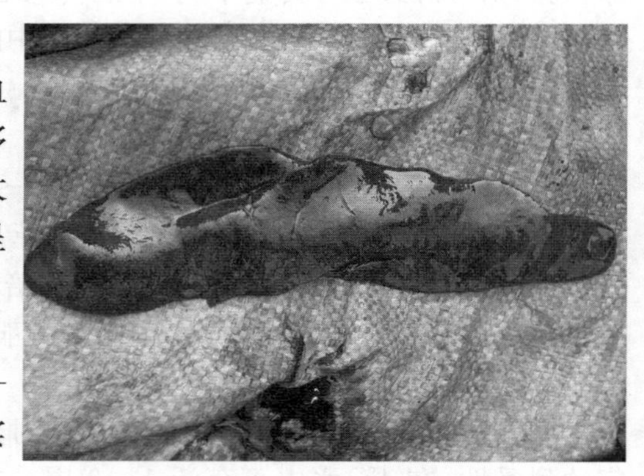

图6-80 脾肿大(败血脾)

2. 脑膜炎型

死后剖检，脑膜或脑实质充血、出血(图6-81)，脑脊髓液浑浊，增量，有多量的白细胞，脑实质有化脓性脑炎症状。

3. 关节炎型

关节死后剖检见关节周围肿胀，关节腔滑膜充血、粗糙、腔中滑液浊变，常伴有黄白色乳酪样块状物(图6-82)。

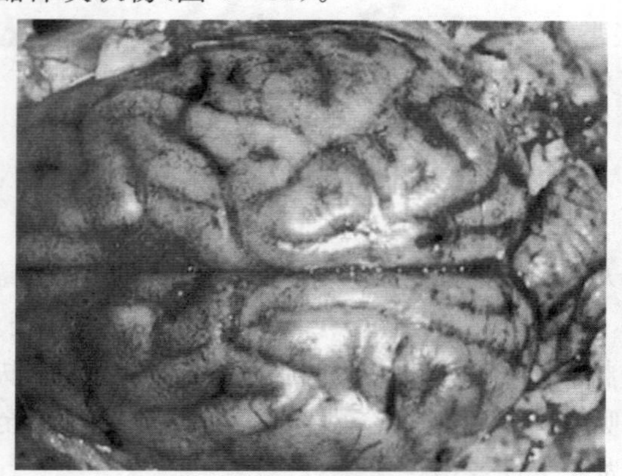

图6-81 脑膜充血、出血

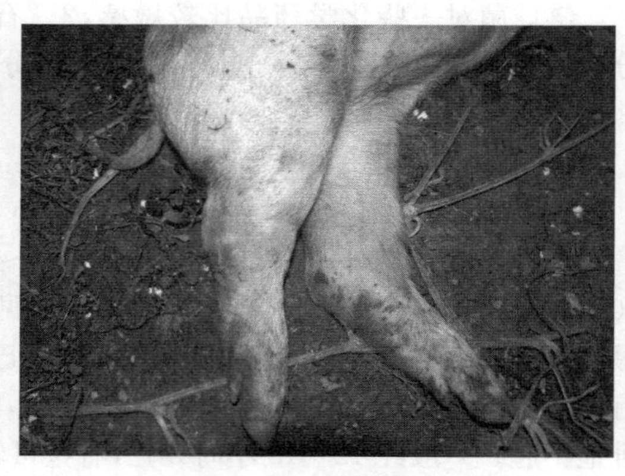

图6-82 关节肿胀

4. 化脓性淋巴结炎症

淋巴结前期肿胀，后期化脓。

(四)防制措施

(1)加强饲养管理 ①加强消毒、灭蝇灭鼠，提高易感猪的抵抗力，降低因拥挤、通风不良，大幅度温度变化，2周龄以上差异的猪流动混合饲养等激发因素。②注意卫生防护。绝大多数人的病例属猪链球菌荚膜2型，液体肥皂以1∶500的比例稀释能在1分内灭活荚膜

2型菌，用肥皂水洗是消除皮肤感染的有效手段，兽医临床应搞好个人卫生防护工作，保障人身健康安全。

(2)免疫预防　选择链球菌多价苗进行免疫接种可获得较好效果。

(3)药物治疗　对革兰氏阳性细菌有效的药物均可用于本病的防治，如青霉素，阿莫西林、先锋霉素、红霉素、氟苯尼考、林可霉素、磺胺类等药物。另外需注意：使用药物治疗时应考虑细菌的敏感程度，疾病的感染类型以及合理安排给药途径。因考虑到单纯使用抗生素对脓肿病例作用效果不明显，这种病例在应用抗生素时，待脓肿成熟(变软后)切开脓肿部位排脓，用3%过氧化氢或0.1%高锰酸钾冲洗后涂以碘酊效果更佳。

十、猪副伤寒

猪副伤寒是由猪沙门氏菌属引起的一种常见传染病，又称仔猪副伤寒，沙门氏菌病原很强，可感染多种动物宿主，在世界范围内广泛分布。本病一年四季均可发生，但以冬春寒冷季节多见，一般发生于幼龄猪，常见于1～4月龄仔猪，6月龄以上猪则少见感染。

(一)病原

沙门氏菌属革兰氏阴性菌，绝大部分都有鞭毛、能运动、不形成芽孢、兼性厌氧。沙门氏菌生命力顽强，在7～45℃仍可繁殖，冷冻或冻干后仍能存活，在适合的有机物中可生存数周至数年。据报道，沙门氏菌在肉食动物粪便中能存活8个月，在粪便氧化池中可生存47天，在pH低于5以下时，这种生存时间会缩短。此菌因其生存能力强，故在无数的宿主中易造成长期带菌状态，但此菌很容易通过高温、照光灭活，也能被一些常用的酚类、氯类和碘类消毒药灭活。

(二)临床症状

1.急性败血型

体温突然升高到40.5～42℃，有时伴有轻微呼吸道或明显黄疸。病初食欲不振，有时呕吐，随后下痢，粪便恶臭，严重时肛门失禁，玷污整个后躯和尾部。有时出现腹痛症状，弓背尖叫。耳、腹部皮肤前期由于毛细血管扩张和充血呈深红色，后期由于毛细血管、静脉和动脉里血栓形成而呈青紫色斑。病后期有时后肢麻痹，排黏液血性下痢，经过1～4天死亡。

2.慢性型

临床多见的类型，感染后患猪主要出现水样淡黄色、灰白色、暗绿色不等的恶臭样粪便，发热，呕吐，喜卧，饮水较多，精神沉郁，被毛失去光泽，有时出现呼吸道症状，眼结膜潮红、分泌脓性黏液性液体，中后期皮肤出现痂样湿疹。

(三)病理变化

1.急性败血型

整个胃肠道黏膜出血、充血，盲肠、结肠、回肠壁增厚，肠黏膜表面覆盖有糠麸样假膜，除去假膜，可见边缘不整突起的烂斑(图6－83)。肝散在小点坏死(图6－84)，脾脏肿大，呈橡皮样暗红色。

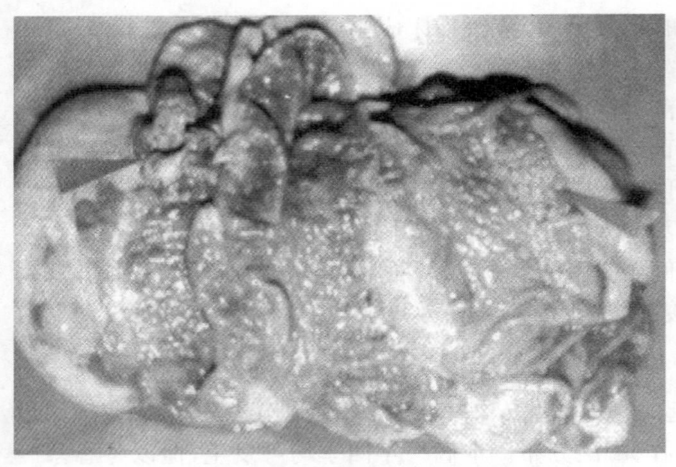

图 6－83　结肠和回盲瓣黏膜上纤维素性炎灶

图 6－84 肝散在小点坏死

2.慢性型

身体消瘦，有纤维素性坏死性肠炎。在盲肠、结肠、回肠末段、黏膜上附有单个或弥漫性的灰黄色或黄褐色不易剥离的糠麸样腐乳状物。肠系膜淋巴结呈索状肿大，切面灰白色或干酪样坏死。脾脏肿大，多数病例肝脏可见灰白色或灰黄色针尖、针头至粟粒大的坏死灶。有时并发感染还出现肺炎、咳嗽等症状。

(四)防制措施

(1)加强饲养管理　养殖密度不宜过大，保持圈舍清洁卫生，定期消毒，减少应激等措施，消除发病诱因。

(2)疫苗预防　1 月龄以上仔猪口服或注射猪副伤寒弱毒冻干苗，可有效预防本病的发生和流行，但是要注意抗生素对疫苗的免疫力有影响，免疫前 3 天，免疫后 1 周应停止使用抗菌药物。

(3)药物治疗　发病猪及时隔离，并尽早选用敏感抗菌药进行治疗。有条件的可以通过药敏试验选择敏感药物。常用的抗生素有诺氟沙星、庆大霉素、卡那霉素、恩诺沙星等药物。

十一、猪葡萄球菌病

猪葡萄球菌病亦称渗出性皮炎，葡萄球菌无处不在，所有猪场几乎无一例外，它可使各种年龄的猪发生许多病变。

(一)病原

猪葡萄球菌为革兰氏阳性菌，呈圆球形，不形成芽孢和荚膜。直径在 0.5～1.5 微米，常呈不规则堆状排列，形似葡萄串。

葡萄球菌对环境的抵抗力较强，在干燥的脓汁或血液中可存活 2～3 个月，加热 80℃条件下 30 分才能杀灭，但煮沸可迅速使其死亡。葡萄球菌对消毒剂的抵抗力不强，一般的消毒剂均可杀灭。葡萄球菌对磺胺类、青霉素、金霉素、土霉素、红霉素、新霉素等抗生素较敏感，但易产生耐药性。一般而言，治疗必须持续 5 天以上。

(二)临床症状

患猪病初表现结膜炎，精神不振，一般体温不高，在眼睛周围、耳郭、面颊及鼻背部皮肤，以及肛门周围和下腹部等无被毛处皮肤出现红斑，继而成为微黄色水疱并迅速破裂，破裂后流出渗出液，皮肤上黏着渗出垢物，继而全身形成棕褐、黑褐色坚硬厚痂皮，并呈横纹皲裂，具有臭味，触之粘手如接触油脂样感觉，故俗称"猪油皮病"。强行剥除痂皮，露出红色的创面，创面多附着带血的浆液或脓性分泌物。

该病一般很少直接造成死亡，但会降低饲料转化率，影响生长，有时甚至变为僵猪，病程30～40天，最长可达55天。

(三)病理变化

严重病例呈现脱水、消瘦，皮肤变厚有时水肿，浅表淋巴结肿胀水肿。头、耳、躯干与腿的皮肤及毛上积有渗出物。去除渗出物后，下面的皮肤呈红色。内脏的显著病变为输尿管及肾脏肿大，肾脏中的尿液呈黏液样，内含细胞物质及碎屑。在脐、淋巴结、肝、肺、肾、脾、关节和骨髓炎的骨头中可能出现脓肿，脓肿的骨头可发生病理性骨折，尤其在脊椎处。猪的腹腔、心包腔和子宫腔可能积脓，特别是脐部感染的青年猪。此外，还可能见到严重的局灶性渗出性皮炎，严重急性病例可见到淋巴结肿大和化脓。

(四)防制措施

(1)加强饲养管理　发现病猪后立即隔离，加强通风、定期消毒，营养均衡，猪场保持清洁卫生，保持适宜的温度、湿度，提高免疫力。

(2)药物治疗　对单一的脓肿，可在皮肤清洁和消毒后进行外科切开手术，同时肌内注射土霉素或青霉素等抗生素更好。

十二、猪布鲁氏菌病

猪布鲁氏菌病是由布鲁氏菌引起的，以猪全身感染并发生繁殖障碍为主要特征的一种人畜共患病。

本病在全世界多数国家的野生动物和家猪中都有发生，各年龄猪均有易感性，以生殖期的猪发病较多。主要特征是妊娠母猪的子宫和胎膜发生化脓性炎症，公猪睾丸炎、巨噬细胞系统增生性肉芽肿形成。我国至今仍有该病的存在，给人类健康带来了巨大的危害，对畜牧业的发展造成了一定的经济损失。

(一)病原

布鲁氏菌属分羊布鲁氏菌、牛布鲁氏菌和猪布鲁氏菌，布鲁氏菌为革兰氏阴性菌，多呈球杆状，无鞭毛和芽孢。本菌对阳光的抵抗力弱，载玻片上经直接阳光照射10～20分死亡，100℃可立刻死亡。在粪便中存活8～25天，在土壤中存活2～25天，在冰冻环境里可存活几个月。4%次氯酸钠、3%漂白粉、10%石灰水、2%氢氧化钠溶液消毒效果好。

(二)临床症状

猪群感染后，典型症状表现是流产，无生育力，公猪睾丸肿大(图6-85)，后肢瘫痪以及跛行。感染猪不表现任何稽留热或波浪热。临床症状是一过性的，死亡罕有出现。

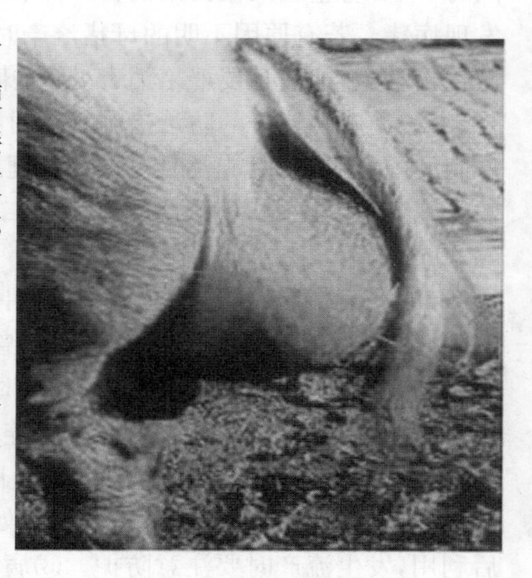

图6-85　公猪睾丸肿大

在妊娠母猪的任何时间患病都可发生流产，在配种时通过生殖道感染的母猪流产发生率最高。在放养情况下，早期流产易被忽略，也很难观察到阴道排出物，可见大量母猪在配种后30～40天有发情征象。妊娠母猪前期35或40天后受到感染，往往导致妊娠中期或晚期发生流产。

（三）病理变化

发病母猪子宫无论妊娠与否均有明显病变。可见黏膜上散在分布较多淡黄色的小结节，直径多在2～3毫米。结节质地硬实，切开有少量干酪样物质可从中挤压出来。小结节可相互融合成不规则的斑状，从而使子宫壁增厚、内膜狭窄，通常称其为粟粒性子宫布鲁氏菌病。输卵管也有类似子宫结节病变，有时可引起输卵管阻塞。在子宫阔韧带上有时可见散在扁平、红色、不规则的肉芽肿。母猪子宫内死胎（图6－86），流产或正产时胎儿的状态多不相同，有的已干尸化，有的死亡不久，有的是弱仔，也可能有正常仔猪，这是由于猪的各个胎衣互不相连，胎儿受感染的程度和死亡时间不同所致。公猪布鲁氏菌性睾丸炎结节中心为坏死灶，外围有一上皮样细胞区和浸润有细胞的结缔组织包囊，附睾通常呈化脓性炎症。由猪布鲁氏菌引起的关节病是比较常见的，主要侵害四肢大的复合关节，病变开始呈滑膜炎和骨的病变，表现为具有中央坏死灶的增生性结节，有的坏死灶可发生脓性液化。猪布鲁氏菌还可引起椎骨和骨髓炎病变，表现为具有中央坏死灶的增生性结节，有的坏死灶可发生脓性液化，化脓性炎症的蔓延可引起化脓性脊髓炎或椎旁脓肿。

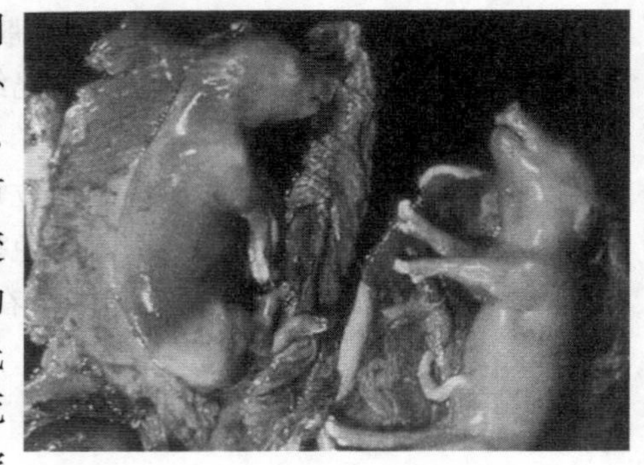

图6－86　母猪子宫内死胎

（四）防制措施

（1）健康猪群的防治措施　对从未发生过布鲁氏菌病的健康猪群，必须贯彻“预防为主”的方针和坚持自繁自养的原则，防止从外部引入病猪。若必须从外单位引进种猪时，应从无此病地区购买，要进行检疫，购进后隔离观察2个月，再进行检疫，确定健康方可并群饲养。同时，也要防止运入被污染的畜产品和饲料。每年定期对猪群进行布鲁氏菌病检疫，以及时发现病猪。若有原因不明的母猪流产时，必须严格隔离流产母猪，对流产胎儿及胎衣要进行微生物学检查，而且要严格消毒处理，染性流产时，才能取消隔离。

（2）受威胁猪群的防治措施　①对猪群进行定期检疫（至少每年一次），并要当作一件防疫制度固定执行，以能及时发现和处理患病猪。②定期进行免疫注射，是预防控制本病的有效措施。在疫区可应用布鲁氏菌猪型二号冻干菌苗（S2菌苗）进行预防接种，饮服两次，间隔30～45天，免疫期1年。

（3）发病猪群的防治措施　①定期检疫和隔离病猪。用凝集反应定期普遍检疫，将检出的阳性和可疑反应病猪行屠宰淘汰。曾检出病猪的猪群在未达到净化标准前，应当作可疑病猪群隔离饲养，并反复进行检疫，及时挑出病猪。对隔离群要严行隔离措施，避免病、健猪接触，防止人员互相串往。在经两次连续检疫，猪群也无流产和公猪睾丸炎病例时，才可认为本猪群得到净化。②加强消毒及兽医卫生措施。对隔离猪场、用具等进行常规的消毒。做好猪产房的卫生及消毒工作。妥善处理流产胎儿、胎衣、胎水及分泌物。粪便要堆积发酵后利用，发生流产时要注意防护。③病种猪的处理。由于猪饲养的周转较快，病猪以饲养屠宰淘汰为宜。实践证明逐步淘汰和肉品合理利用是一种积极的措施，各地可因地制宜采用。

此外，对特别贵重的病种猪，可考虑进行对症治疗，如子宫炎时的冲洗和治疗、抗生素的应用等。④培育健康幼龄种猪。这是净化病猪群、更新猪群的一项积极措施。仔猪在断奶后饲养，2月龄和4月龄各检疫一次，两次检疫为阴性时，才可认为是健康仔猪。

第三节 猪的其他常见传染病

一、支原体肺炎

猪支原体肺炎又叫猪喘气病、猪霉形体肺炎、猪地方流行性肺炎，本病是由猪肺炎支原体引起的一种接触性慢性呼吸道传染病，是造成养猪业经济损失最重要的疾病之一。本病多呈慢性经过，Betts(1952)把此病描述为一种发病率高，但死亡率低的慢性疾病，主要临床症状为慢性干咳。随着病情的逐渐发展，临床中可见有的病猪咳嗽持续几周甚至更久，尤其育肥猪较明显，有的生长发育受阻，有的常继发感染其他疫病导致疾病恶化。

(一)病原

猪支原体病原最早由 Mare、Switzer(1965)和 Goodwin 等(1965)从患猪肺组织中分离出，并通过实验性感染试验复制而出。该菌常在患猪的咽喉、气管、肺组织、肺门淋巴结和纵隔淋巴结等部位生长繁殖。本菌呈多形态，有近球状，环状、弯杆状或椭圆形(直径约 0.5 微米)，在固体培养基上多呈球状，在液体培养基上初期有较多的球状的生长单位，像菌体串联成念珠状。

肺炎支原体对外界的抵抗力不强，病原由病猪排出外界环境后，其生存时间一般不超过36小时。对阳光、热和化学消毒药敏感。0.5%福尔马林，0.5%氢氧化钠，20%石灰乳，1%的石炭酸都能在几分至半小时内使其灭活，但在低温条件下能存活很长时间(病料在1～4℃可存活4～7天，－15℃可达45天，－30℃可达20个月，冻干后保存于－15℃可存活半年到一年)。

小知识

本病自然感染仅见于猪，不同年龄、性别和品种的猪均可感染，但乳猪和断奶猪一般比成年猪敏感。架子猪肺炎也很普通，在新疫区多是由于引进带菌猪引起此病，在老疫区，患病母猪常将病原体传给仔猪，造成猪肺炎支原体在猪群中长期存在。症状消失或药物治疗后，未完全康复的猪体内仍然带菌，病猪及隐性带菌猪是本病传染源，病原体存在患猪的呼吸道，通过病猪咳、喘、喷嚏等强力气流将含有大量病原体的渗出物，分泌物喷射出来，形成飞沫，浮离于空气中被健康猪吸入而传染。因此，当健康猪与病猪接近，如同圈饲养，尤其通风不良，潮湿和拥挤的猪舍最易发病。

(二)临床症状

1.急性型

多见于新感染的猪群，尤其妊娠母猪和仔猪多发，病猪常突然发病，精神沉郁，头下垂或趴伏在地，呼吸次数剧增，每分达120次以上。病猪鼻孔流出白色泡沫并发出喘鸣声，似拉风箱，数米外可以听见，严重者张口伸舌，呈犬坐姿势，不愿卧地，表现明显的腹式呼吸。体温基本正常，若有继发感染体温也可升高至40℃以上，在呼吸极度困难时，病猪不食或少食。急性病程一般为1～2周，致死率较高。

2. 慢性型

急性型可转变为慢性型，亦有猪开始感染就呈慢性型。本性常见于老疫区的架子猪或后备母猪，其主要症状是早晚或运动后或采食后发生咳嗽，起初并不喘气，由轻而重，逐渐发展为痉挛性咳嗽，咳嗽时站立不动，头部下垂，拱背伸颈，直到咳出痰液再咽下为止，有时咳嗽引发呕吐。若不及时治疗，随着病情发展，常出现不同程度的呼吸困难，表现呼吸次数增加和腹式呼吸。这些症状时而明显，时而缓和。病猪的眼、鼻常有分泌物，可视黏膜发绀，食欲基本正常，病情严重时少食或不食，病程较长的小猪体质变得虚弱，消瘦，被毛粗乱，发育停滞。病程可拖延2～3个月，有的甚至可达半年以上，死亡率不高，若猪体抵抗力差，继发感染严重，则病死率增高。

3. 隐性型

可从急性、慢性型转变而来，在饲养管理条件较好的猪群，或体况良好的猪感染后不表现临床症状。这类病猪通过X射线仍可发现不同程度的肺炎病灶。在老疫区隐性型患猪占有相当大比例。若是加强饲养管理，其病灶可以缩小甚至消散。若遭受气温突变等恶劣的应激因素影响，也能造成病情恶化转为显性感染，出现急性型的临床症状，严重者可造成死亡。

(三)病理变化

1. 急性型

急性死亡的肺部有不同程度的气肿和水肿。早期病变在心叶上，如粟粒大至绿豆大，病变逐渐扩展到尖叶、中间叶及部分膈叶前下缘等部位，融合成多叶病变，即融合性支气管肺炎。病变部位的颜色多为浅灰红色或灰红色，半透明状，病变界限明显，像鲜嫩的肉样变，俗称肉样变(图6-87)。切割时有肉感，切面湿润，平滑而致密，像鲜嫩的肌肉一样，常从小支气管流出为混浊灰白色带泡沫的浆液或黏性液体。

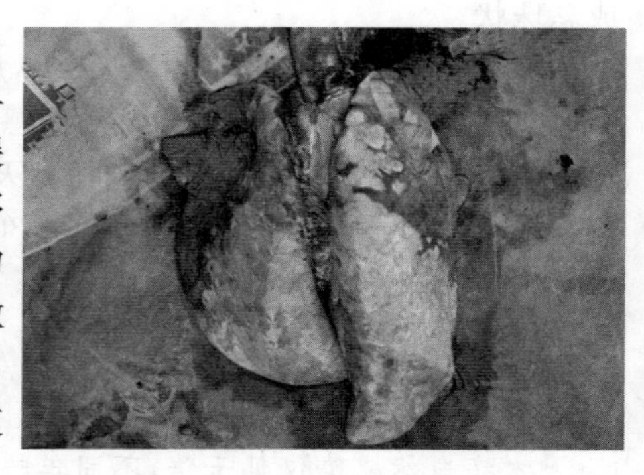

图6-87　肺尖叶的对称性肉样变

2. 慢性型

随病情延长或病情加重，病变部位颜色变深，呈淡紫红色或灰白色带泡沫的浆性或黏性液体，半透明程度减轻，坚韧度增加，俗称胰变或虾肉样变，恢复期，病变面积可能变小、逐渐消散，肺小叶间结缔组织增生硬化，表面凹陷，其周围组织膨胀不全。支气管肺门淋巴结和纵隔淋巴结显著增大，呈灰白色、脑髓样，切面外翻湿润，有时边缘有轻度充血。

3. 隐性型

X线检查或剖检时，可见肺炎病

(四)防制措施

临床主要选用抗生素作为饲料添加剂，或药物和疫苗相结合方式进行预防，以减少本病带来的损失。

(1)加强饲养管理　坚持自繁自养，全进全出，减少温差，减少应激，定期消毒，降低饲养密度，保持空气清新，尤其要及时清除粪便，降低舍内氨气浓度等。

(2)免疫预防　目前国内国外均有该疫苗用于本病预防，但无免疫效率较高的疫苗，临床使用可根据猪群的健康状况和有无临床症状来确定。

(3)药物治疗　①仔猪三针保健。可选土霉素、多西环素等药物在第1或第3天，第7天，第21天预防。②断奶仔猪。可在断奶前后添加大环内酯类(泰乐菌素等)、四环素类(多西环素)、氟苯尼考等药物进行预防。③育肥猪。脉冲性使用抗生素可减缓疾病的临床症状和避免继发感染的发生。

二、衣原体病

衣原体病是由衣原体引起的一种人畜共患病，其可感染190多种鸟类和几十种哺乳动物。临床上怀孕母猪发生流产、死胎、木乃伊、弱仔以及猪各个组织器官的炎症，本病分布较广，某些猪场的感染率较高，应引起警惕。

(一)病原

猪衣原体病的病原为鹦鹉热衣原体和反刍衣原体，是一种小的细胞内寄生病原体。

衣原体对温度变化敏感，在室温下在水或游泳池中可存活2～3天。56℃25分、70℃5分被灭活，衣原体在0.1%甲醛和0.5%石炭酸中经24小时被灭活，在含75%乙醇中1分被灭活，在1∶2 000升汞溶液中5分被灭活，在含有乙醚、氯、碘酊、高锰酸钾等消毒液中1～30分被灭活，紫外线照射可迅速被灭活，2%甲酚皂溶液5分可灭活沙眼衣原体，3%甲酚皂溶液36小时才能灭火鹦鹉热衣原体。2%氢氧化钠和1%盐酸溶液2～3分可灭活。

小知识

据全国畜禽疫病普查的资料显示，猪衣原体已在国内普遍流行，各种年龄、品种和性别均可感染，公母猪的阳性率特别高，以大批的妊娠母猪发生流产、死胎、木乃伊胎和弱仔为主。病猪和潜伏感染的猪群是主要传染源，死胎、胎盘、羊水中的衣原体造成传播危害，野鼠等啮齿动物及鸟类带菌者在本病传播中也起到一定的作用。病猪可通过粪便、尿液、唾液和乳汁排出衣原体。本病的主要传播途径是直接接触，通过消化道和呼吸道感染，妊娠母猪和幼龄仔猪最为敏感。同窝仔猪通过吃奶互相感染。人工感染可通过伤口、皮下、肌肉、鼻内、静脉及腹腔注射感染。感染后康复的猪可以长期带菌。公猪精液中的衣原体可保持20个月，通过交配传给母猪，病菌可穿过胎盘屏障垂直传播给胎儿。

(二)临床症状

1. 繁殖障碍

母猪感染后主要表现为流产、早产、产死胎、木乃伊和弱仔，以初产母猪表现突出。早期流产可发生在妊娠期的前两个月。大多数怀孕母猪在正产期分娩，以产死胎为主，只有少数的木乃伊胎和弱仔，多数在分娩前不表现什么临床症状，但有部分母猪按预产期提前或错后3～5天分娩，这类母猪在产前3～7天完全不食，产出死胎后1～2天食欲逐渐恢复。产出的弱仔不会吃奶，常在数小时至2天死亡。也有少数可存活一周左右，表现皮肤瘀血，发绀，吃奶无力，步态不稳，有尖叫声，应激大，体温忽高忽低(波动在1～1.5℃)，常伴有肠炎现象，有的发生肺炎，呼吸困难，常经3～5天病情恶化死亡，患病母猪分娩后，可造成不发情或久配不孕，返情。

种公猪发生睾丸炎、附睾炎、精囊炎、睾丸一侧肿大或两侧肿大，几天后睾丸变硬或萎缩，另外还发生尿道炎、龟头包皮炎。交配时从尿道排出带血的精液，精子的活力降低甚至出现死精，精液中长期带衣原体并将病菌交配传染给母猪，导致母猪不孕、流产或死胎。

2. 肺炎和脑炎型

断奶前后1～4月龄仔猪多发，患猪体温升高，干咳，肺部有啰音，从鼻腔流出浆液性分泌物，食欲不佳，有些继发脑炎，出现神经症状，表现兴奋、尖叫，突然倒地，四肢做游泳状划动，或抽搐，经一段时间后又恢复正常，如此反复发作。

3. 多关节炎和多浆膜炎

断奶仔猪和架子猪感染后易发生关节炎，四肢关节均可出现肿胀，表现跛行，疼痛感明显，此类关节炎多呈良性经过，没有化脓现象，但可从关节腔抽出淡黄色液体。

4. 结膜角膜炎

多发生于仔猪和育肥猪，表现为结膜充血潮红，羞明，流泪，眼角有大量分泌物。角膜混浊，仔猪发热，食欲减退。

5. 肠道感染型

哺乳仔猪和断奶仔猪均易发生衣原体肠道感染，患猪从粪便大量排出衣原体，造成同群猪迅速发生衣原体性肠炎。初生仔猪发生胃肠炎时出现恶性腹泻，很快出现脱水及全身中毒症状，同时还引起其他组织器官的损害，特别是继发大肠杆菌或梭菌导致猪的急性死亡。

(三)病理变化

1. 繁殖障碍型

母猪病变局限在子宫，多数患猪子宫角黏膜上有大小如豌豆大的囊肿，有的卵巢囊肿。胎衣呈暗红色，表面覆盖一层水样物质，黏膜表面有坏死灶，病灶周围水肿。

2. 肺炎和脑炎型

死胎和弱仔，头、胸、肩胛部及会阴部皮下结缔组织水肿，颈、胸部皮下有胶冻样浸润。头顶部、臀部及四肢有片状出血。胸腔有大量暗红色积液，死胎的胸水多达30～50毫升，肺脏呈茄紫色，肺叶高度水肿，小叶间质增宽，切面有大量的半透明渗出液溢出。

3. 多关节炎和多浆膜炎

关节肿大，关节腔内充满纤维素性渗出液，用针刺流出灰黄色浑浊液体。

4. 结膜角膜炎

角膜混浊，从眼结膜刮片染色镜检可发现衣原体包涵体。

5. 肠道感染型

多见于流产胎儿和新生仔猪胃肠道有急性局灶性卡他性炎症及回肠的出血性变化。肠黏膜发炎，肠系膜淋巴结肿胀。

(四)防制措施

(1)加强饲养管理　避免健康猪与感染猪、其他哺乳动物和鸟的粪便接触。种畜若感染需四环素类药物治疗后再使用，另外注意加强消毒(用石炭酸和福尔马林喷雾消毒可杀灭建筑物上的原生小体)等工作。

(2)疫苗预防　选用衣原体油乳剂灭活疫苗，春秋各接种一次，每次肌内注射3毫升，后备母猪配种前30天和配种前15天各接种3毫升，妊娠母猪在产前20～30天接种3毫升，产后在下一次配种前15天再接种3毫升，仔猪在30日龄时接种2毫升。

(3)药物防治 衣原体敏感的药物有四环素类,大环内酯类,还有对头孢类、支原净、氟苯尼考、青霉素、利福平、氧氟沙星也敏感,磺胺类对沙眼衣原体、肺炎衣原体也敏感,但鹦鹉热衣原体除6BC株和来源于鹦鹉热的一个菌株除外。在治疗时应连续给药3周较好,以防止疾病复发或疫病潜伏感染。

三、附红细胞体病

猪附红细胞体病是以贫血、黄疸、发热为特征的一种传染病。

(一)病原

猪附红细胞体病原为立克次氏体,是单细胞原虫的一种多形态微生物,多数呈球形、环形,椭圆形、杆状及发芽状。单独或呈长链状黏附在红细胞表面,也可围绕在整个红细胞上。

在猪附红细胞体与红细胞膜相互作用的过程中,红细胞膜受到不同程度的破坏,猪体产生自身抗体,从而使被感染猪的红细胞发生溶血现象。此外,猪附红细胞体感染时,红细胞大量崩解破坏,致使血液稀薄、血沉加快,还会引起严重的酸血症、低血糖症。

该病一年四季均可发生,但多发生在高温高湿的7~9月。

通过舔食断尾的伤口,相互殴斗或喝被血污染的尿而进行直接传播。间接传播通过蚊子、疥螨、虱子等吸血昆虫传播媒介进行。被污染的注射器、阉割刀、剪尾钳、耳号钳等也是不容忽视的传播途径。此外,配种也可传播该病。

不同年龄的猪均有易感性,近几年流行的附红细胞体病以母猪和架子猪多发,仔猪也有发生。附红蓝耳病体病是由多种原因引发的疾病,只有在应激和机体抗病力降低的情况下才会诱发此病。如饲养管理不良、天气突变、突然换料、更换圈舍、密度过大等应激因素或患猪瘟、蓝耳病、传染性胸膜肺炎、猪链球菌病、副猪嗜血杆菌病等慢性病时,最易并发和继发附红细胞体病。

(二)临床症状

病猪体温突然升高至40.5~42℃,皮肤发红,指压褪色,故有“红皮病”之称。尿液淡黄。中期,便秘或腹泻,血液稀薄,色淡,往往随注射针孔流血不止;皮毛枯燥,背腹部毛色铁锈色,皮肤苍白,耳内侧、背侧、颈背部、腹侧部皮肤出现暗红色出血点,可视黏膜轻度肿胀,初期潮红,后期苍白,轻度黄疸。尿液淡黄、淡红或呈红褐色,卧地不起,诊断为初期皮肤发红中后期苍白,尿液淡黄至暗红,耳郭边缘卷曲,瘀血。慢性或隐性感染病便主要表现皮肤苍白,贫血,可视黏膜淡黄染,皮肤毛孔陈旧性褐色出血点。

(三)防制措施

(1)加强饲养管理 ①消灭体内外寄生虫。杀灭成蚊可选用氯氰菊酯、敌百虫、敌敌畏等夜间喷洒蚊虫易于附着的墙壁、顶棚、栏舍等处。灭螨、虱可采用螨净、辛硫磷、敌百虫等喷洒猪体,且可选用伊维菌素或阿维菌素肌内注射或内服灭螨。②猪饲料中可选用按每1 000千克饲料加入0.10%土霉素或0.04%多西环素,每月添加1次,每次饲喂5~7天。

(2)药物治疗 可选用血虫净5~7毫克/千克,深部肌内分点注射;新胂凡纳明(914)10~15毫克/千克,肌内注射,3天1次,用1~2次;0.5%黄色素3毫克/千克,用适量糖盐水稀释后缓慢静脉注射，每天1次，连用2天。用附红细胞体病康复后猪的血清，有很好的保护力。

延伸阅读

猪附红细胞体病还可对症处理

(1)解热　体温超过40.5℃以上，可用复方氨基比林、阿尼利定等解热。

(2)纠正水与电解质失衡和酸血症　可灌注口服补液盐、静脉注射糖盐水和5%碳酸氢钠溶液。产房仔猪和哺乳母猪往往病情严重，易导致死亡，因此静脉输入含有葡萄糖、维生素C、安钠咖、葡萄糖醛酸内脂和ATP的解毒保肝溶液，有利于缩短病程，减少死亡。

(3)通便排毒　病猪高热稽留，阴虚内热，常发生便秘，致使后期低热不退，不思采食，因此可根据病情，缓泻通便。如体质较好的可灌服少量的芒硝、硫酸镁。体弱的灌服液状石蜡等。

(4)防治继发性感染　常见的继发性感染有猪瘟，败血性链球菌病、传染性胸膜肺炎等。可根据具体情况采取必要的防治措施。

(5)促进血细胞的生成　料中加入的有机铁，连喂20～30天或注射生血素和维生素B_{12}，连用2次。

四、钩端螺旋体病

钩端螺旋体病的病原为钩端细螺旋体。钩端细螺旋体对人、畜和野生动物都有致病性。致病性钩端细螺旋体有25个血清群，引起猪钩端螺旋体病的血清群有波摩那群、秋季热群、黄疸热群，其中波摩那群最为常见。

钩端细螺旋体形态呈纤细的圆柱形，身体的中央有一根轴丝，螺旋丝从一端旋到另一端(12～18个螺旋)，细密而整齐。暗视野显微镜下观察，呈细小的珠链状，革兰氏染色为阴性，但着色不易。钩端细螺旋体主要存在于肾脏、尿液和脊髓液里，在急性发热期，广泛存在于血液和各内脏器官。

钩端细螺旋体对外界环境有较强的抵抗力，可以在水田、池塘、沼泽和淤泥里至少生存数月。在低温下能存活较长时间。对酸、碱和热较敏感。一般的消毒剂和消毒方法都能将其杀死。常用漂白粉对污染水源进行消毒。

(二)临床症状

病猪体温升高，精神不振，眼结膜黄染，血红蛋白尿或血尿；母猪怀孕1个半月以前感染4～7天后可发生流产、死产，流产率可达70%以上；母猪怀孕后期感染则产出弱仔猪，其不能站立，不会吸乳，1～2天即死亡。有的哺乳母猪无乳或发生乳腺炎。

(三)防治措施

(1)加强饲养管理　①采取综合性防制措施，开展群众性灭鼠、卫生、消毒等工作。在疫区，必要时可用单价或多价弱毒菌苗预防接种。②发现可疑病猪和病猪，要及时隔离淘汰或治疗，并要消毒和清理污染物，防止传染和散播。

(2)药物治疗　猪群中发现病猪后，要全群投土霉素0.75～1.5克/千克饲料，连喂7天。怀孕母猪在产前连喂一个月可防止流产。对病猪首选药为链霉素、青霉素，连用3～5天，并可配合注射维生素C，强心、补液等对症疗法，疗效良好。

第四节 寄生虫性疾病

一、猪蛔虫病

猪蛔虫病是由蛔虫科蛔属的猪蛔虫寄生于猪小肠所引起的一种常见的寄生虫病。该病的流行和分布广泛，主要侵害3～6月龄的仔猪。猪感染后，生长发育不良，甚至可引起死亡。因此，此病对养猪业生产危害十分严重，对养猪业生产的发展有很大影响。尤其是在卫生条件较差的猪场和营养不良的猪群中，危害极为严重。加强对该病的了解和控制是减少其爆发的频率。

(一)流行特点

猪蛔虫主要寄生于猪，仔猪易感性比成年猪强。患病或带虫猪是主要传染源，其粪便中有虫卵存在，通过污染的饲料、食物、饮水传播。本病主要经口感染。猪采食了被虫卵污染的饮水和饲料而受到感染。母猪的乳房也极易被污染，使仔猪于吸奶时感染。

本病一年四季都可发生，尤其在10～12月猪体内蛔虫的感染率和感染强度往往都是最高的，而夏初感染率降低。3～5月龄仔猪体内终年有蛔虫寄生，到6～7月龄，开始有排虫现象。轻中度感染猪的带虫现象可维持1.5～2.0年。成年母猪也可能有1%～10%带虫者。虫卵对各种环境因素的抵抗力很强，在一般消毒药的药效下均可正常发育。

(二)临床症状

猪蛔虫病的临床症状随着猪只的年龄大小、猪体质的好坏，感染的数量以及蛔虫的发育阶段的不同而有所不同。成年猪抵抗力较强，故一般无明显症状，一般以3～6月龄仔猪比较严重。

早期感染时，即幼虫移行期间，由于虫体移行引起肺炎，表现轻微的咳嗽，呼吸加快，食欲减退，体温升高到40℃左右。较为严重的病例，表现精神沉郁、呼吸短促、心跳加快、缺乏食欲，或者食欲时好时坏，有异嗜癖营养不良。有的生长发育受阻，成为僵猪。严重病例，呼吸困难，急促不规律，常伴发沉重而粗厉的咳嗽，并有呕吐、流涎和腹泻等。成年猪寄生数量不多时症状不明显，但因胃肠机能遭破坏，常有食欲不振、磨牙和增重缓慢等现象。

(三)防治措施

(1)加强饲养管理　保持猪圈内的清洁，及时清扫粪便，粪便应用生石灰处理后或堆积发酵后使用，防止虫卵的传播。

(2)药物治疗　对病猪使用左旋咪唑7毫克/千克，混饲，1次/天，连续用3天。

二、猪绦虫病

(一)流行特点

猪绦虫的中间宿主为食粪性甲虫，因此，本病多存在于农村泥土结构猪圈和可能吃食到粪性甲虫的情况下。

(二)临床症状

可见猪毛长瘦弱，死后在小肠内找到扁平乳白色带状虫体，全长100～150厘米，分头节、颈节和体节三大部分。据此即可确诊。

(三)防治措施

(1)加强饲养管理　及时清除猪粪，并堆粪发酵杀死虫卵后再作肥料。

(2)药物治疗　吡喹酮内服或皮下注射。

三、肠道线虫病

(一)流行特点

在饲养管理不良条件下，其感染途径是经口或皮肤感染。

(二)临床症状

类圆线虫主要危害3～4周龄的仔猪，寄生在十二指肠。成年猪多半为带虫者而不显症状，病仔猪却可表现贫血、腹泻、呕吐、逐渐消瘦。

(三)防治措施

药物治疗　芬苯达唑或丙硫哒唑口服。

四、猪住肉孢子虫病

猪住肉孢子虫病是由住肉孢子虫属的一些原虫寄生于家畜、鼠类、鸟类、爬行类以及人体的肌肉所引起的以肌肉病变为主的一种原虫病。犬、猫和人等是住肉孢子虫的终末宿主，草食动物、猪、鸟类、爬行类和小啮动物为中间宿主。

(一)流行特点

分为寄生于猪的住肉孢子虫、猪猫住肉孢子虫、猪人住肉孢子虫三种，至今已知米氏住肉孢子虫，其终末宿主为犬；猪、猫住肉孢子虫，终末宿主为猫；猪、人住肉孢子虫，其终末宿主为人。

住肉孢子虫的生活史由有性生殖和无性生殖两个阶段组成。有性生殖是在终末宿主猪、猫、人的小肠中进行的，所产生的卵囊随终末宿主的粪便排出体外，之后卵囊孢子化形成子孢子而具有感染性。当这种卵囊或其释放出的孢子囊或子孢子被猪吞食后，子孢子进入肠壁血管内皮细胞进行裂殖生殖，产生大量的裂殖子，裂殖子再经血液循环带到肌肉内发育为虫囊。终末宿主吞食了肌肉中的成熟虫囊而受感染，虫体在其体内进行有性生殖，形成卵囊。本病的流行与猫、狗有关，并且与农村中随地大小便的情况及猪只的散放有关。

(二)临床症状

由猪猫住肉孢子虫引起的，可发生腹泻、肌炎、跛行、衰弱等症状；由米氏和猪、人住肉孢子虫引起的，可出现高热、贫血、全身出血、母猪流产等症状。

(三)防治措施

(1)加强饲养管理　应注意猪与猫、狗不要混在一起，猪不要散放，人、狗、猫不吃未煮熟的猪肉等。平时注意环境卫生的消毒工作。对病畜肉尸需进行无害化处理后，方可利用。

(2)药物治疗　本病的治疗尚无特效药。

五、猪肺丝线虫病

猪的肺丝线虫病是由后圆线虫寄生在猪的支气管内所引起的一种线虫病，俗称猪肺丝虫病。猪是后圆线虫唯一宿主，主要寄生于猪的气管和支气管。本病主要危害仔猪，引起支气管肺炎，严重时可造成仔猪的大批死亡，若发病不死也严重影响仔猪的生长发育和肉的品质。

(一)流行特点

猪的肺丝线虫成虫寄生在猪的支气管里。含幼虫的虫卵随痰液咳出，转至口腔被咽下，随粪便排出体外。此种虫卵在潮湿环境中可存活3个月之久，若被蚯蚓吞食，幼虫移行至蚯蚓的心脏，经 10～20 天，发育为感染性幼虫(感染性幼虫可在潮湿的粪土中生存 2 周左右)。若猪啃土觅食，吞咽了感染性幼虫或带虫的蚯蚓时(感染性幼虫在蚯蚓体内可长期保存其生活力)，幼虫即可穿透猪的肠壁，进入肠系膜淋巴结或小血管中发育，沿血液循环移行到肺脏，幼虫穿过肺泡壁，进入肺泡腔，再进入支气管，经过 25～35 天，发育为成虫。

本病多发于蚯蚓活动频繁的季节(温暖、多雨)，猪易通过食入幼虫或带虫蚯蚓而感染，一条蚯蚓可含 2 000～4 000 条感染性幼虫，只要猪摄入少量带虫的蚯蚓，即可引起严重感染。

(二)临床症状

病猪轻度感染者症状不明显，严重者可引起支气管炎和肺炎，咳嗽时嘴巴啃地、腰弓起、咳后咀嚼，不咳时常摩擦嘴鼻，在早晚和运动时或遇冷空气袭击时可出现阵发性咳嗽，有时鼻孔中流出浓稠状的鼻液，病猪虽有食欲但表现为渐进性消瘦，便秘或下痢，贫血，体温一般正常。

(三)防治措施

(1)加强饲养管理　尤其保持猪舍内外环境卫生，并保持干燥，消灭放牧场所或猪易接触到的蚯蚓，定期预防性驱虫。

(2)药物治疗　①伊维菌素 0.3 毫克/千克，皮下注射。②内服盐酸左旋咪唑 5～6 毫克/千克，或以 5%溶液皮下注射。③阿维菌素 0.3 毫克/千克，皮下注射或拌料喂服。④丙硫苯咪唑 10～20 毫克/千克，一次拌料喂服。

六、猪球虫病

猪球虫病是仔猪的一种肠道寄生原虫病，是由猪等孢球虫和某些艾美耳属球虫寄生于小肠上皮细胞所引起的以腹泻为主要临床症状的原虫病。主要侵害哺乳期和断奶后的仔猪，尤其 7～21 日龄的仔猪，成年猪虽无临床症状但常成为本病的传染源。本病在高度密集的饲养条件下最易发生，虽然病死率低，但康复猪多因生长不良成为僵猪。

(一)流行特点

球虫为原虫，球虫卵囊较小，卵囊对化学药品和低温的抵抗力很强，大多数卵囊可以越冬。紫外线对各个发育阶段的球虫有很强的杀灭作用。卵囊在干燥和高温下容易死亡。

小知识

球虫的生活史可分为三个阶段，孢子化阶段、脱囊阶段、内生殖阶段。孢子化阶段是指粪便中的卵囊从未孢子化的、不具感染力的阶段发育为有感染力的阶段；脱囊阶段是指感染性卵囊摄入后迅速出现的一个阶段；肉内发育阶段在整个小肠肠上皮细胞的细胞质中进行。由于大多数猪肠道球虫只有在孢子化阶段时才能进行鉴定，所以至今仍不能确定感染猪的肠道球虫有多少种。

因潮湿的环境有利于球虫的发育和生存，所以流行季节多为夏季、秋季、春季。球虫病主要侵害幼猪，一般呈良性经过，但若大量感染或与其他肠道病原体并发感染时，尤其饲养管理不当病症更易加重。

(二)临床症状

本病的临床症状出现在7～11日龄的健康仔猪中,黄色到灰色稀粪是其主要临床症状,初始时粪便松软或呈糊状,随着病情加重粪便呈液状,沾满仔猪全身,并且可闻到腐败乳汁的酸臭味,有时粪便中带血。通常情况下,仔猪感染后仍继续吃奶,但增重下降,脱水、不爱运动、精神沉郁,随着病情发展,粪便中血液、黏液、黏膜碎片增多,粪便呈暗褐色,有的大便失禁,并有努责现象,严重者出现虚脱。

(三)防治措施

(1)加强饲养管理　加强环境卫生管理,保持猪舍清洁干燥,做好用具、饲槽等的日常消毒工作。为防止母畜感染,产前1～4周可进行一次驱虫。

(2)药物治疗　①6毫克/千克饲料的常山酮可以抑制卵囊产量,但会降低仔猪的采食量。用常山酮治疗的仔猪不能产生足够强的免疫力来抵抗二次感染。②磺胺脒,20毫克/千克,每天一次,连用5～7天。或用磺胺二甲嘧啶,0.1克/千克,每天一次,连用3～5天。③氯苯胍,20毫克/千克,混饲喂服。另外马杜霉素等也可用于治疗猪球虫病。

七、囊尾蚴病

(一)流行特点

多见于猪的散放、连茅圈和人的粪便管理不严的地区,猪吃了带卵节片或节片破裂后逸出的虫卵,在小肠内,虫卵里的幼虫(六钩蚴)逸出,钻入肠壁,经血流或淋巴液到达身体各部,约经10周发育成囊尾蚴成虫,多寄生于猪的肌肉中。

(二)临床症状

严重感染的猪表现生长受阻、贫血、水肿,以及某些器官出现相应的症状。如寄生于眼部时引起视力减退或失明;寄生于脑内可出现神经症状。病猪两肩显著外张,臀部不正常的肥胖宽阔而呈哑铃状,或者猪体外形呈狮体状体形。

(三)防治措施

(1)加强饲养管理　①搞好公共卫生,取消连茅圈。②严格执行肉品卫生检验制度,按照"四部"规程规定,处理病猪肉。

(2)药物治疗　①种猪。每年驱虫2次。种母猪按胎次驱虫,即母猪分娩后24～26天(配种前10天)注射伊维菌素,按0.3毫克/千克给药;或用阿苯达唑粉剂拌料饲喂,按5～10毫克/千克给药。②断奶母猪。转入配种舍,用双甲脒乳剂兑水喷雾,重点防治体外寄生虫。③在配种舍、怀孕舍、分娩舍内的猪,可在有严重的疥螨部位涂擦凡士林(凡士林内可加入青霉素),3天后可将痂皮刮掉,再用双甲脒乳剂药浴,使药液渗透皮肤,提高疗效,有效率99%以上。④保育舍猪进栏后10天全群用双甲脒乳剂兑水喷雾,防治体外寄生虫病。进栏后15天用阿苯达唑粉拌料饲喂,转育肥猪舍前再饲喂1次,按5～10毫克/千克给药。

八、猪弓形体病

猪弓形体病又称猪弓形虫病,是由一种与球虫相关的刚地弓形体引起的一种人畜共患病。

猪弓形体病广泛分布于世界各地,美国和德国在1952年首次报告猪弓形体病,我国最早在福建发现猫、兔、猪及豚鼠体内弓形体(于恩庶等,1957年;福建省流行病研究所,1959年)。本病各种品种、年龄、性别的猪均可感染和发病。

（一）流行特点

弓形体是一种多宿主原虫，对中间宿主选择不严，终末宿主为猫科的家猫、野猫、美洲豹、亚洲豹等，其中家猫在本病的传播上起着重要作用。经口吃入被卵囊或带虫动物的肉、内脏、分泌物等污染的饲料和饮水是猪主要感染途径，滋养体和速殖子可通过受损的皮肤、呼吸道、消化道及被虫体污染的注射器械、手术器械和其他用具传播。弓形体属兼性二宿主寄生虫，在无终末宿主参与情况下，可在人、猪等中间宿主之间循环，在无中间宿主存在时，可在猫等终末宿主之间传播，弓形体的发生一般不受气候的限制，但以夏秋（5～10月）温暖季节发病较多，这是因为夏秋季节的气温和湿度条件更不适合于弓形体的卵囊孵化。

根据感染猪的日龄、弓形体虫株的毒力，感染的数量及感染途径等的不同，其临床症状和致病性都不一样。一般急性感染后，经3～7天的潜伏期，呈现和猪瘟极相似的症状，体温升高40.5～42℃，稽留热，精神沉郁，食欲减少或废绝，便秘，粪干呈板栗状，表面附有黏液或血丝，患猪喜卧、昏睡，鼻镜干燥，被毛逆立，后肢无力，行走摇摆，小猪多呈水样腹泻，有的便秘、腹泻交替发生。病情严重时患猪呼吸加快，呈腹式呼吸，有的后期可见耳郭、躯体两侧、腹下及四肢内侧皮肤出现片状紫红色斑块（图6－88）。急性发作耐过的病猪一般于2周后康复，但往往遗留咳、呼吸困难及斜颈，癫痫样痉挛，后躯麻痹等神经症状。怀孕母猪若发生急性弓形体病，表现为高热、绝食，精神委顿，昏睡，有的持续数天后可流产或死胎，即使胎儿产出，也会发生急性死亡或发育不全，不会吃奶或畸形怪胎。母猪常在分娩后很快恢复。

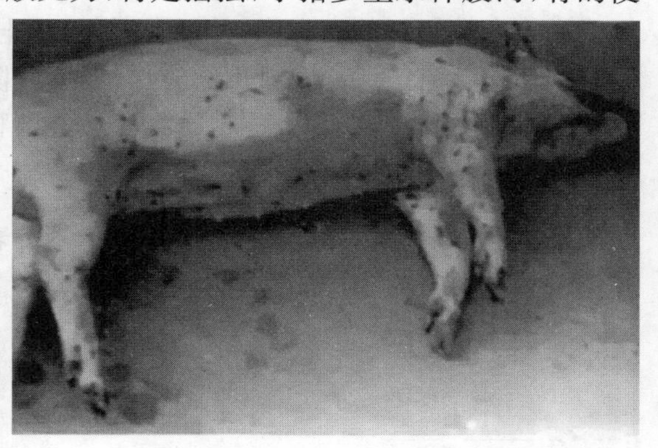

图6－88　病猪腹下皮肤出现片状紫红色斑块

延伸阅读

猪弓形体病的剖检特征

全身淋巴结髓样肿大，切面多汁，有大小不等出血点和灰白色坏死灶，尤以支气管肺门淋巴结、腹股沟淋巴结和肠系膜淋巴结最为显著（图6－89）。肺高度水肿，呈暗红色，间质增宽，切开流出红色泡沫样液体（图6－90）。肝脏肿胀并有散在针尖至黄豆大的灰白或灰黄色的坏死灶。脾脏早期显著肿大（图6－91），有少量出血点，后期萎缩。肾脏黄褐色，表面和切面有针尖大出血点。胸腔、腹腔积液增多。肠黏膜肥厚，糜烂，从空肠至结肠有出血斑点。死胎全身皮下胶样水肿，脑内无脊髓，积水，暗红色至褐色。

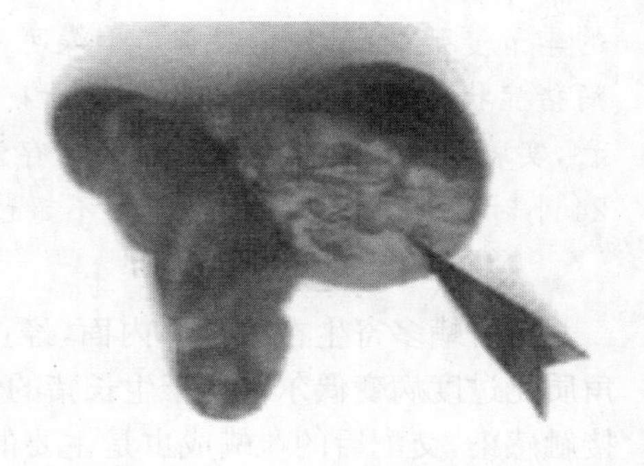

图6－89　淋巴结淋巴髓样肿大

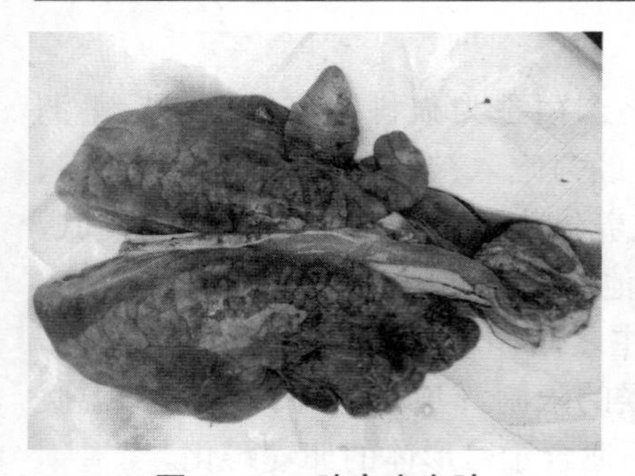

图 6-90　肺高度水肿

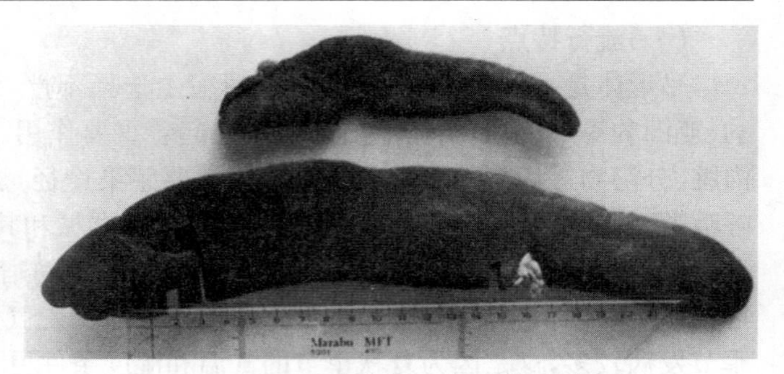

图 6—91　脾脏肿大(下),正常脾脏(上)

(二)防治措施

(1)加强饲养管理　①畜舍保持清洁,定期消毒,可选 1%甲酚皂溶液,3%氢氧化钠溶液,5%热草木灰液和 1%～3%石灰水等消毒药。②防止猫鼠传播。猪场不要让猫进入养猪场或进入存放饲料的房舍中,并经常灭鼠,防止畜舍、饲料、饮水被其排泄物污染。③病尸处理。病尸包括流产胎儿及排出物应严格处理,防止污染。

(2)药物治疗　在易发季节选择磺胺类药物(如磺胺嘧啶和乙胺嘧啶)进行防控。

九、疥螨病

疥螨病的病原为猪疥螨,它是寄生于猪的表皮内引起的一种接触性传染性寄生虫病,是猪的一种重要寄生虫感染,本病呈世界性分布。

(一)流行特点

小知识

猪疥螨成虫呈圆形,灰白色,长约 0.5 毫米,在黑色背景下肉眼可见。解剖镜下可见猪疥螨虫爬向远离光线处。猪疥螨的口器为咀嚼型,在猪的表皮挖造隧道(对感染猪的组织学表明,螨虫所挖隧道深度不超过表皮,多平行于皮肤表面),以皮肤组织和渗出的淋巴液为食,在隧道内完成其发育和繁殖,疥螨的全部发育过程都在寄生宿主体内度过,离开宿主螨其卵的存活时间很短。疥螨在潮湿、寒冷环境下生命力强,所以秋冬季节尤其多雨连绵的季节蔓延最广,病情最重。干燥可降低螨虫的活力,所以春夏季节阳光充足,空气干燥,病猪症状轻微。人为地将螨虫置于矿物油介质中可提高其活力,阳光直射几分螨虫即可死亡,实验研究证实:25℃以下,螨虫存活时间不超过 96 小时;25～30℃时,存活时间不超过 24 小时;30℃以上时,存活时间不超过 1 小时。

猪疥螨多寄生在猪耳郭内面,经产母猪过度角化的耳部是猪场内螨虫的主要传染源。角质化过度病变偶尔也见于生长猪的体表和耳部,公、母猪间和仔猪间的传播主要通过直接接触感染,交配后的雌螨成虫是主要的传染源。隐性感染猪的调动、有疥螨的畜舍、工作人员的衣服和用具等都可以成为疥螨的传输工具,起到传播疥螨病的作用。

仔猪因皮肤较嫩,适合疥螨寄生,故也易多发疥螨病,而且发病较重,有的可变成僵猪,有的随着年龄的增长,症状逐渐减轻而成为带螨者,带螨时间可达一年或数年而成为该病的主要传染源之一。

(二)临床症状

猪疥螨常先发现在头部感染,之后延伸至背部、后肢内侧,严重可遍及全身。机械刺激和排泄物刺激可引发剧烈痒感,故见病猪到处摩擦(有时可擦出血)、局部脱毛、皮肤增厚,有的可引起皮肤发炎并伴有淋巴液渗出,之后可见渗出液结成的痂皮,有时患部被毛脱落。严重者病猪明显发育不良,生长缓慢或停滞。

(三)防治措施

药物治疗 ①0.5%～1%的敌百虫溶液,喷洒或淋洗猪体。②伊维菌素或阿维菌素,0.3毫克/千克,颈部皮下注射。③双甲脒溶液50毫克/升,药浴或喷雾,10天后重复一次。

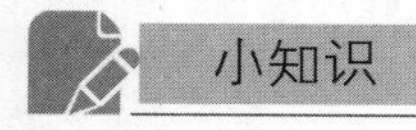

疥螨病与湿疹、渗出性皮炎、虱的鉴别

(1)湿疹 有痒感,但没疥螨病严重,在温暖环境中痒觉不加剧,且有的湿疹不痒,病原检查无虫体。

(2)渗出性皮炎 病猪死亡率高,用抗生素治疗无效,病屑检查无虫体。

(3)虱 发痒、脱毛和营养障碍等与疥螨病相似,但无皮肤增厚、起皱褶和变硬等病变,在患部可以发现虱。

第五节 猪的普通疾病及综合征

一、胃肠炎

胃肠炎是指胃肠黏膜表层和深层组织的重剧炎症。以体温升高、剧烈腹泻及全身症状为特征。

(一)发病原因

主要由于喂给猪腐烂变质、发霉、不清洁、冰冻饲料,或误食有毒植物及酸、碱、砷等化学药物而发病。

消化不良的过程中,由于治疗失时或用药不当等,而使胃肠壁遭受强烈刺激,胃肠血液循环和屏障机能紊乱,细菌大量繁殖,细菌毒素被吸收等,也可继发胃肠炎。

(二)临床症状

病猪精神萎靡,食欲废绝,饮欲增加,鼻盘干燥,可视黏膜初暗红带黄色,以后则变为青紫,口腔干燥,气味恶臭,舌面皱缩,呕吐,腹痛。少见便秘,多数腹泻,粪便恶臭,混有黏液、血丝或气泡,重症时肛门失禁,呈现里急后重现象。出血性胃肠炎,可视黏膜苍白,粪便变黑呈柏油状。

(三)防治措施

(1)加强饲养管理 不喂变质和有刺激性的饲料,定时定量喂食。猪圈保持清洁干燥。发现消化不良时及早治疗,以防加重转为胃肠炎。

(2)药物治疗 补液、解毒及清理胃肠为治疗原则。可内服氨苄西林、新霉素、黄连素、庆大霉素。①单纯性肠炎用阿莫西林5～10克,碳酸氢钠2～3克混合1次内服。下痢不止时,用鞣酸蛋白、林可霉素5～6克,每天2次。对严重胃肠炎,也可用口服补液盐250～500

毫升内服或灌肠,(指 60 千克体重用量)。②白头翁根 35 克、黄柏 70 克加适量水煎后灌服;或用紫皮大蒜 1 头捣碎后加白酒 50 毫升内服,也能收到较好的效果。

二、肠便秘

肠便秘是由于肠内容物停滞、水分被吸收,造成粪便干燥而滞留于肠道,从而形成肠腔阻塞的疾病。该病主要发生于小猪和母猪,便秘部位常在结肠。

(一)发病原因

原发性肠便秘主要是由于饲养管理不善所致,如长期饲喂干燥的谷物、含粗纤维的劣质饲料或缺乏青绿饲料;混有泥沙异物或突然更换不易消化的饲料等;饮水不足、缺乏运动。继发性肠便秘常继发于猪瘟、猪丹毒、猪肺疫等疾病时。

(二)临床症状

病猪不断做排粪姿势,但只排出少量附有黏液的干硬粪球。精神沉郁,食欲减退,饮水增多,呼吸增数。偶见有腹胀、起卧不安,因腹部疼痛而回视腹部。后期排粪停止,肠音减弱或消失,伴有肠臌气时,可听到金属性肠音。触诊腹部,小型或瘦弱的病猪可摸到肠内干的粪球,多呈串珠状排列。十二指肠便秘时,有呕吐或黄疸表现。结肠便秘时粪块压迫膀胱会伴发尿闭症状。后期肠壁坏死,可继发局限性或弥漫性腹膜炎的症状。

(三)防治措施

(1)加强饲养管理　科学合理地搭配饲料,适量增喂食盐,排出积粪,给予足够的饮水和运动,多饲喂青绿多汁的饲料。

(2)药物治疗　病初宜停食 1 天,多次用温肥皂水灌肠,按摩腹部,促进粪便软化而排出。对状况较好的病猪,可胃管投服硫酸钠或硫酸镁 50～100 毫升,或内服植物油或液状石蜡 100～500 毫升,以疏通肠道。腹痛明显者,肌内注射氯丙嗪 2～4 毫升或 30%安乃近 3～5 毫升。对心力衰竭的猪可肌内注射安钠咖。

三、感冒

感冒是由寒冷刺激引起的以呼吸道黏膜炎症为主的全身性疾病。

(一)发病原因

因饲养管理不当,气候忽冷忽热,猪舍寒冷潮湿、贼风侵袭、风吹雨淋 、过于拥挤,营养不良,长途运输等导致机体抵抗力下降,尤其是上呼吸道黏膜防御机能减退,致使呼吸道内常在菌得以大量繁殖而发病。

(二)临床症状

病猪精神沉郁,食欲减退,严重时食欲废绝,体温升高,病程一般 3～7 天;咳嗽,打喷嚏,流鼻液;皮温不整,鼻盘干燥,耳尖、四肢末梢发凉;结膜潮红、畏寒怕冷,弓腰战栗,呼吸用力,脉搏增数。本病若无继发感染,一般不会引起死亡。

(三)防治措施

(1)加强饲养管理　注意防寒保暖,给予清洁新鲜的饮水。根据季节和天气变化,提前采取预防措施。

(2)药物治疗　本病一般无须治疗,3～7 天可自愈。对重症和体质较差的病猪,以解热镇痛、补液治疗为原则。若有继发感染,要针对病因治疗。①内服阿司匹林每次 2～5 克以解热镇痛,或肌内注射柴胡注射液 3～5 毫升,30%安乃近或阿尼利定 5～10 毫升,每天 1～2

次。配合使用抗生素药物，以防继发感染，如肌内注射氨苄西林0.5克，每天2次，连用2～3天。②草药治疗。如生姜10克，大蒜5克，葱3根，泡水后内服。穿心莲注射液3～5毫升，肌内注射；或金银花40克，连翘、荆芥、薄荷各25克，牛蒡子、淡豆豉各20克，竹叶、桔梗各15克，芦根30克，煎汤灌服。

四、仔猪缺铁性贫血

仔猪缺铁性贫血又称仔猪营养性贫血，是由于机体铁缺乏而引起的仔猪贫血和生长受阻的营养代谢性疾病。

(一)发病原因

母猪的乳汁一般含铁量较低，新生仔猪生长发育迅速，对铁的需要量急剧增加，在最初数周，铁的日需量约为15毫克，而通过母乳摄取的铁量每日平均仅有1毫克，且新生仔猪体内存在的铁质也较少，因此仔猪发生缺铁性贫血较为常见。

(二)临床症状

最常发生在5～21日龄的仔猪，轻症经过，仔猪生长发育正常，但增重率比正常仔猪明显降低，食欲下降，容易诱发肠炎、呼吸道感染等疾病，轻度呼吸加快。病情严重时，头颈部水肿，病猪皮肤明显苍白且显出黄色，尤其是耳和鼻端周围的皮肤，嗜睡，精神不振，心跳加快，心音亢盛，呼吸加快且困难，尤其在哄赶奔跑后，急促的呼吸和呼吸动作明显加强，而且需较长的时间才能缓慢地恢复平静。严重的贫血，可突然死于心率衰竭，但这种情况发生很少。

(三)防治措施

由于在妊娠期和产后给母猪补充含铁的药物，不能提高新生仔猪肝铁的贮存水平，基本上也不能增加乳铁含量，因此，防治哺乳仔猪缺铁性贫血，通常是直接给仔猪补铁。补铁的方法有肌内注射和内服两种。

①肌内注射铁制剂。右旋糖酐铁、山梨醇铁、牲血素、血多素、富血素、补铁王、血之源、右旋糖酐铁钴合剂、含糖氧化铁等，用以上含铁注射液给3～4日龄仔猪每头注射100～150毫克的铁，10～14日龄再用同等剂量注射一次。肌内注射时可引起局部疼痛，应深部肌内注射。②内服补铁。对水泥地面的猪舍，经常放入清洁的含铁量较高的红泥土，可缓解本病；也可用铁铜合剂补饲，把2.5克硫酸亚铁和1克硫酸铜溶于1升水中，配成溶液，装在奶瓶中，于仔猪生后3日龄起开始补饲，每天1～2次，每头每天10毫升。也可以制成含铁的淀粉糊剂，在产后第3天开始，间隔数天，共2～3次向母猪乳房及乳房周围涂抹，最好在母猪临哺乳前涂抹。参考配方：硫酸亚铁450克，硫酸铜75克，水2 000毫升，加适量的葡萄糖、淀粉等；或硫酸亚铁溶液配成滴剂，仔猪每次约0.1～0.3克内服。另外要让仔猪提早开食，一般在7日龄就可训练仔猪采食哺乳用全价配合的乳猪料，以获取饲料中的铁元素。在口服补铁时，要注意防止含钴、锌、铜、锰等元素过多，影响铁的吸收。

五、胃溃疡

猪胃溃疡又称胃溃疡综合征，主要是指胃食管黏膜出现角化、糜烂和坏死，或自体消化，形成圆形溃疡面，甚至胃穿孔。本病多因胃溃疡引起胃出血而被发现，可见任何年龄的猪，但多见于50千克以上生长迅速的生长猪及饲养在单体限位栏内的母猪。

（一）发病原因

1. 饲料因素

饲料粗硬不易消化、饲料中缺乏适宜的纤维、饲料粉碎太细或长期饲喂高能量特别是玉米含量过高的饲料。在谷类日粮中不适当混合大量有刺激性的矿物质合剂、饲料中缺乏维生素E、维生素B_1、硒等；饲料中不饱和脂肪酸过多、饲料霉变。

2. 环境应激及饲养管理因素

噪声、恐惧、闷热、疼痛、妊娠、分娩、过多打扰猪（如经常转群、称重）；猪舍狭窄、活动范围长期受限制；猪舍通风不良、环境卫生不佳；饲不定时，时饱时饥，突然变换饲料。

3. 疾病因素

继发于慢性猪丹毒、蛔虫感染、铜中毒、霉菌感染（特别是白色念珠菌感染）；常见于维生素E缺乏、肝营养不良的猪；体质衰弱，胃酸过多。

（二）临床症状

1. 隐性型

隐性型发病猪与健康猪无异，无明显症状，生长速度和饲料转化率几乎不受影响，屠宰后才发现。

2. 慢性型

慢性型发病猪食欲降低或不食，病猪体表和可视黏膜明显苍白，时有吐血或呕吐时带血或伏卧，因虚弱而喜躺卧，渐进性消瘦。开始时便秘，后变为煤焦油样粪便，抽血检查呈阳性。病情有时恶化，有时缓解，引起消化障碍和腹痛，病程7～30天。少数病例有慢性腹膜炎症状。

3. 急性型

本病急性型发作时，由于溃疡部大出血，病猪可突然死亡；也有的病猪在强烈运动、分娩前后突然吐血、排煤焦油样血便、体温下降、呼吸急促、腹痛不安、体表和黏膜苍白、体质虚弱，终因虚脱而死亡。当病猪因胃穿孔引起腹膜炎时，一般在症状出现后1～2天死亡。

（三）防治措施

药物治疗　症状较轻的病猪，应保持安静，减轻应激。可注射镇静药，如盐酸氯丙嗪，每次每千克体重1～3毫克。中和胃酸，防止胃黏膜受侵害，可用氢氧化铝硅酸镁或氧化镁等抗酸剂，使胃内容物的酸度下降。保护溃疡，防止出血，促进愈合，可在饲喂前投服碱式硝酸铋5～10克，每天3次。也可口服鞣酸蛋白，每次2～5克，每天2～3次，连用5～7天。此外，为维持食糜的正常排空，可用聚丙烯酸钠每天5～20克溶于水中饮服；或以0.5%～5%的比例混于饲料中，连用5～7天。如果病猪极度贫血，证实为胃穿孔或弥漫性腹膜炎，则失去治疗价值，宜及早淘汰。

小知识

针对发病原因采取相应措施：一是避免饲料粉碎得太细，饲料颗粒度宜在500微米以上；二是饲料中加入草粉或燕麦壳等使日粮中粗纤维量达到7%；三是保证饲料中维生素E、维生素B_1、硒的含量，用铜做促生长剂时，饲料中同时加碳酸锌做抗铜致溃疡添加剂；四是用聚丙烯酸钠混饲，浓度0.1%～0.2%，以改变饲料的物理状态，使之能在胃内停留时间正常；五是避免心理应激状态，减少频繁的转群、运输、驱赶、防止猪相互撕咬；六是保持猪舍冬暖夏凉，加强通风、饲养密度适宜，猪舍要留有足够的空间便于猪的自由活动。

六、肺炎

猪肺炎是肺组织受到病原微生物或异物的刺激引起的一种急性或慢性炎症变化的疾病。一般分为小叶性肺炎和大叶性肺炎。病猪多以卡他性肺炎较为常见。

(一)发病原因

肺炎的发病原因主要有以下几方面：一是饲养管理不善，猪舍潮湿不洁，猪群拥挤无防寒设备，猪体抵抗力下降诱发肺炎；二是在气候突变以及酷暑或严寒季节进行运输；三是在灌药时，由于技术不熟练，药物经气管进入肺组织而发生异物性肺炎；四是某些传染病和寄生虫病的发生也可以引起肺炎。此外慢性支气管炎治疗不及时也能发展成肺炎。

(二)临床症状

病初精神沉郁，食欲明显减少或消失，脉搏增快，咳嗽，呼吸困难。体温40℃以上，呼吸音变粗，肺部听诊有啰音。鼻流出黏稠液体，呈白色、黄白色或铁锈色。病后期黏膜发绀，咳嗽加剧，呼吸极困难；脉搏快而弱，食欲废绝。异物性肺炎，病初咳嗽，体温常升高，继之咳嗽增剧。食欲不振，鼻腔有黏液流出，呼吸困难，精神沉郁，窒息而死。

(三)防治措施

(1)加强饲养管理　饲料给予适当调剂，要做到营养充足，加强猪自身的免疫力和抵抗力。要做到清洁卫生和保暖，避免猪感冒。在长途运输中不要过于疲劳和饥饿，给病猪灌药时，应固定好猪体，防止灌呛。

(2)药物治疗　①青霉素80万～100万单位，氨基比林5～10毫升稀释，1次肌内注射，连用2～3天。(此剂量适用于60千克重的猪)。②栀子、白芍、桑白皮、款冬花、陈皮各13克，黄芩、桔梗、枯矾、甘草各15克，天冬、瓜蒌各10克，水煎服。(此剂量适用于40千克重的猪)。③枯矾、沙参、瓜蒌、兜铃、甘草、黄芩、栀子、杏仁、陈皮各10克，水煎服。

七、佝偻病

佝偻病是生长期的仔猪由于维生素D及钙、磷缺乏或饲料中钙、磷比例失调所致的一种骨营养不良性代谢病，特征是生长骨的钙化作用不足，并伴有持久性软骨肥大与骨骺增大。

(一)发病原因

日粮中钙或磷的绝对缺乏或继发于其他因素，主要是磷或钙的过量摄入，维生素D摄取绝对量减少或继发于其他因素，尤其是过量摄入胡萝卜素；仔猪缺乏阳光照射，不能生成足够的维生素D_2和维生素D_3。日粮蛋白质(或脂肪)性饲料过多，其产物与钙形成不溶性钙盐，大量排出体外而缺钙。

(二)临床症状

病猪食欲减退，消化不良，异嗜癖，发育停滞，消瘦，出牙延长，齿形不规则，齿质钙化不足，面骨、躯干骨和四肢骨变形，站立困难，四肢呈“X”形或“O”形，肋骨与肋软骨处出现串珠状，贫血。先天性佝偻病，仔猪生后衰弱无力，经过数天仍不能自行站立。扶助站立时腰背弓起，四肢弯曲不能伸直。后天性佝偻病发生慢，病猪早期呈现食欲减退、消化不良、精神沉郁，然后出现异嗜癖。仔猪腕部弯曲，以关节爬行，后肢则以跗关节着地。病期延长则骨骼软化、变形。硬腭肿胀、突出，口腔不能闭合影响采食、咀嚼。行动迟缓，发育停滞，逐渐消瘦。随病情发展，病猪喜卧，不愿站立和走动，强迫站立时，拱背、屈腿、痛苦、呻吟。肋骨与助软骨结合部肿大呈球状，肋骨平直，胸骨突出，长肢骨弯曲，呈弧形或外展呈“X”形。

(三)防治措施

(1)加强饲养管理　一是补充哺乳母猪维生素 D,确保冬季猪舍有足够日光照射和摄入经太阳晒过的青干草。二是饲料中补加鱼肝油或经紫外线照射过的酵母,补充骨粉、鱼粉、磷酸钙以平衡磷。

(2)药物治疗　①10%葡萄糖酸钙注射液 20～50 毫升一次静脉注射,每天 1 次,连用 5～7天。②维生素 A、维生素 D 合剂 2～4 毫升一次肌内注射,每天 1 次,连用 5～7 天。③骨粉 69%、小麦麸 18%、五加皮 3%、茯苓 2.5%、白芍 2.5%、苍术 2.5%、大黄 2.5%,将中药混合研细,加入骨粉混匀,每天取 30～50 克,分 2 次拌料喂服,连喂 1 周。

八、咬嗜癖

猪在内外环境条件和多种因素的影响下,为争夺利益或寻求刺激而热衷于对其他猪只或物品进行频繁啃咬的动作称为咬嗜癖。咬嗜癖是猪只在舍饲特别是集约化饲养条件下,比较常见的一种异常行为。

(一)发病原因

1. 品种

长白猪、哈白猪发病较多,地方猪种较少见,母猪比公猪多。体重 18～80 千克最易发病。主要多发于每年的 1～3 月和 8～12 月。

2. 环境因素

猪舍内温度过高或过低,通风不良及有害气体蓄积;猪圈潮湿引起皮肤痒,使猪产生不适感或休息不好引起啃咬;光照过强,猪长期处于兴奋状态而烦躁不安引起啃咬。

3. 营养因素

一是饲料营养水平较低,蛋白质含量不足,氨基酸不平衡,维生素、矿物质、微量元素或纤维素缺乏等不能满足猪生长发育的需要;二是饲料品种单一,搭配不合理,加工不当等造成营养物质的损失和营养不平衡。

4. 管理因素

饲养密度过大,活动空间过小,相互拥挤;猪舍内饲槽和水槽数量不足,设置位置和高度不合适,不利于猪采食和饮水;合群不科学,猪群整齐度差,造成大欺小,强欺弱;猪舍卫生状况较差;猪活动频繁,无法充分休息等均可造成猪咬嗜的发生。

5. 疾病因素

如猪狂犬病、腹泻、贫血,缺乏钙、磷、铁等引发的营养代谢疾病,均会诱发猪的互咬。猪患有疥癣、球虫病、蛔虫病等寄生虫病时,可引起猪体皮肤刺激而烦躁不安,在舍内摩擦而导致耳后、肋部等处出现渗出物,对其他猪产生吸引作用而诱发咬尾咬耳。偶尔出现的尾部、耳部损伤,也可能引起其他猪只的注意,易导致咬尾咬耳症。

(二)临床症状

受害猪的尾巴、耳朵被咬伤,伤口流血不止,严重者尾巴可能会咬掉半截。受害猪惊恐不安,不敢与猪群一起采食饮水,严重影响生长发育。如果伤口不能得到及时处理,常会引发感染,轻者出现局部炎症和组织坏死,降低胴体品质,影响猪肉质量和食用性能;重者可能造成脊椎炎,甚至引起肺、肾、关节等部位的炎症,若不及时处理,可并发败血症等导致死亡。

(三)防治措施

(1)培育抗应激猪品种　不同猪的品种对应激的敏感性有别,这与遗传基因有关。因此，利用育种方法选育抗应激猪，建立抗应激猪种群，淘汰应激敏感猪，从根本上解决猪的应激问题。杜洛克猪、约克夏猪、汉普夏猪等与本地猪杂交的猪具有较强的抗应激性。

(2)加强饲料调配　合理调配饲料营养成分，尤其要注意补充维生素、微量元素和矿物质，适当提高蛋白质和粗纤维的含量，特别是赖氨酸的补充，食盐的用量要适当，做到饲料搭配多样化，保证营养物质的平衡而全面。饲料要科学加工调制，提高适口性。饲喂做到定时定量定位，严禁饲喂发霉变质的饲料，禁止使用各种违禁药物，何料中不能长期添加抗生素药物。饮水新鲜洁净，温度适宜。

(3)合理分群饲养　尽量将来源、体重、日龄、毛色、性情等方面差异不大的猪组合在一起，最好将同窝猪放置在一个群体中饲养。猪群规模适度，一般母猪以2～6头为宜，育肥猪10～20头为宜；在工厂化养猪条件下每群不宜超过50头。同一群猪个体的体重相差不能过大，仔猪体重差小于5千克，架子猪不超过7～10千克为宜。分群后要保持相对稳定，不应随便再分群。

(4)控制饲养密度　合理利用猪舍面积，有利于促进猪的生长发育，防止猪拥挤争斗。体重在30千克以下，每头猪占地面积为0.5～0.6米^2，60千克以下，为0.6～0.8米^2；90千克以上，为1米^2。猪舍内饲槽和水槽数量适宜，设置高度合适，避免猪抢食争斗。

(5)加强日常管理　猪舍冬暖夏凉，通风良好，及时清除粪便。控制猪舍内温度适宜，光照合理。饲养人员要固定，禁止无关人员参观，不允许其他动物进入猪舍，避免各种应激。仔猪出生后1～2天断尾，可有效防止猪咬嗜癖的发生。据研究，向猪圈中投放2米长的软水管，让猪咬动，或者在猪圈一侧放盐砖，分散猪的注意力，对防猪咬尾咬耳有一定作用。平时要搞好猪群的行为监控，发现有咬嗜癖现象时，及时挑出猪单独饲养。

(6)抓好防疫保健　及时给猪群驱虫，防止发生体内外寄生虫病。仔猪在45～60天第1次驱虫。在猪合铺设稻草、麦秸等垫草，既有利于保证猪睡觉的舒适度，又能满足猪的探究需求，分散注意力，减少猪咬嗜癖的发生。一旦发现猪咬嗜癖现象应及时进行隔离饲养，受伤部位立即用0.1%的高锰酸钾溶液清洗消毒，并涂上碘酊，同时对咬伤的猪肌内注射阿尼利定、青霉素等药物，防止局部化脓感染。对于猪咬伤轻的，可用白酒或汽油稀释后对猪群进行喷雾，每天3～5次，能有效控制猪咬嗜癖的发生。

九、母猪乳腺炎

母猪的乳腺炎是哺乳母猪常见的一种疾病，多发于一个或几个乳腺，临诊上以红、肿、热、痛及泌乳减少为特征。

(一)发病原因

①多发生于初饲养母猪者，因担心母猪泌乳供应不足，采取的补饲方法不当，补饲时间早，往往在母猪分娩后就补饲，且补饲的饲料质量过好，数量过多，导致泌乳量过多，加之仔猪小，吮乳量有限，乳汁滞积而致发乳腺炎。②猪舍卫生差，湿度大，母猪分娩后，机体抵抗力相对处于弱势，细菌通过松弛的乳头孔进入或乳房、乳头受体表寄生虫侵袭，诱发乳腺炎。③母猪分娩后，泌乳不足，加之仔猪较多时，不容易固定乳头，仔猪抢咬伤乳头后感染所致。④有些品种猪脊背过于凹陷，或老年经产母猪，腹部松弛、下垂，妊娠后期乳头触地摩擦而感染。

(二)临床症状

1.急性乳腺炎

患病母猪的乳房有不同程度的充血(发红)、肿胀(增大、变硬)、温热和疼痛，乳房上淋巴结肿大，乳汁排出不畅或困难，泌乳减少或停止；乳汁稀薄，含乳凝块或絮状物，有的混有血液或脓汁。严重时，除局部症状外，尚有食欲减退、精神不振、体温升高等全身症状。

2. 慢性乳腺炎

乳腺患部组织弹性降低，硬结，泌乳量减少，挤出的乳汁变稠并带黄色，有时内含凝乳块。多无明显全身症状，少数病猪体温略高，食欲降低。有时由于结缔组织增生而变硬，致使泌乳能力丧失。

3. 结核性乳腺炎

表现为乳汁稀薄似水，进而呈污秽黄色，放置后有厚层沉淀物；链球菌性乳腺炎表现为乳汁中有凝片和凝块；大肠杆菌性乳腺炎表现为乳汁呈黄色；绿脓杆菌和酵母菌性乳腺炎表现为乳腺患部肿大并坚实。

(三)防治措施

(1)加强饲养管理　要加强母猪猪舍的卫生管理，保持猪舍清洁，定期消毒。母猪分娩时，尽可能使其侧卧，助产时间要短，防止哺乳仔猪咬伤乳头。

(2)药物治疗　①全身疗法。抗菌消炎，常用的有青霉素、链霉素、庆大霉素、恩诺沙星、环丙沙星及磺胺类药物，肌内注射，连用3～5天。青霉素和链霉素，或青霉素与新霉素联合使用治疗效果为好。②局部疗法。慢性乳腺炎时，将乳房洗净擦干后，选用鱼石脂软膏(或鱼石脂鱼肝油)、樟脑软膏、5%～10%碘酊，将药涂擦于乳房患部皮肤，或用温毛巾热敷。另外，乳头内注入抗生素，效果很好，即将抗生素用少量灭菌蒸馏水稀释后，直接注入乳管。在用药期间，吃奶的小猪应人工哺乳，减少母猪刺激，同时使小猪免受奶汁感染。急性乳腺炎时，青霉素3万～5万国际单位/千克体重，溶于0.25%普鲁卡因溶液20～40毫升中，做乳房基部环形封闭，每天1～2次。③中药治疗。蒲公英15克，金银花12克，连翘9克，丝瓜络15克，通草9克，穿山甲9克，芙蓉花9克。共为末，开水冲调，候温一次灌服。

十、母猪子宫内膜炎

母猪子宫内膜炎是猪场常见病，也是顽症。若治疗不及时或治疗方法不当，轻者造成母猪屡配不孕，重者继发感染，也可引起死亡，给猪场造成一定的经济损失。

(一)发病原因

母猪子宫内膜炎是由细菌、病毒和支原体、衣原体及饲喂霉变饲料等多种原因引起的。临床上细菌性子宫内膜炎以大肠杆菌、棒状杆菌、链球菌、葡萄球菌、绿脓杆菌等病原菌感染为主；病毒性子宫内膜炎以细小病毒、伪狂犬病病毒、乙脑病毒、蓝耳病病毒等引起。此外，长期饲喂霉变饲料可引起黄曲霉毒素、赤霉烯酮等蓄积中毒，从而诱发母猪子宫内膜炎。

(二)临床症状

1. 急性子宫内膜炎

多见于产后母猪，病猪体温升高，精神沉郁。食欲减退或废绝，常卧地、频尿，从阴门流出大量灰红色或黄白色带有腥臭味的黏液和脓性分泌物。

2. 慢性子宫内膜炎

多由急性炎症转变而来，从阴门排出脓性分泌物，猪舍地面经常见到白色如石灰渣状的粉末，往往无明显全身症状，有的猪仍可定期发情，但屡配不孕。

(三)防治措施

药物措施　①急性子宫内膜炎应及时清除积留在子宫内的炎性分泌物。用温生理盐水或0.1%的高锰酸钾冲洗子宫。若子宫颈已收缩,可肌内注射氯前列醇钠使其开张,然后用消过毒的输精管或胃导管输入清洗,把一些脓汁或坏死组织冲出体外。冲洗后要驱赶母猪活动,促使残存的溶液尽量排出,最后向子宫内注入400万国际单位青霉素、200万国际单位链霉素。若体温升高,可配合柴胡等注射液肌内注射退热,以防体温过高,继发败血症,加速病情恶化。有食欲母猪,可喂服益母生化散,每天1次,每次100克,连喂5～7天。若不吃,可进行灌服。②慢性子宫内膜炎,可肌内注射青霉素800万国际单位、链霉素200万国际单位,每天2次,连用3～5天。同时,喂服益母生化散(当归、桃仁、红花、益母草、五灵脂、牡丹皮、金银花等十多种中药),每天1次,每次100克,连用5～7天。

十一、母猪便秘

在集约化养殖场,母猪便秘发生率较高,它是广大养猪朋友们深感困扰的问题之一。尤其是夏季,据统计有60%的母猪有便秘现象。

(一)发病原因

母猪便秘的原因有很多,但在生产实际中母猪便秘往往不是一个原因,而是几个原因共同作用的结果。①母猪怀孕生理所致。②夏季母猪便秘原因大多情况是由于饮水不足。③猪缺乏运动,这种情况较多见于限位栏饲养的母猪。④怀孕后期,扩大的子宫压迫肠道,使肠内容物通过困难,导致肠内容物水分过多吸收,常常加重便秘。⑤母猪怀孕期和哺乳期相比,母猪消化吸收能力特别强,同时肠道后段吸水能力强,致大便干结产生便秘。⑥夏季高温应激导致母猪便秘。⑦孕母猪的饲料中粗纤维含量不足。⑧日粮能量蛋白质水平过低、粗纤维太高、缺乏青饲料、微量营养如微量元素、维生素不足等也可引起营养不良、体质虚弱性便秘。⑨目前养猪由于疾病较多,有些药物投喂过后会造成药源性便秘。⑩细菌毒素中毒导致母猪便秘。⑪有些母猪患有一些热源性疾病也会引起便秘,高热性疾病也往往伴发便秘。

(二)临床症状

①怀孕母猪胚胎死亡率增高、窝产仔数少且弱仔多。②母猪产程延长,仔猪因缺氧而窒息,减少母猪产仔死亡率。③母猪发热不食,容易导致产后无乳综合征。增加仔猪培育难度。④产后母猪不能正常发情,甚至不发情。增加饲料成本、降低生产效率。

(三)防治措施

(1)加强饲养管理　一是保证充足饮水。不论在任何时候、任何情况下,都必须保证为母猪提供充足、清洁的饮水。二是在妊娠期日粮中加入20%～30%小麦麸,在泌乳期日粮中加入8%～10%小麦麸,这是防治怀孕母猪便秘的有效措施。三是夏季天气炎热时,可添加2%～6%油脂,同时也可添加2%～3%的糖蜜,可起到润肠、通便,且有提高母猪采食量、补充营养的效果。四是喂青绿饲料预防便秘。有条件的情况下至少可喂青绿饲料1千克/(头·天)。五是适当运动防便秘。母猪在刚配种1～3周和临产前1～2周内可减少运动,使之保持安静,以防遭到意外刺激引起受精卵不着床、流产或早产。在妊娠中期(配种20天后至妊娠100天)应让母猪有适当的运动和光照,选择天气晴好之时,把猪放入运动场内即可。

(2)药物治疗　便秘较严重母猪可以采取药物治疗的办法,清热解毒药物为主,比如鱼腥草、板蓝根之类的药物添加剂。柠檬酸和碳酸氢钠是治疗母猪便秘效果比较好的添加剂。可以往饮水里面添加,每头猪5克左右。

十二、母猪低温症

母猪低温症近几年来对母猪健康的危害正在逐渐加剧，其病因复杂，治疗方法不当或治疗不及时常造成母猪死亡。

(一)发病原因

①饲养管理不当。地面长期潮湿、忽冷忽热等应激因素、缺乏运动等因素引起。②营养因素。饲料单一、营养缺乏、代谢失衡、蛋白质过低、青绿饲料饲喂过少等因素。③药物因素。尤其退热药物的大剂量使用，如安乃近等。④中毒因素。尤其含霉菌毒素的饲料长期饲喂，造成猪慢性中毒。有时误食含农药的饲料原料也会引起。⑤内毒素。猪肠胃运动减弱，无法将内毒素完全排出导致低温。⑥病原体感染。病原体隐性感染或猪感染病原体后未得到有效控制造成母猪低温。

(二)临床症状

常突然发病，体温降至38℃以下，有时甚至用普通体温计测量不到猪体温度，触其耳鼻、四肢等部位变凉，可视黏膜苍白，被毛粗乱，大便干结，食欲明显下降或食欲废绝，有的大便正常，有的腹泻，有的大便干结呈“栗”状(严重者后期肛门松弛，插入体温计有“空洞”感)，病猪体质虚弱，有时肋骨显露，喜卧，严重者不能站立，强行拉起有时可站立，不久又卧下，有时站立后东倒西歪，病猪一般无其他明显病史，若不及时治疗往往引起死亡。

(三)防治措施

(1)加强饲养管理　营养全面，合理搭配。改善饲养管理，减少应激，加强户外运动。减少霉菌毒素对猪体的危害。提高机体免疫力，降低疫病感染的概率等途径。

(2)药物治疗　①饮水。水中添加口服补液盐、葡萄糖供猪引用(或用红糖100～150克，加适量开水溶解，候温，一次灌服或让其自饮，每天2～3次，连续3～4天)。②静脉注射。每100千克体重母猪用50%的葡萄糖溶液120～160毫升、辅酶A 800～1 000国际单位、维生素B_6 400～500毫克、维生素C 2.5～4克，混合后一次静脉缓慢推注。③肌内注射。10%的安钠咖注射液，按每千克体重0.4毫克肌内注射，隔天1次，连用3～4次即好。有条件的农户可往饲料里加入适量的人工盐和酵母片。另外可根据病猪个体发病情况，合理复配其他药物，如对大便干硬的病猪，可用肥皂水灌肠等。

十三、母猪不食

母猪不食现象在猪场也时有发生，是猪场常见的普通疾病之一，该病一旦发生，可造成泌乳机能下降，导致仔猪腹泻、机体抵抗力下降。因顽固性不食引起母猪持续生产能力下降，严重时可引起母猪死亡或淘汰，给养猪业带来一定的经济损失。

(一)发病原因

1.疾病因素

传染病可以造成母猪不食，尤其孕期感染此病更为常见。由于蓝耳病、圆环病毒病等免疫抑制病的存在，继发的病原在经过治疗后，母猪看似康复，但常转为慢性过程，直接影响代谢，造成胃肠蠕动减弱和消化腺体分泌功能降低而影响食欲。若怀孕母猪在感染非典型猪瘟、细小病毒病、伪狂犬病、乙型脑炎时会降低交感神经、迷走神经对胃肠蠕动的调节功能，影响唾液腺分泌、消化酶产生，从而导致猪采食量下降。另外母猪便秘、肢蹄病等因素也可引起母猪不食。

2.饲养管理

(1)温度　舍内温度偏高,降温措施不当。例如,生产母猪适宜的温度在12～15℃,产仔前后,母猪常在温度25℃左右的环境下生产,容易造成不食。

(2)应激　母猪产前、产后为了提高猪场效益,不得已为母猪注射各种疫苗,若疫苗注射不当,容易造成局部坏死、疼痛,影响不食。另外转群、驱赶、噪音、陌生、通风不良等应激因素的发生也是猪场常存在的应激源。

(3)运动　尤其生产母猪转入限位栏后,运动减少,胃肠蠕动功能大幅下降。

(4)饲料　①长期霉变饲料造成猪免疫功能下降,胃肠功能下降。②产前饲喂精料过多,尤其豆饼含量过大,缺少矿物质和维生素,加重胃肠负担,引起消化不良。③怀孕后期营养过剩,产前产后饲喂不当,妊娠期间饲料单一,营养水平低、蛋白质、维生素、矿物质缺乏,尤其钙、硒、B族维生素是引起不食的原因之一。

(5)产程过长　母猪过度疲劳,再加上产后大量泌乳,血液中葡萄糖、钙的浓度降低(钙离子缺乏,细胞的兴奋性降低,胃肠平滑肌兴奋性也随之降低,胃肠平滑肌收缩力减弱,引起蠕动减少,造成母猪不食)。

(6)产后感染　分娩时由于消毒不严格,或软产道受到损伤,病原菌入侵引起泌尿系统疾病,导致猪产后不食。

(7)饮水　饮水不足或水质较差也易引起胃肠道疾病。

(8)产前乱用药　加大对肠道的刺激,使胃内胃酸过多造成胃黏膜损伤,出现一系列的胃肠机能问题。

(二)临床症状

采食量下降或食欲废绝,体温稍高,精神不振,粪便干结、蛋白尿、产后三联征症状明显(乳腺炎、子宫内膜炎、少乳或无乳综合征)

(三)防治措施

(1)加强饲养管理　合理搭配饲料,提高机体免疫力,保持营养均衡,加强运动,母猪多喂青绿饲料,做好药物保健。

(2)药物治疗　应立即查明原因,做到对症、对因合理治疗。若大便干结引起可适当加大青绿饲料的供给,并用硫酸镁拌料,用于缓解母猪便秘。若低血糖缺钙的母猪应以补糖、补钙、补磷为主(可用葡萄糖酸钙、葡萄糖、维生素C静脉注射),若产后感染引起可使用林可霉素或土霉素等药物配合健胃药使用(若病猪体质弱可考虑静脉注射能量合剂、维生素、葡萄糖等药物)。

十四、胎衣不下

胎衣不下,又称胎膜滞留,是指母猪分娩出胎儿后,胎衣在第三产程的生理时限内未能排出。猪的正常排出胎衣时间为1小时,若超过以上时间则表示异常。猪发生时胎儿和胎膜同时滞留,很少发生单独胎衣不下。

(一)发病原因

引起胎衣不下的原因很多,主要和产后子宫收缩无力及胎盘未成熟或老化有关同时也与胎盘充血、水肿、发炎及胎盘结构等特点有关。

(二)临床症状

胎衣不下分部分胎衣不下和全部胎衣不下两种。猪的胎衣不下多为部分不下,并且多位于子宫角最前端，触诊不易发现。患猪表现不安，体温升高，食欲降低，泌乳减少，喜喝水。阴门内流出红褐色液体，内含胎衣碎片。

(三)防治措施

(1)加强饲养管理　妊娠母猪提供维生素和矿物质营养丰富且均衡的饲料，产前1周逐渐减料，产期搞好产房卫生及消毒工作，派专人做好母猪护理，且保证分娩后尽早让仔猪吮乳。

(2)药物治疗　①子宫内投药。向子宫内投放土霉素、磺胺类或其他广谱抗生素粉剂，及防腐消毒类药物，如0.1%高锰酸钾、0.5%苯扎溴铵或0.01%碘溶液等，起到防止腐败、延缓溶解的作用，等待胎衣自行排出。②肌内注射抗生素。在胎衣不下的早期阶段常采用此法，当出现体温升高、产道创伤或坏死情况时，还应根据临床症状的轻重缓急，增大药量，或改为静脉注射，并配合应用支持疗法。③促进子宫收缩。加快排出子宫内已腐败分解的胎衣碎片和液体，可先肌内注射雌二醇10毫克，1小时后肌内或皮下注射催产素10～20国际单位，2小时后重复一次。此类制剂应在产后尽早使用，对分娩后超过24小时或难产后继发子宫弛缓者效果不佳。

十五、母猪难产

(一)发病原因

1. 仔猪方面的原因造成的难产

①仔猪过大性难产。多见于母猪产仔太少，胎儿发育过大引起难产。②仔猪胎位不正性难产。多见于仔猪在产道中姿势不正堵塞产道引起难产。③畸形胎儿性难产。仔猪畸形不能顺利通过产道，引起难产。④死胎性难产。仔猪在母体内死亡时间较长，引起胎儿水肿、发胀造成难产。⑤两头仔猪同时进入产道引起难产。

2. 母猪自身原因造成的难产

①产道狭窄性难产。多见于初产母猪，由于母猪配种怀孕后还处于生长发育阶段，骨盆口太小，虽然母猪经强烈的子宫收缩，但胎儿排不出子宫口造成难产。②产力虚弱性难产。多见于体弱、疾病、高胎次或产仔多的母猪。由于疲劳造成子宫收缩无力，无法将胎儿排出产道，引起难产。③膀胱积尿性难产。多见于体弱、疾病等原因引起膀胱麻痹，尿液不能及时排出，膀胱积聚大量尿液，挤压产道引起的难产。④外界刺激引起的应激性难产。多见于初产、胆小的母猪，由于受到突然惊吓或分娩环境不安静等外界强烈的刺激，造成起卧不安，子宫不能正常收缩，引起难产。⑤母猪过于肥胖、产道畸形、有疾病或发育不良也可以引起难产。⑥营养过剩，母猪过胖，腹压过大引起的难产。

3. 药物使用操作不当所造成的难产

助产过早、过频、操作粗鲁的助产以及用药不当，过早使用子宫收缩药，强制子宫收缩，产道羊水过少等造成的难产。

(二)临床症状

正常的母猪从第一头仔猪的产出到胎衣的排出，整个过程持续时间2～4小时，一般为2～3小时。产仔时间间隔一般为10～15分。在产仔过程中如果羊水流出超过30分，母猪躁动或疲劳，精神不振，呼吸急促，后腿一直用力就应采取难产处理。

人工助产

首先,清洗母猪后阴部及助产者手臂和手指。助产者指甲要剪短,手臂涂上润滑剂(食用油或其他润滑剂)。先让母猪躺卧,然后用手指分开阴唇,圆锥形轻轻伸入产道。先探查产道有无损伤,然后检查胎儿胎位、胎势及胎向是否正常。轻度异常者,只要抓到胎儿的头和两侧前肢或两后肢,通常不要用多大力,即可拉出。有条件可用产科钳、助产绳、钝型钩子等进行助产,但注意使用这些器械时要防止滑脱。对于死胎,可用钩子钩住胎儿眼眶或下颌进行牵拉。若发生臀部前置,先把手伸进产道,用食指从腹侧钩住每条后肢的飞节,拉住它向后伸展,就能正常产出。助产后,要再次检查产道是否有胎儿存在,产道是否损伤。拉出的胎儿应立即清除呼吸道黏液以刺激呼吸。

(三)防治措施

(1)加强饲养管理　①均衡营养,保证微量元素和维生素的同时控制间吸量,防止母猪过肥或过瘦,妊娠后期让母猪适量运动。②严格筛选后备母猪,选择发育良好,后躯丰圆的母猪,及时淘汰高龄和生产次数过多的母猪。

(2)药物治疗　①母猪由于子宫收缩无力引起的难产,检查子宫颈产出没有障碍时,可以肌内、静脉或皮下注射垂体后叶素20～40国际单位,静脉注射时用5%葡萄糖液稀释。②由于产道狭窄、胎儿过大、羊水早流、产道干燥等原因造成的难产,可以用消毒后的胶管向产道内注入润滑剂(如液状石蜡),再把手伸入拖出仔猪。

延伸阅读

母猪剖腹产术

猪剖腹产是一种解决母猪难产的有效方法,目前有很多大猪场使用,但是不建议随便使用,因为剖腹产生产来的仔猪抵抗力会比顺产下来的弱,而且如果手术技术不过关,很容易造成手术失败,从而造成经济损失。

1.把握手术的时间

剖腹产一般在母猪分娩开始后几小时之内施行手术,可使母猪及全部或大部分胎猪存活,但是如果母猪难产超过24小时,则手术成功率就会大大降低。

2.手术的前期准备

(1)保定与麻醉　让母猪侧卧在垫有大量褥草的地面上,将前后肢分别捆缚,体格较大的猪,用一根木棒按压在颈部,用细绳将猪嘴扎起来以免啃咬伤人。多采用局部浸润麻醉,即用1%普鲁卡因40～80毫升在切口周围做皮下注射,亦可按每50千克体重100毫克的剂量肌内注射氯丙嗪镇静剂。对个别性情凶暴剧烈挣扎不停的母猪,可行全身麻醉。可灌服白酒,剂量为每千克体重2～4毫升;或水合氯醛,剂量为每100千克体重8～10克,麻醉时间2～3小时,若灌服水合氯醛有困难,亦可溶解于水中再加入少量淀粉进行灌肠,约10～20分进入麻醉。

(2)消毒　将母猪的侧腹壁大面积剃毛、洗净,涂5%碘酒和70%乙醇,并在术部铺上消毒的大块创巾布,在第一层创布上覆盖一块面积更大的已消毒的塑料布,以便放置子宫角,手术器械用0.1%苯扎溴铵溶液浸泡30分或者沸水中煮5~10分后使用。

3.正确的手术操作要点与步骤

(1)切口定位　切口选在分娩母猪的左或右腹壁,常有2种切口位置。一种是在距腰椎横突5~8厘米的下方,髋结节与最后肋骨中点连线上做垂直切口。一种从髋结节之下约10厘米处,沿最后一根肋弓方向做斜切口,长度约15厘米。

(2)手术步骤　①切开腹壁。切开皮肤、皮下脂肪及皮肌,钝性分离腹外、内斜肌及腹横肌,也可锐性切开。分开腹膜外脂肪(板油),用剪刀或外科刀切开腹膜,然后术者手伸向母猪盆腔,隔着母猪的子宫壁抓住幼崽,并向产道挰挤,助手则试将手伸入产道取胎,如有困难,切开子宫取胎。②托出子宫。术者可将手伸入腹腔找到一侧子宫角,隔着子宫壁握住最先见到的胎儿,将母猪的子宫拉出来,随后以大块灭菌纱布在子宫和腹壁切口边缘之间填塞防护。③切开子宫。通常在已拉出的子宫角或子宫体的大弯上做8~12厘米长的切口,从切口取出两侧子宫角内的全部胎儿。如果胎儿过多,做一切口不易取出胎儿,则先将一侧切开后取出胎儿及胎衣,缝合、冲净后,摘除卵巢,然后再同法处理另侧。④缝合子宫及闭合腹腔。子宫的封闭通常用4号丝线进行两次缝合。第一次连续缝合子宫壁全层,第二次缝合浆膜及肌肉层,做内翻缝合,为预防感染缝合前可在子宫内注入抗生素。子宫闭合后用温生理盐水把暴露的子宫角清洗拭干,创口涂以抗生素软膏,术者手臂再做一次清洗消毒,再将子宫还入腹腔,用4号丝线连续闭合腹膜,结节缝合腹肌,最后用12号丝线结节缝合皮肤,术部涂以碘酊。

延伸阅读

母猪流产、化胎、死胎的原因及防治措施

在每个猪场,造成流产、死胎、化胎的现象,都普遍存在。不管数量多少,都直接影响母猪的生产和场里的经济指标。

造成化胎、死胎、流产的原因
(1)种母猪卵子质量差,未适时配种,卵子或精子衰老,虽可勉强受精,但胚胎不能正常发育,导致前期死亡或被母体吸收。
(2)妊娠母猪营养不全面,缺乏必要的优质蛋白质、矿物质以及维生素,如维生素A、维生素E、维生素AD_3粉等,也可导致胚胎死亡和化胎。
(3)母猪长期缺乏运动,妊娠母猪过肥或长期便秘,影响胎儿正常发育,引起化胎、死胎、流产现象。
(4)母猪采食发霉、变质、有毒或强烈刺激性气味的饲料,因中毒造成死胎、流产发生。
(5)饲养管理不善,母猪滑倒、拥挤、惊吓、驱打等,都可造成机械性流产。应激如疫苗应激,温度过高也能造成死胎。
(6)圈舍卫生不好,消毒不严,引起产道感染、母猪发热,以致流产。
(7)孕期使用禁用药物如激素类药物等导致流产。

续表

造成化胎、死胎、流产的原因
(8)妊娠母猪配种前,没有进行传染性繁殖障碍病的接种免疫,或妊娠期发生传染病感染也可引起死胎、干尸、流产现象。
(9)近亲交配使死胎数增多,有时产出畸形怪胎。
(10)后备母猪配种过早,胎儿过大,骨盆腔狭窄,引起难产、胎儿窒息死亡等。
(11)上分娩床时或临产前母猪过度扒圈,可能导致胎儿死亡和窒息,有的母猪产仔收缩无力,致使胎儿在产道滞留时间过长,造成胎儿死亡。

防治措施
(1)合理饲养妊娠母猪,饲喂全价优质妊娠专用料维持种用膘情。保证胎儿获得生长发育必需的营养物质,特别是蛋白质、矿物质和维生素充分利用。有必要配种前给种公猪饲喂 1～2 枚鸡蛋,提高精液质量和活力,受胎率会有提高。
(2)严禁饲喂霉变饲料,把好饲料关,对饲料加强管理,特别妊娠料不能霉变。
(3)妊娠管理要认真负责,责任心要强,防止圈舍拥挤、咬架和惊吓,不让其他饲养员进圈,防应激。
(4)严格把握配种关,要适时配种,不得近亲交配。
(5)搞好母猪的环境卫生,严格消毒,加强粪便清理工作防止产道感染和疾病的发生。
(6)配种前后,做好母猪繁殖障碍病的免疫接种工作。
(7)做好夏季猪舍降温通风工作,饲料中加防暑降温药物。
(8)妊娠母猪后期少添勤喂,防止猪吃得过饱,顶食、压迫胎儿。
(9)妊娠母猪不到临产前,出现肚疼有流产征兆,可注射黄体酮 15～20 毫升,保胎。
(10)母猪产仔时不要惊吓,要有专人接产护理,检查胎儿、胎衣是否排完。
(11)母猪产仔时,时间过长,没有下胎衣,还有仔猪时,采取人工助产,产后给母猪注射消炎、抗菌药。

十六、母猪瘫痪

母猪产后瘫痪又称产后麻痹或乳热症,是母猪产后体质虚弱,产仔后四肢不能站立,知觉减退而发生瘫痪的一种疾病,又称产后风。

(一)发病原因

母猪产后瘫痪发生的原因很多,主要有营养、环境、母猪及胎儿因素等。一般认为是由于日粮缺乏钙、磷或钙磷比例失调;体内维生素 D 的含量不足或运动及光照不足导致维生素 D 缺乏;机体的吸收能力下降,母猪产后大量泌乳,血钙、血糖随乳汁流失等原因导致机体血钙、血糖骤然减少,使大脑皮层发生功能障碍所致。另外,气候寒冷,圈舍阴冷潮湿,寒风吹袭导致经络阻滞等均可导致此病。

(二)临床症状

本病常见于分娩后 3～5 天的母猪,表现精神萎靡,食欲下降,粪便干而少,乃至停止排粪、排尿,体温正常或略有升高。轻者站立困难,行走时后躯摇摆,重者不能站立,长期卧地,精神萎靡,成昏睡状态;乳汁很少或无乳,病程较长,四肢麻木发凉,对外刺激反应减弱或无反应,肌肉疼痛敏感,呼吸浅表,逐渐消瘦、衰竭而死。

(三)防治措施

(1)加强饲养管理　母猪在妊娠期要多晒太阳,每天要让母猪在阳光下运动2～3小时,饲喂易消化、富含蛋白质、矿物质和维生素的饲料,钙磷比例要适当;对有产后瘫痪史的母猪,在产前20天静脉注射10%葡萄糖酸钙100毫升,每周一次,以预防本病的发生。

(2)药物治疗　为补钙、补液、强心、提高血糖、维持酸碱平衡和电解质平衡为原则。①10%葡萄糖酸钙注射液50～200毫升,或10%氯化钙注射液20～30毫升,一次静脉注射。注射时不要漏至皮下,必要时可重复注射(第2天至第3天)。②重病猪可用10%葡萄糖酸钙液100～200毫升,12.5%维生素C 10毫升,复方水杨酸钠20毫升,50%葡萄糖500毫升,一次静脉注射。隔5天重复用药一次,有良好效果。③内服复方龙骨汤。龙骨300克,当归、熟地黄各50克,红花15克,麦芽400克,煎汤,每日分早晚两次灌服,连用3剂,疗效显著。④当归、防风、地龙、乌蛇各25克,红花、土鳖各20克、没药12克,血竭15克,黄酒为引,温水调好,一次投服。

十七、猪脐疝

猪脐疝是腹腔脏器通过闭合不全的脐孔进入皮下的现象,脱出的脏器常为小肠和网膜。

(一)发病原因

发生本病的根本原因是仔猪先天性脐孔闭锁不全,腹腔内容物通过脐孔脱出于皮下,有的母猪连续3窝以上均有超过1/3仔猪患脐疝,可能与遗传因素有关。断脐不当,仔猪自行断脐和脐部化脓等导致脐孔破损是该病的主要原因。另外仔猪相互吮吸脐带、争斗、便秘、过食、挤压、捕捉时过度嘶叫等也可诱发脐疝。

(二)临床症状

猪脐疝(图6-92)可分为可复性疝和嵌闭性疝。可复性疝,脐部出现局限性球形肿胀,肿胀缺乏红、热、疼的炎性特征,按压柔软,囊状物大小不一,小的如核桃大,大的可下垂至地面,病初多数能在改变体位时将疝的内容物还纳回腹腔。仔猪在饱腹或挣扎时,脐部肿得更大。可触摸到圆形脐轮,听诊疝囊时有肠蠕动音。如果肠管与疝囊或皮肤发生粘连时,伴有全身症状。

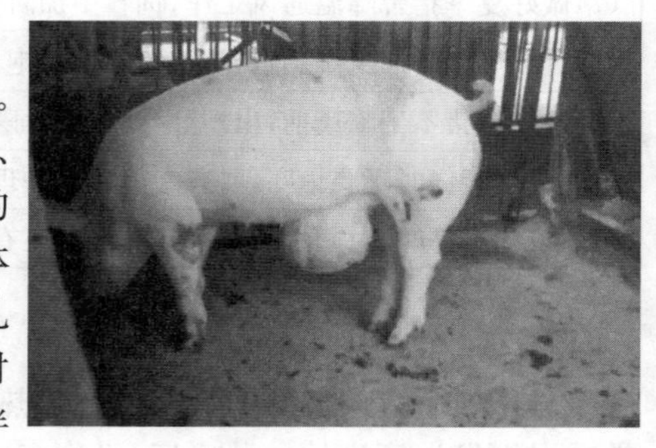

图6-92　猪脐疝

嵌闭性疝,肠管不能自行回复,病猪表现不安、腹痛、食欲废绝、呕吐、臌气,后期排粪停止,疝囊较硬,有热痛感,体温和脉搏增加,若不及时治疗,可发生肠管阻塞或坏死。

(三)防治措施

(1)加强饲养管理　①该病发生的主要原因是断脐不当。正确的断脐方法是轻扶脐带,将脐带内血液挤向仔猪后固定脐带近端,在距腹壁6～7厘米处剪断结扎并涂上碘酊,同时搞好圈舍卫生。②在一窝仔猪中有数头发病时,要考虑是否与遗传有关,再配种时应更换种猪。

(2)药物治疗　对于疝轮较小的仔猪,可用压迫绷带或在疝轮四周分点注射95%乙醇或10%～15%氯化钠,每点1～5毫升,以促进局部发炎增生而闭合疝孔。

(3)手术疗法　最好的疗法是手术治疗(图6-93)。术前停食1天,局部剪毛消毒,仰卧保定,局部麻醉;无菌操作,纵向把皮肤提起切开,公猪避开阴茎,不要切开腹膜,把疝内脱出物还纳入腹腔，用纽扣状缝合疝轮，结节缝合皮肤，撒布消炎药，加强护理1周，7～10天拆线。

在手术中，若发现肠管、腹膜、脐轮、皮肤等发生粘连，要仔细剥离。若肠管已坏死，可切除坏死部分肠管；若疝脐孔过大，必要时可进行修补手术。术后应加强护理，不宜喂得过饱，应限制剧烈活动，防止腹压过高，术后可用绷带包扎，防止伤口感染。

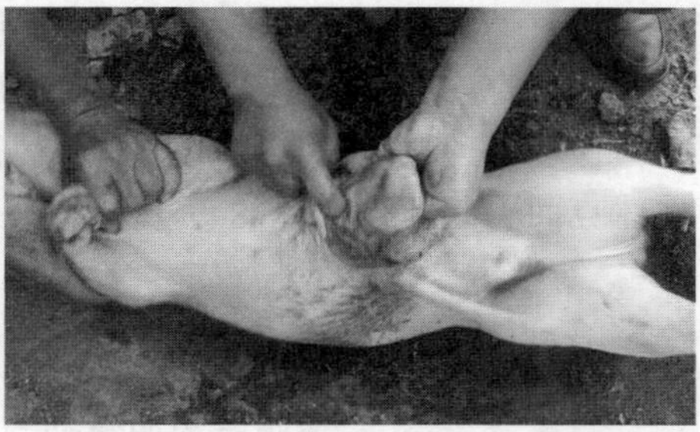

图6－93　猪脐疝手术

十八、猪腹股沟阴囊疝

猪腹股沟阴囊疝是腹腔脏器（多为小肠）经鞘膜管进入鞘膜腔引起的一种常见外科病，俗称“连肠蛋”。因阴囊里有肠管，饱食时就增大，饿食时就缩小。又因肠腔内总是有气体，用手触摸容易感觉肠腔内气体流动，挤压时还可听到咕咕声，所以，民间取的名称就多了，最常用的名称“通肠猪”“气包猪”。据观察，此病有明显的遗传性。规模化猪场的发病率为0.4%～0.5%。该病影响猪的外观和肉品质量，妨碍生长发育，发生嵌顿时，造成猪死亡，对养猪业有一定的危害性。

（一）发病原因

腹股沟阴囊疝分先天性和后天性两种，多为一侧性，先天性是腹股沟管内环过大所致，有遗传性。正常情况下，在受精后80～90天胎儿的睾丸下降至腹股沟管的下方，在100天或更迟些睾丸下降至阴囊内，再经过10～15天或出生时睾丸达到完全发育，此时总鞘膜能够抵抗一定的压力，至出生时或出生后，睾丸下降至阴囊，腹股沟管关闭。若腹股沟环过大，则容易发生腹股沟阴囊疝。其常在出生时发生（先天性腹股沟阴囊病），或在出生几个月后发生，若非两侧同时发生则多半见于左侧。后天性腹股沟阴囊疝主要是腹压增高而引起的，如爬跨、两前肢凌空、身体重心向后移、腹内压加大等都会发生腹股沟阴囊疝，还有母猪的挤压、跳跃和其他的激烈挣扎都可能加大腹内压力而引发该病。另外，公猪临床阉割时处理不当，也可能发病。

（二）临床症状

腹股沟阴囊疝（图6－94、图6－95）多见于15～45日龄的公猪，以可复性的最常见。主要表现一侧阴囊增大，左侧比右侧多发，两侧性的少见。排粪、排尿、捕捉、咳嗽、按压腹部等使腹压升高的因素均可使阴囊增大。触诊患侧阴囊柔软无痛，提举两后肢，疝内容物回缩腹腔，疝囊缩小；放下或腹压加大时，又恢复原来的形状。少数病例疝内容物发生嵌顿，病猪表现精神沉郁、不食、呕吐、有时呻吟、磨牙，触诊阴囊坚实、有疼痛感，倒提仔猪或按压疝囊，疝内容物不能还纳腹腔。

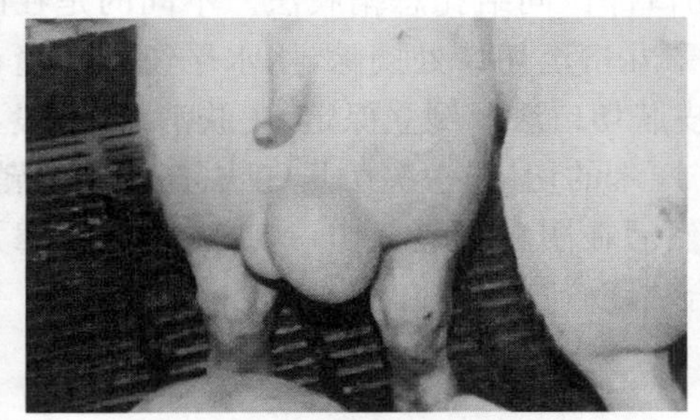

图6－94　猪腹股沟阴囊疝

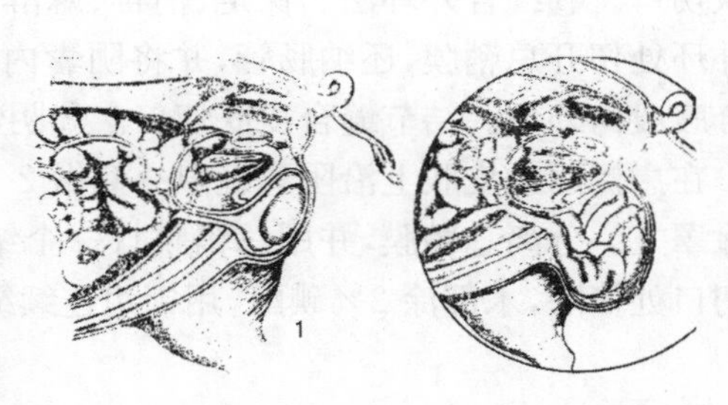

图6－95　左：正常阴囊　右：阴囊疝

可复性阴囊疝对猪的生长发育无明显的影响，只有在阴囊内的脏器过多时可影响猪的食欲及发育。若进入阴囊总鞘膜内的肠管不能还纳回腹腔内，而在腹股沟内环处发生钳闭时，可发生全身症状，如腹痛、呕吐、食欲废绝。当被钳闭的肠管发生坏死时，可发生内毒素性休克而引起死亡。

小知识

猪腹股沟阴囊疝与阴囊血肿、脓肿和阴囊积水相区别

阴囊血肿和脓肿一般发生于去势公猪，疝囊不随腹压增大而增大，鞘膜腔穿刺检查有血液或脓汁流出；阴囊积水多为两侧性，阴囊无热、无痛、无炎症反应，触诊有波动感，局部穿刺有大量浆液流出，因此易与腹股沟阴囊疝相区别。

(三)防制措施

(1)加强饲养管理　①淘汰隐性遗传基因的种公猪。腹股沟阴囊疝为多基因隐性遗传性疾病。先天性腹股沟环过大、关闭不紧，在腹腔脏器，尤其是小肠在腹压增大的诱因下，就容易进入鞘膜管和鞘膜腔形成疝气。根据多个规模化猪场的腹股沟阴囊疝患猪耳号查寻和追踪调查中发现，本病多为先天性，与遗传因素密切相关。因此，早期淘汰带有隐性遗传基因的种公猪，是防止和减少腹股沟阴囊疝发生的一项根本措施。②做好选种、选配工作。患有腹股沟阴囊疝的仔猪，不能留作种用。严格地说，为了增加安全系数，如一窝中有一头患病的，其他仔猪最好不留作种用。在配种时，搞好选种、选配，防止近亲交配引发的腹股沟阴囊疝。如果一窝仔猪中出现一两头腹股沟阴囊疝病例，为了防止下一胎类似现象发生，在母猪发情配种时，最好更换原配公猪。③减少应激因素、防止腹压骤升。进入猪舍的人员不宜大声说话和穿华丽的衣服，在喂料、清粪、消毒、查看猪舍时，动作要轻柔，尽量减少噪声，防止猪群应激、惊吓、骚动、炸群，在剪牙、断尾、注射、转群等需要抓捕仔猪时，要稳、准、牢，并用手托住仔猪腹部，以防止腹压骤升，诱发疝气。

(2)手术治疗　目前大都采用手术治疗的方法，对比保守治疗有干净、彻底、不留后遗症等优点，如遇到坏死的肠管时，使用正常的外科处理措施。①结扎总鞘膜法。倒立保定，局部皮肤消毒，兴奋不安的猪静脉注射盐酸氯丙嗪注射液 1～2 毫克/千克。在患侧腹股沟外环处做 4～8 厘米的皮肤切口，分离皮下组织，将含有精索的总鞘膜用弯止血钳挑到切口外，确认总鞘膜内无肠管时，在外环处贯穿结扎总鞘膜和精索。将阴囊内的睾丸挤至切口附近，在距结扎线 2～3 厘米的总鞘膜上做一纵切口，显露并摘除睾丸，术部涂 5%碘酊，结节缝合皮肤切口。②缝合外环法。保定、消毒、麻醉、切口部位同结扎总鞘膜法。不同的是在腹股沟外环处切开总鞘膜，还纳肠管，并将阴囊内的睾丸挤至切口处摘除，用水平纽扣状缝合法闭合腹股沟外环。结节缝合皮肤切口。③阴囊皮肤切口法。倒立保定、皮肤消毒，一般不麻醉。在患侧阴囊皮肤上沿阴囊缝隙一侧做 2～3 厘米的切口，一次切开皮肤、肉膜和总鞘膜，摘除睾丸。分离总鞘膜，并用总鞘膜打一个结；然后在阴囊纵隔上作一切口，将健侧睾丸挤到切口处摘除，术部涂 2%碘酊，用锁边连续缝合法闭合皮肤切口。

手术体会

(1)结扎总鞘膜法，术后不易感染，即使结扎总鞘膜的缝线松脱，也只能造成疝气再发，对猪体不会有生命危险，可用于各种年龄的患猪。缝合外环法是一种常规的治疗腹股沟阴囊疝的方法，该法尤其适用于疝内容物粘连的难复性疝的治疗。阴囊皮肤切口法与正常公猪的去势手术类同，技术简单，施术速度快捷，术后大多数阴囊疝自行消失，尤其适用于体重在8千克以上的公猪(体重过小的猪，总鞘膜细短不宜打结)。

(2)猪腹股沟阴囊疝继发肠坏死病，采取手术治疗最佳。一般术后一周完全康复，但要注意术后护理，饲喂营养丰富易消化的饲料，还要注意猪舍清洁干燥卫生，防止感染。该病的临床诊断要注意和阴囊囊肿、鞘膜积液、腹壁及阴囊血肿鉴别诊断，以免造成误诊。

(3)手术分离粘连坏死的肠管一定要细心和耐心，切除坏死肠管要切除干净，与肠管粘连的周围坏死组织要一并清除。缝合时腹股沟管的内、外环均要缝合。病畜腹腔手术后常出现胃肠蠕动力降低，此时可适当肌内注射副交感神经兴奋药如比赛可灵等，可有效防止腹内粘连、便秘和肠梗阻的发生，有利于病畜的康复。

十九、直肠脱

直肠脱是指连接肛门的直肠，一部分脱出肛门之外，又叫脱肛。

(一)发病原因

猪直肠脱主要由于猪便秘、腹泻，病后体弱及用刺激性药物灌肠后引起强烈努责，或慢性便秘或下痢等原因引起。

(二)临床症状

病猪频频努责，有排粪姿势，直肠脱出物呈圆筒状下垂，初期黏膜颜色鲜红，然后瘀血水肿，暗红紫色，表面污秽不洁，甚至出血、糜烂、坏死。脱肛的猪吃食减少，排粪困难，可影响猪生长发育，脱肛时间长，猪只相互咬舔，可致猪死亡。

(三)防治措施

(1)加强饲养管理　①选择优质玉米、麦麸等大宗饲料原料，控制原料中的杂质含量，必要时过筛清除原料中杂质灰屑，适当提高优质麸皮添加量。②防止饲料霉变。③饮水水源钙质高的地区，选择适宜的预混料配制全价饲料，配合全价饲料用户应定制低钙配方饲料。④防应激。一是要防止猪舍潮湿，猪腹泻或便秘。二是防应激，避免猪受到惊吓，冬季注意保温和通风。三是秋冬季节和早春特别注意做好呼吸道疾病和肠道疾病的预防保健。

(2)药物治疗　①对于直肠脱的病猪进行整复法。温热的0.1%～0.2%的高锰酸钾溶液或10%高渗食盐水、1%～2%明矾水清洗净脱出的直肠，以针头刺破水肿的黏膜，挤出水肿液，将坏死的黏膜和水肿黏膜剪去，注意不要剪破直肠黏膜的肌层和浆膜。用药液清洗，送回肛门，肛门烟包缝合，或普鲁卡因后海穴注射，或用95%乙醇直肠周围注射，以防再脱。②严重的要进行直肠部分截除术。脱出的肠管以坏死、穿孔，可手术切除。清洗术部、消毒、麻醉，于肛门处正常肠管上，用消毒的二根长封闭针，呈“十”

字形穿过固定肠管，在针后2厘米处横行切除脱出的肠管，充分止血，于环行的两层肠管断端行全层结节缝合，涂布碘甘油，拔除固定针，将肠管还纳肛门内。可行尾、荐椎硬膜外封闭，以防止努责。术后全身应用抗菌药物。

延伸阅读

仔猪阉割术

如今，在养猪生产中，技术人员对公猪采取阉割措施，逐渐淡化了母猪阉割工作。母猪阉割技术是我国传统兽医外科操作中的经典之作，作为兽医技术工作者，理应传承发扬，我们在仔猪阉割中，对仔猪阉割术略作改进，效果不错，总结如下。

（一）术前检查及保定

首先应确定猪群无任何传染病，整体健康良好，食欲正常。然后，选择一略有坡度的地面，猪头低尾高右侧横卧保定。对仔公猪，术者左脚踩住其左后肢蹄部；仔母猪则双后肢由畜主拉直固定，使双后肢与仔猪身体纵轴呈140°左右或与地面成40°左右；使猪均呈头颈胸侧卧，腹部呈仰卧姿势，充分暴露术部。

（二）手术方法

1.仔公猪去势术

仔公猪术部常规消毒后，术者用左手中指、食指和拇指捏住小公猪的阴囊颈部，沿肛门向下腹部方向将睾丸固定在阴囊下底部，拉紧皮肤。右手持刀沿阴囊缝际外1～2厘米处做一长2～3厘米深达睾丸的切口，挤出睾丸，撕断阴囊韧带，使睾丸与总鞘膜分离。在睾丸上方2～3厘米处，左手拇指与食指紧紧掐住或用止血钳夹住精索，右手中指或食指穿插于附睾与睾丸之间，旋转睾丸，捻转精索至断离。在原切口内切开阴囊中隔，挤出对侧睾丸，按同样方法摘除睾丸。术部涂布碘附等消毒剂，切口一般不需缝合。

2.仔母猪“小挑花”阉割技术

首先保定好仔猪（图6－96），将仔猪左侧卧，术者位于猪的背侧，用右脚踩住猪颈部，左脚踩住猪右后腿。术部常规消毒后，在倒数2～3乳头间后1/3处旁，用双手拇指在荐结节对应部位腹壁向下垂直点压时，感觉指尖摸到一个小窝（略呈杯状凹陷），加大点压力度，仔猪疼痛明显叫声剧烈，此处即为术部最佳切口位置（图6－97）。随后，将皮肤稍向侧方牵引，左手拇指用力按压在术部中心稍外侧，右手控制好刀尖部，沿左手拇指甲用小挑刀一次穿透皮肤、肌膜2～3厘米，点破腹膜，子宫角即随同腹水一起冒出（俗称冒花）。如不冒则用刀柄钩伸入切口内做弧形划动引导钩出（图6－98）（若钩不出时，可用消毒的右手食指伸入探摸，摸到子宫角或卵巢时，用指腹钩出）。此时两手指交替捻导拉出两侧子宫角、卵巢和子宫体，左手提起，在下方用止血钳下压夹住，切出子宫角、卵巢和子宫体。切口不必缝合（若用手指摸出子宫角、卵巢的仔猪则应做一针带腹膜的全层缝合），再行消毒后（图6－99），提起猪的后肢稍稍摆动一下，放开即可。

图 6－96　仔猪保定

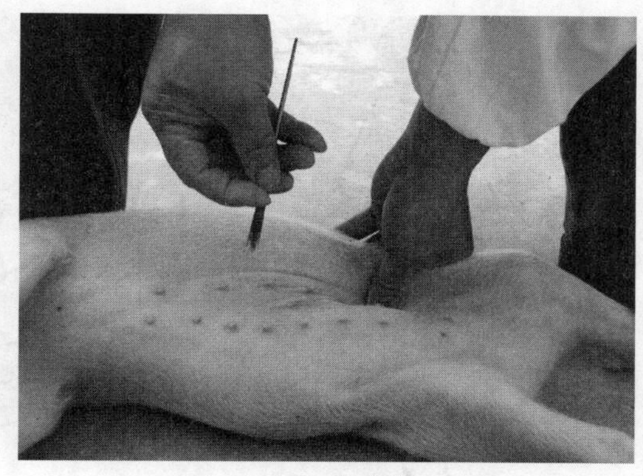

图 6－97　施术部位

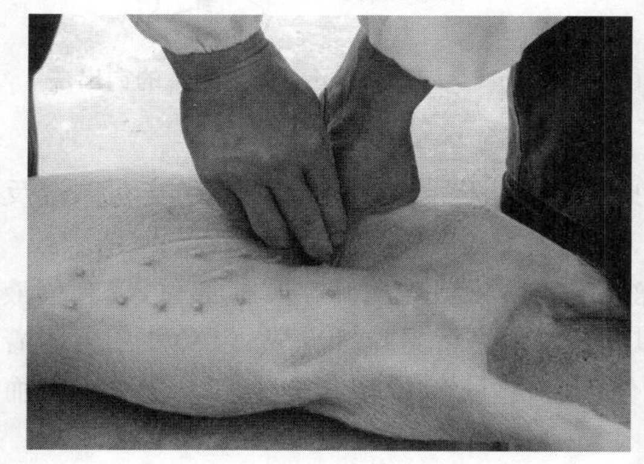

图 6－98　挑花

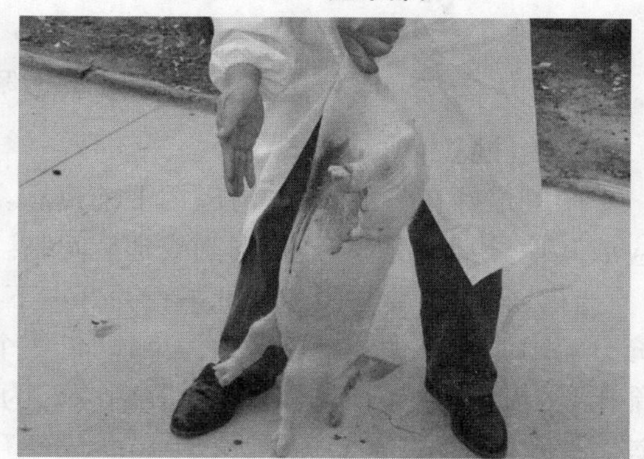

图 6－99　消毒

3. 小母猪"大挑花"阉割技术

适用于 3 月龄以上、体重在 17 千克以上的母猪去势。术前禁饲 6 小时以上，阉割用具为大挑刀。左侧卧，术者位于猪的背侧，用右脚踩住猪颈部，助手保定猪两后肢并向后下方伸直（图 6－100）。去势部位，肷部三角区中央切口，适合较小瘦弱的猪；髋结节向腹下做垂线，将垂线分成三等份，下 1/3 交界处稍前方为术部，适用于猪体较大或膘肥的猪。术部按常规消毒，术者手部消毒后，左手食指按压在术部，右手持刀在术部做半月形切口，长 3～4 厘米。左手食指伸入皮肤切口内，垂直地钝性刺透腹肌和腹膜。术者左手中指与无名指下压腹壁，食指在腹腔内探查卵巢。卵巢一般在第 2 腰椎下方骨盆腔入口处两旁，先探查上方卵巢，用食指端钩住卵巢悬吊韧带，将卵巢拉向切口处，右手将大挑刀柄伸入切口内，将钩端与左手食指指端相对应，钩取卵巢悬吊韧带，将卵巢钩出切口外（图 6－101）。术者左手食指迅即伸入切口内，并继续探查对侧的另一个卵巢，借助手指堵住切口以防卵巢回缩入腹腔内，并用同法取出另侧的卵巢。两侧卵巢都引出切口后，对卵巢悬吊韧带用缝线结扎或止血钳捻转法去掉卵巢。两侧卵巢都摘除后，术者食指再伸入切口内将两侧子宫角还纳回腹腔内，然后全层缝合腹壁切口。

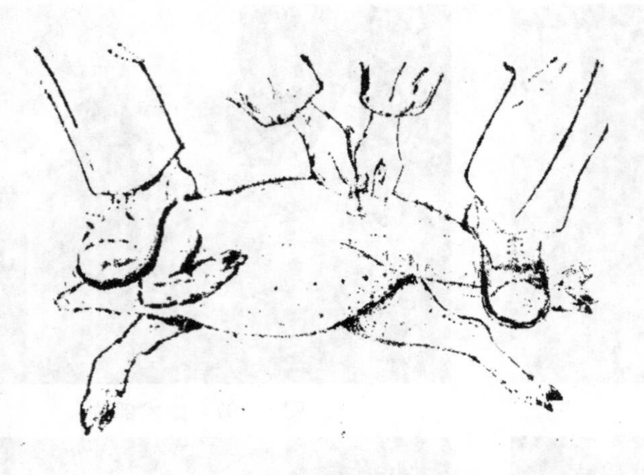
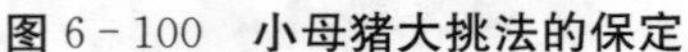

图 6-100　小母猪大挑法的保定

图 6-101　母猪卵巢的钩出法

(三)注意事项

阉割最好在晴朗天气，清晨饲喂前进行，场地要清洁、干燥以防感染。若仔猪有体温反应或其他异常情况，应停止阉割或延后阉割。

仔公猪切口要与阴囊缝际平行并开在下底部，不能横断阴囊或开在其他部位，以利创液充分流出。为减少外界环境的污染，切口一个即可。术中忌粗暴拉扯精索，以免从精索附着部撕裂，损伤盆腔内组织，造成不良后果。为充分止血，精索以捻转断离为宜。若术后出血过多要及时处理。

仔母猪阉割中力求一次穿透皮肤、肌膜，点破腹膜，切口通道整齐则易冒花。要准确控制刀尖深度，以免发生割破或切断血管，损伤内脏等意外事故。术中切忌刀具在腹腔内鲁莽划动，频繁进出。应注意摘净卵巢、子宫，避免形成“茬高”猪。

术部一定要严格消毒，术后加强护理，保持圈舍干燥、干净，防苍蝇、蚊虫叮咬，避免伤口感染。

(四)体会

此改良法与传统阉割术比较，手术方法、注意事项基本一致，其优点是保定较为切实牢靠，术部暴露更充分，便于操作。仔公猪术中避免了右后肢对术者左手操作的影响，在捻转断离精索过程中，不会发生由于仔猪挣扎拉断精索及血管，造成术后内出血或损伤盆腔内组织的现象。且仔公猪阉割中术者左手作用力是由肛门朝下腹部方向(与传统术相反)，这样只要术者留意，切口均可开在阴囊下底部，创液能充分流出，减少了水肿、血肿、水性阴囊疝的发生。对仔母猪而言，双后肢交由畜主拉直与体轴呈 140°保定，腹壁皮肤、肌肉未像传统阉割术那样紧张，相对而言比较松软，这样双手拇指点压术部位置时腹压小，容易触摸到小窝(杯状凹陷)，切口部位定位准确可靠，手术成功率较高。

二十、猪风湿病

猪风湿病分肌肉风湿、关节风湿。中兽医称其为“痹症”，主要侵害猪背、腰、四肢的肌肉和关节，在寒湿地区和冬春季发病率高。猪风湿病具有季节性、反复性、游走性特点。

(一)发病原因

猪风湿病是一种变态反应性疾病，且与溶血性链球菌感染有关。当机体抵抗力降低时溶血性链球菌侵入机体组织，引起潜在的局部性感染，并产生毒素和酶类，如溶血毒素、杀白细胞毒素、透明质酸酶和链激酶等。这些毒素和酶类刺激机体产生抗体，以后机体抵抗力再次下降时，链球菌再次感染机体，产生的毒素和酶类与先前形成的抗体相互作用而引起变态反应，从而发生风湿病。

(二)临床症状

猪突然发病，多先由后肢跛行，继而扩展到前肢跛行，有的还出现关节肿大，患肢肌肉僵硬、疼痛，疼痛部位可转移，游走不定。四肢轮流瘸拐，严重的卧地不起，强行站立则弓背缩腰，行走困难。患肢持续运动后疼痛减轻，如果没有继发感染，体温一般正常或微高，采食量下降，生长缓慢或停止，严重者不能站立甚至瘫痪。

1.肌肉风湿

肌肉风湿时，患猪经常躺卧，不愿起立，运步不灵活，触诊和压迫患部肌肉，表面不光滑、发硬、有温热，并有疼痛反应。转为慢性时，患部肌肉萎缩。颈部肌肉风湿时，患猪出现斜颈或头颈伸直，低头困难；腰肌风湿时，患猪表现拱背，背腰僵硬，活动不灵活；肩臂风湿时，患肢不敢负重，跛行；四肢肌肉风湿时，患猪跛行，步幅缩短，关节伸展不充分；当多数肌肉发生急性风湿时，患猪可有明显的全身症状，精神沉郁，食欲减退，体温升高等。

2.关节风湿

关节风湿病常呈对称性表现，多发于肩、肘、髋、膝等活动性较大的关节。急性症状表现为急性滑膜炎，关节囊及周围组织水肿，患病关节肿大，有温热和疼痛反应，患猪运步时出现跛行，跛行随运动量的增加而减轻。患猪精神差，体温升高，食欲不振，喜卧，不愿站立与运动。慢性时，患猪关节组织增生、肥厚，关节变粗，活动范围变小，运步出现强拘。

(三)防治措施

(1)加强饲养管理　保持猪舍干燥，冬天注意防寒保暖，让猪多晒太阳。在饲料中加入0.2%的驱瘟散对该病有显著疗效。该药中有淫羊藿、板蓝根、黄芪等扶正祛邪的中药成分，诸药合用相辅相成，具有扶正祛邪、补益肝肾、强筋壮骨、祛风除湿、补充元气的功效。

(2)药物治疗　①静脉注射10%水杨酸钠注射液20～60毫升，2次/天，连用3～5天。②复方氨基比林注射液、安痛定注射液、安乃近注射液选其一种肌内注射，1次/天，连用3～5天。③地塞米松磷酸钠注射液1～5毫升，静脉或肌内注射1～2次/天，连用3～5天。妊娠母猪禁用。

二十一、猪霉菌毒素中毒

(一)发病原因

霉菌毒素是谷物(玉米等)或饲料中某些霉菌生长产生的有毒次级代谢产物，普遍存在于饲料原料中，毒素在谷物田间生长、收获、饲料加工、仓储及运输过程皆可产生。由于目前饲料原料霉菌毒素的含量普遍超标，猪采食带有霉菌毒素的饲料如霉玉米(图6－102)后，会引起急性死亡、种猪繁殖障碍，免疫功能降低、饲料利用率降低，抗病力下降和生产性能下降等，给养猪生产造成严重的经济损失。

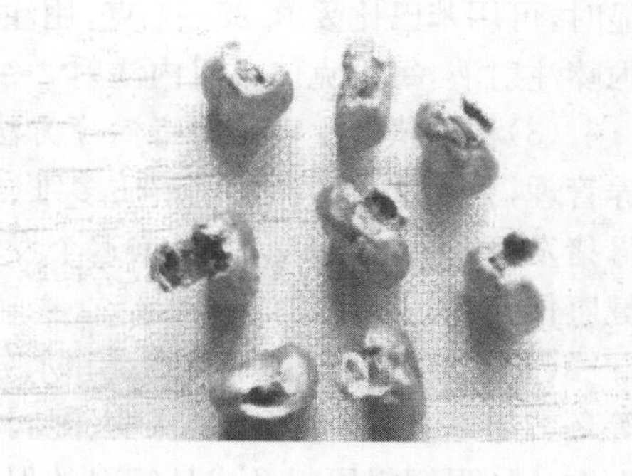

图6－102　霉玉米

免疫系统是霉菌毒素攻击的主要目标，猪霉菌毒素中毒还是一种严重的免疫抑制性疾病，有学者称它为“底色病”，在众多传染病流行中充当了“底色病”（或基础病）的角色，是我国猪群健康的第一杀手，应特别关注。

（二）临床症状

1. 急性中毒

病猪精神不振，食欲废绝，体温一般正常，有的体温升高可达40℃。粪便干燥，垂头弓背，行走步态不稳。有的呆立不动，有的兴奋不安，口腔流涎，皮肤表面出现紫斑，角弓反张，死前有神经症状。

2. 慢性中毒

病猪精神沉郁，食欲下降，体温正常。机体消瘦，被毛粗乱，皮肤发紫，行走无力。结膜苍白或黄染，眼睑肿胀。有的异食、呕吐、腹泻。病后期不能站立、嗜睡、抽搐。

3. 种猪中毒特征

空怀母猪不发情，屡配不孕。妊娠母猪阴户、阴门水肿（图6－103），严重时阴道脱出，乳房肿大，早产、流产、产死胎或弱仔等。种公猪乳腺肿大，包皮水肿，睾丸萎缩，性欲减退等。

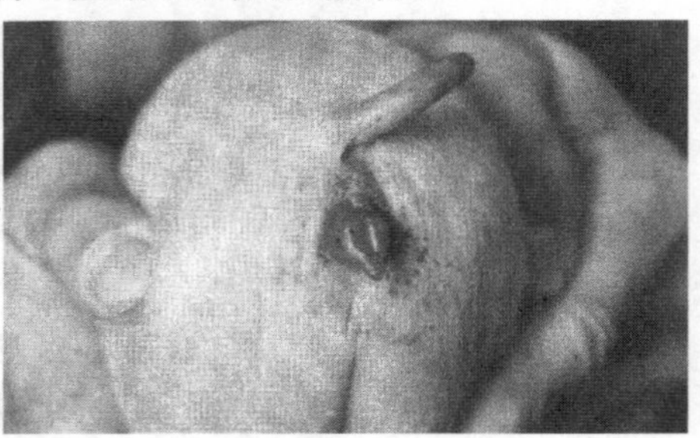

图6－103　阴门水肿

（三）防治措施

霉菌毒素中毒无特效药治疗，以提高机体免疫力，中和毒素，保肝解毒、排毒，维护电解质平衡，恢复胃肠道功能为治疗原则。根据情况可采用中药疗法、支持疗法与对症治疗等综合措施。

（1）立即停止饲喂发霉变质饲料　发现猪群有中毒症状后，要立即停喂发霉变质的饲料，更换饲料，供给青绿饲料和维生素A、维生素C缓解中毒症状，并适当地在饲料中增加蛋白质、维生素与硒的含量。

（2）导泻排毒　①硫酸钠25～50克、液状石蜡50～100毫升，加水500～1 000毫升灌服，以保护肠道黏膜，尽快排除肠内毒素；同时用0.1％高锰酸钾水溶液＋2％碳酸氢钠溶液混合灌肠，每天上、下午各1次。②10％葡萄糖注射液200～300毫升、25％维生素C 5～8毫升、40％乌洛托品20～60毫升、10％樟脑磺酸钠溶液5～10毫升混合静脉注射，每天1次，连用3天，以解毒排毒、强心利尿、保护肝脏与肾脏功能。③病猪兴奋不安、神经症状明显时，可用苯巴比妥0.25～1克，用注射用水稀释后肌内注射，每天1次，连用2天；或用氯丙嗪注射液，每千克体重肌内注射2～4毫升，每天1次，连用2天。

（3）种母猪发生霉菌中毒治疗方法　可采用以上治疗方法，治愈后或流产后，要加强饲养管理，并在饮水中添加电解质多维、维生素C、甘草粉、葡萄糖粉等，连续饮用2周。1月内母猪发情，不要急着配种，可推迟个发情期配种为宜，这样有利于母猪保持其生产性能与产健康仔猪。

（4）严格控制饲料原料质量和水分　防霉应从饲料原料的采购、贮存、运输和加工配制等环节加以注意，不能采购霉变、湿润和虫蛀的原料，采购玉米时，其水分含量应控制在12％左右。加强饲料原料及成品饲料的保管，严防受潮霉变；搞好饲料仓库杀虫灭鼠工作，防止虫蛀和鼠害，减少霉菌传播，避免毒素危害。

(5)选择有效的防霉剂及毒素吸附剂 防霉剂能防止饲料霉变,毒素吸附剂可吸附饲料中原有的毒素及储备中产生的毒素。虽然目前这些产品较多,但在饲料中添加除霉剂或脱霉剂时,最好不要使用化学合成制剂。化学合成的除霉剂或脱霉剂对动物机体免疫细胞有损害与抑制作用,可能对妊娠母猪和胎儿发育有影响。不要使用单方的除霉剂或脱霉剂,因为单方制剂只具有吸附毒素从肠道排出的功能,吸附毒素的能力也有限,没有中和毒素、降解毒素、保护肝脏及提高免疫力、改善肠道功能的作用。因此,使用时最好选用复合型除霉剂或脱霉剂,安全除去毒素的功能强,作用效果好。

(6)保健预防 种公猪与怀孕母猪,可选用下列保健预防方案,每月1次、每次连用7～14天。①甘草粉200～300克、黄芪多糖粉1 000～1 500克、转移因子800～1 000克、溶菌酶400克,拌入1吨饲料中,连续饲喂7～14天。②每吨饲料添加大蒜素200～250克,能有效减轻霉菌毒素的毒害,具有保健作用。

二十二、亚硝酸盐中毒

亚硝酸盐中毒又称"饱潲病""白菜帮中毒",是养猪场常见的中毒疾病之一。

(一)发病原因

喂猪的青饲料,如小白菜、白菜帮子、菠菜、萝卜叶、莴笋叶、包心菜、甜菜、牛皮菜和一些野菜或青草,都含有不同量的硝酸盐,特别是大量使用氮肥和粪尿的植物,吸收的硝酸盐更多。当用这些青饲料喂猪时,由于调制和保存不当,在一定的条件下,硝酸盐可以还原为亚硝酸盐。当亚硝酸盐达到一定浓度时,就可使猪发生中毒和死亡。

(二)临床症状

病猪常在采食后15分至数小时内发病。最急性者可能仅稍显不安,站立不稳,即倒地而死。但这些严重中毒的病例生前都是精神良好、食欲旺盛,故称"饱潲病"。急性形病例除显示不安外,还呈现严重的呼吸困难,脉搏疾速细弱,全身发绀,体温正常或偏低,身体末梢部位厥冷。耳尖、尾部的血管中血液量小而凝滞,在刺破或截断时仅渗出少量黑红色血滴。肌肉颤动或衰竭倒地,末期则出现强直性痉挛。

(三)防治措施

(1)加强饲养管理 ①将青饲料洗净后新鲜生喂,或将青饲料打浆喂猪,或切碎发酵后再喂,这样既可保持维生素不被破坏,又不至于使猪中毒。②不要用长期堆放发热糜烂的青饲料喂猪。饲料应该摊开放。③青饲料需煮熟时,应现煮现喂,用大火急煮,迅速煮熟煮烂,并揭开锅盖。严禁用慢火煮得半开半温,加盖闷在锅里过夜喂猪。④对可疑饲料,在临用前可采取简易化验法进行化验。特别是在集体猪场,应列为常规的兽医保健措施之一。

(2)药物治疗 此病一旦发生,难免要出现死亡,但及时治疗可以挽救部分猪。因此,发现病时措施要果断,正确。①1%亚甲蓝溶液,每10千克体重1毫升,静脉注射,因亚甲蓝对机体组织有刺激性,所以应慢慢注入静脉,在静脉注射有困难时,可进行分点肌内注射。必要时可在24小时后再重复注射一次。②注射5%甲苯胺蓝,剂量为每千克体重5毫克,作用迅速,无副作用。据试验证明,甲苯胺蓝使高铁血红蛋白还原的速度比亚甲蓝快37%。③若没有上述两种药物,可注射大量的维生素V(100～500毫克),有使高铁血红蛋白还原为正常血红蛋白的作用。④静脉注射葡萄糖溶液和复方氯化钠溶液。如静脉注射有困难时,可进行腹腔注射。⑤注射安钠咖或樟脑液,以增强心脏活动。呼吸困难时,可注射尼可刹米。⑥

农村中还有剪耳尖，剪尾尖放血及灌甘草绿豆水等方法。

二十三、食盐中毒

食盐为重要的饲料成分，但在采食过多或饲喂不当时，即可引起猪中毒，据测定，猪对食盐的中毒量为1克/千克体重。

(一)发病原因

最常见的中毒原因是喂酱渣、酱油渣、咸菜水、咸鱼粉及咸的残汤剩水等含盐量高的饲料所致。特别是与这些生产作坊挂钩的猪场，易发此病。当猪食入大量食盐而又无充足饮水时，经胃肠吸收大量钠离子而进入血液引起中毒。

维生素E和含硫氨基酸等营养成分的缺乏，可使猪对食盐的敏感性升高。

(二)临床症状

1. 最急性型

发病初期就表现显著衰弱，肌肉震颤，躺卧，四肢做游泳样的动作，很快就陷于虚脱以致昏迷而死。

2. 急性型

病程在2天以上，可达5～7天或更长，也可从采食后延迟数天发病。最初见饮欲增高，皮肤瘙痒，尿少，便秘以及可视黏膜潮红。继而则因视觉和听觉机能障碍而表情淡漠，甚至对周围的刺激或饮食也缺乏反应，但出现了无目的的徘徊或转圈运动，或用鼻端紧顶墙柱。此阶段如不能恢复，则转为癫痫样发作，先是数分的发作后，有一段较长的间歇期。随着病情的发展，发作趋于频繁。每次发作时可先后出现鼻端抽搐、鼻盘扭曲，渐而颈部肌肉乃至全身肌肉痉挛，频向一侧摆头，或颈部不断地收缩直将鼻端向上，致使躯体渐呈犬坐姿势或呈为侧弯姿势。与此同时，因不停地空口咀嚼而使口角唇边沾满白色唾沫。呼吸急促，脉搏快速，皮肤、黏膜发绀。一次发作过后，病猪仍可在虚弱中逐渐恢复；轻症的间歇期同健猪无明显区别。病猪体温无变化，发作期也不超过39.5℃。

(三)防治措施

(1)加加饲养管理　①管理好食盐，防止混入饲料中或被猪偷食，正确用量为大猪15克/天，中猪8～10克/天，小猪3～5克/天。②利用酱油渣、酱渣、咸菜水、咸鱼粉及其他含盐分多的物质作饲料时，应根据含盐量情况，与其他饲料混掺后再喂，最多也不超过10%。③保证猪充足的饮水。

(2)药物治疗　①立即停喂含盐多的饲料，喂给稀薄粥料。②10%葡萄糖酸钙50～100毫升，静脉注射，也可分点肌内注射，或用10%氯化钙10～30毫升，静脉注射。③静脉或腹腔注射5%葡萄糖生理盐水500～1 000毫升。④亦可用强心药，如10%安钠咖5～10毫升。

二十四、猪有机磷制剂中毒

有机磷制剂中毒是由猪接触、吸入或误食有机磷制剂所致。临床上猪有机磷制剂中毒以神经功能紊乱为特征。

(一)发病原因

有机磷制剂较多，常见的剧毒类有甲拌磷(3911)、对硫磷(1605)等，强毒类有乐果、敌敌畏等，低毒类有敌百虫、蝇毒磷等。有机磷制剂可经消化道、呼吸道黏膜及皮肤进入动物机体而引起中毒。猪有机磷制剂中毒一般是由于猪误食含有有机磷农药的饲料(蔬菜、牧草等)或饮水,以及临床应用驱虫药时剂量过大所导致。

(二)临床症状

有机磷制剂中毒因其摄入数量、毒性、途径及猪体状况不同,临床症状表现也不相同。最急性中毒型猪,往往来不及抢救即死亡。多数中毒猪病症很急,表现为口吐白沫,流涎、流泪及水样鼻涕,眼结膜高度充血,瞳孔缩小,肌肉震颤,兴奋不安,狂奔乱走。肠蠕动亢进,呕吐,不时腹泻。体温上升至40℃以上,心跳微弱,呼吸急促。病情严重者,卧地不起,四肢呈游泳动作,阵发性抽搐,最后昏迷不醒,常伴发肺水肿窒息或衰竭死亡。慢性中毒者则表现四肢软弱,不能起立,食欲不振,病程可达5～7天后死亡。

(三)防治措施

(1)加强饲养管理　防止有机磷制剂污染饲料、饮水及环境,严禁使用6周内有机磷制剂喷洒过的蔬菜、牧草等青饲料喂猪;应用有机磷制剂驱杀体内、外寄生虫时,严格操作规程及用药剂量以防中毒。

(2)药物治疗　治疗原则为尽快除去毒物,及早使用特效解毒药。对于严重的病猪,可配合强心补液镇静等辅助支持疗法。①硫酸阿托品,按每千克体重0.5～1毫克,皮下注射,每隔2～3小时再注射1次,直至瞳孔散大、口腔干燥等康复症状出现。②解磷定,按每千克体重20～50毫克,用生理盐水配成2.5%～5%注射液,缓慢静脉注射、腹腔注射或皮下分点注射。注意禁止与碱性药物配伍,以防产生剧毒药物。③经内服中毒者,应立即采取催吐、洗胃、灌肠等措施;经皮肤中毒者,应用清水或肥皂水洗刷皮肤,但敌百虫中毒猪禁止用肥皂水,因其在碱性溶液中可生成毒性更强的敌敌畏。

二十五、母猪无乳综合征

母猪无乳综合征,又称母猪泌乳失败或泌乳不足。其特征主要是母猪产后1～3天,泌乳逐渐减少,厌食,精神萎靡,体温升高,乳腺肿大,不分泌乳汁,仔猪吸吮乳头时,母猪拒绝哺乳。

(一)发病原因

母猪无乳是由多病原、多因素引起的综合征,其病因复杂多样,有应激因素、内分泌失调、疾病因素以及营养和管理等方面。

1.应激因素

在现代养猪条件下,许多外界不良因素的刺激,可引起母猪的应激反应,如转群时的强行驱赶、惊吓、噪声等。

2.内分泌失调

内分泌失调是造成母猪无乳综合征的综合原因之一,有的母猪发生无乳综合征时其体内循环的激素量浓度较低,如促乳素。

3.营养和管理因素

分娩前后的饲料突然改变,或者饲料单一,营养不足;在管理方面如产房拥挤,通风不良,温度过高等都可能导致母猪患无乳综合征。

4.疾病因素

大肠杆菌、溶血性链球菌、葡萄球菌等均引起的乳腺炎,其他全身性疾病如蓝耳病以及子宫炎也可引起母猪的无乳综合征。

(二)临床症状

母猪在开始分娩至分娩结束这段时间还有奶，在产后12～48小时泌乳量减少或完全无乳，乳房及乳头缩小而干瘪，乳房松或肥厚肿胀，但挤不出乳汁。整体症状是病猪食欲不振，精神沉郁，体温升高达39.5～41.5℃，鼻盘干燥，不愿站立，喜伏卧，对仔猪感情冷漠，对仔猪尖叫的吮乳要求没有反应。因乳腺炎造成泌乳失败的母猪，可见乳房肿大，触诊疼痛。非传染性因素引起的泌乳失败，除母猪表现无乳以外，其他症状多不明显。

(三)防治措施

(1)加强饲养管理　一是加强怀孕母猪的饲养管理，在怀孕期间及产前产后，要适量补饲青绿多汁饲料及按饲养标准饲喂富含蛋白质、矿物质以及维生素的全价配合饲料。大中型猪场可用妊娠期母猪的专用料。二是让母猪多运动，同时排除猪场内外的应激源，把猪舍内的噪声控制在最低限度，在临产前7天将母猪转移到产房，让母猪适应新的安静环境。三是对母猪分娩前要做好产前消毒工作。四是可对产后母猪肌内注射催产素3～4毫升，以促使子宫收缩，排出胎盘碎片和炎症分泌物。

(2)药物治疗　①西药疗法。对有乳汁而泌乳不畅的，肌内注射缩宫素5～6毫升，每天2次；或者肌内注射垂体后叶素5～6毫升，每天2次，一般2天后恢复泌乳。注射“催乳灵”2～3毫升，每天2次，在促进泌乳的同时，可以防止母猪乳房水肿、乳腺炎等症。肌内注射青霉素，链霉素等抗生素或磺胺类药物，以抗菌消炎。②中药疗法。王不留行35克，穿山甲35克，水煎；虾米250克(捣碎)或鲜虾0.5千克，加入红糖0.2千克，1次调料喂服，每天1剂，连用2～3天。王不留行40克、川芎30克、通草30克、当归30克、党参30克、桃仁20克，研末，加鸡蛋5个作引喂服。③按摩疗法。用温热的0.2%高锰酸钾溶液浸湿毛巾，按摩病猪乳房，每天按摩3～5次，每次20～30分，并且每隔几小时挤奶10～15分。按摩疗法有助于降低肿胀，消除炎症，促进放乳。另外，在治疗期间，对初生猪可采取并窝寄养的方法，以防仔猪饿死。

二十六、猪应激综合征

猪应激综合征是猪受到多种不良因素的刺激而引起的非特异性应激反应，是一种病态，瘦肉率高的猪种在饲养中比较容易出现这类问题。

(一)发病原因

引起猪应激综合征的病因有：①多因受到饲养管理中某些不良环境因素的刺激时，产生应激反应以提高机体对内外环境的适应。常见的能引起应激反应的应激原包括：感染、创伤、中毒、高温、噪声、运输、饥饿、缺氧、重新分群、运输、交配、产仔等，这些应激原刺激机体，导致机体垂体—肾上腺皮质系统引起特异性障碍与非特异性的防御反应，产生应激综合征。②与遗传因素有关。该病最常发生于瘦肉型、肌肉丰满、腿短股圆而身体结实的猪，如皮特兰猪、波中猪、兰德瑞斯某些品系猪，红细胞抗原为H系统血型的猪也多为应激易感猪。易感猪较容易受惊，难以管教，常表现肌肉和尾部发抖。

(二)临床症状

根据应激的性质、程度和持续时间，猪应激综合征的表现形式有以下几种：

1.猝死性(或突毙)应激综合征

多发生于运输、预防注射、配种、产仔等受到强应激原的刺激时，并无任何临诊病症而突然死亡。死后病变不明显。

2.恶性高热综合征

体温过高，皮肤潮红，有的呈现紫斑，黏膜发绀，全身颤抖，肌肉僵硬，呼吸困难，心搏过速，过速性心律不齐直至死亡。死后出现尸僵，尸体腐败比正常快；内脏呈现充血，心包积液，肺充血、水肿。此类型病症多发于拥挤和炎热的季节，此时，死亡更为严重。

3.急性背肌坏死征

多发生于兰德瑞斯猪，在遭受应激之后，急性综合征持续约 2 周左右时，病猪背肌肿胀和疼痛，棘突拱起或向侧方弯曲，不愿移动位置。当肿胀和疼痛消退后，病肌萎缩，而脊椎棘突凸出，几个月后，可出现某种程度的再生现象。

4.白猪肉型（即 PSE 猪肉）

病猪最初表现尾部快速的颤抖，全身强拘而伴有肌肉僵硬，皮肤出现形状不规则苍白区和红斑区，然后转为发绀。呼吸困难，甚至张口呼吸，体温升高，虚脱而死。死后很快尸僵，关节不能屈伸，剖检可见某些肌肉苍白、柔软、水分渗出的特点。死后 45 分肌肉温度仍在 40℃，pH 低于 6，而正常猪肉 pH 应高于 6。这与死后糖原过度分解和乳酸产生有关，肌肉 pH 迅速下降，是色素脱失与水的结合力降低所致。此种肉不易保存，烹调加工质量低劣。有的猪肉颜色变得比正常的更加暗红，称为“黑硬干猪肉”（即 DFD 猪肉）。此种情况多见于长途运输而挨饿的猪。

5.胃溃疡型

猪受应激作用引起胃泌素分泌旺盛，形成自体消化，导致胃黏膜发生糜烂和溃疡。急性病例，外表发育良好，易呕吐，胃内容物带血，粪呈煤焦油状。有的胃内大出血，体温下降，黏膜和体表皮肤苍白，突然死亡。慢性病例，食欲不振，体弱，行动迟钝，有时腹痛，弓背伏地，排出暗褐色粪便。若胃壁穿孔，继发腹膜炎死亡。有的猪在屠宰时才发现胃溃疡。

6.急性肠炎水肿型

临诊上常见的仔猪下痢、猪水肿病等，多为大肠杆菌引起，与应激反应有关。因为在应激过程中，机体防卫机能降低，大肠杆菌即成条件致病因素，导致非特异性炎性病理过程。

7.慢性应激综合征

由于应激原强度不大，持续或间断反复引起的反应轻微，易被忽视。实际上它们在猪体内已经形成不良的累积效应，致使其生产性能降低，防卫机能减弱，容易继发感染引起各种疾病的发生。其生前的血液生化变化，为血清乳酸升高，pH 下降，肌酸磷酸激酶活性升高。

（三）防治措施

（1）加强饲养管理　①应加强遗传育种选育繁殖工作，通过氟烷试验或肌酸磷酸激酶活性检测和血型鉴定，逐步淘汰应激易感猪。②尽量减少饲养管理等各方面的应激因素对猪产生的压迫感。如改善饲养管理，减少各种噪声，避免过冷或过热、潮湿、拥挤，减少驱赶、抓捕、麻醉等各种刺激。运输时避免拥挤、过热，屠宰前避免驱赶和用电棒刺激猪。在可能发生应激之前，使用镇静剂氯丙嗪、安定等并补充硒和维生素 E，从而降低应激所致的死亡率。

（2）药物治疗　治疗原则就是镇静和补充皮质激素。首先转移到非应激环境内，用凉水喷洒皮肤。症状轻微的猪可自行恢复，但皮肤发紫、肌肉僵硬的猪则必须使用镇静剂、皮质激素和抗应激药物。如选用盐酸氯丙嗪作为镇静剂，剂量为 1～2 毫克/千克，一次肌内注射或安定 1～7 毫克/千克，一次肌内注射。也可选用维生素 C、盐酸苯海拉明、水杨酸钠等。

在转群前9天和前2天按每千克体重0.1毫升投给亚硒酸钠维生素E，或转群前1天按每天1.5毫克每千克体重口服阿司匹林，能有效地预防应激对仔猪抗自由基系统的不良影响和抑制猪体内脂质过氧化反应的加剧。使用抗生素以防继发感染，可静脉注射5%的碳酸氢钠溶液防止酸中毒。

二十七、猪呼吸道病综合征

猪呼吸道病综合征是一种由多种细菌、病毒、支原体、环境应激和猪抵抗力降低等诸多因素相互作用引起的呼吸道疾病的总称。现代化养猪业最困扰的问题是呼吸道病，呼吸道病除了猪直接死亡造成的损失以外，还给养猪业带来饲料转换率低、生长缓慢、推迟上市以及管理上恶性循环等诸多问题。

呼吸道病是许多因素综合作用的结果，这些因素包括社会、环境、饲养管理、应激、传染病原、饲料、药物等。在诸多因素中管理因素起重要的作用，改善管理和环境，许多呼吸道病可以减轻或控制。

(一)发病原因

猪呼吸道病综合征主要由两类病原引起：一是潜在的原发病原，常包括猪蓝耳病病毒、猪肺炎支原体、猪流感病毒、伪狂犬病病毒、猪圆环病毒、猪呼吸道冠状病毒和支气管败血性波氏杆菌等多种病原体；二是继发病原，主要有猪链球菌、副猪嗜血杆菌、猪肺疫、放线杆菌炎、猪附红细胞体等，猪肺炎支原体是本病的导火线，它的存在使病毒以及放线杆菌等细菌的侵袭感染更加容易。

猪呼吸道病综合征的发病率和猪群的饲养管理条件密切相关，这些因素包括：饲养密度过高、通风不良、温差大、湿度高、频繁转群等。

除上述原因外，猪群免疫和保健工作不够全面、后备猪免疫计划不合理，导致猪群群体免疫水平不稳定、营养和疫病等因素造成猪群免疫力和抵抗力下降等，都可引起猪呼吸道病综合征的暴发和流行。

(二)临床症状

断奶至育肥前期多发，病猪表现为精神沉郁，爱扎堆，食欲减退，生长慢，消瘦，皮毛粗乱，腹式呼吸气喘急促，呼吸困难，咳嗽。急性发病猪体温个别出现体温升高到40℃以上，眼结膜潮红，分泌物增多，后期耳部、腹部皮肤发绀，心脏衰竭。

所有病猪和死亡猪剖检均可看到不同程度的肺部病变，急性可见肺瘀血充血、水肿、出血，肺鼓胀呈气球状、间质性肺炎、肺肉样变和肝变，肺门淋巴结肿大、出血，气管及支气管内存留多量泡沫样物。慢性经过的病猪，由于感染的病原和病程不同，各器官的病变也不一致。

猪呼吸道病综合征发病期间，常出现继发感染和混合感染，造成在诊断和控制上出现混乱，药物应用和疫苗紧急注射不见明显效果，进一步增加了对猪呼吸道病综合征的控制难度，使发病过程延长，短则1个月，长则2～3个月才能得到基本控制。例如，母猪可能出现流产、产死胎、弱胎等；公猪可能出现跛行和睾丸炎等，进一步对猪场生产造成影响。康复猪生长明显受阻，日增重降低，料重比升高，推迟上市10～30天，甚至出现突然死亡的情况，给猪场造成严重的经济损失。由于猪呼吸道病综合征主要侵袭断奶后的仔猪，而此时猪群正处于母源抗体保护力下降，自身免疫没有完全建立，消化和呼吸系统的功能尚未健全，又处于断奶应激和饲料更替时期，所以猪呼吸道病综合征发病场的猪群发病率高达30%～70%，死淘率高达10%～30%。

（三）防治措施

①加强饲养环境管理，减少应激因素发生。②注重配制均衡的饲料，增强猪群的免疫力。③加强产房和保育舍消毒、降低密度、减少转群和混群、改善通风、及时隔离或淘汰残次及病猪等。④定期驱虫。⑤建立监测制度。猪群定期对猪瘟、蓝耳病、伪狂犬病、链球菌病、喘气病、猪流感、副猪嗜血杆菌、圆环病毒病、传染性胸膜肺炎等进行免疫抗体监测，以了解猪群的健康状况。发现隐性带毒猪只应予以淘汰，从而净化猪群，达到防止疾病在猪群中传播的目的。⑥做好预防控制方案。a. 哺乳仔猪免疫接种猪肺炎支原体疫苗：7～14日龄首免，两周后二免，每次2毫升（颈部肌内注射）。另外对6～8周仔猪免疫接种猪伪狂犬病疫苗。b. 仔猪三针保健（仔猪3、7和21日龄）打头孢噻呋能有效防治猪呼吸道疾病，减少因蓝耳病和圆环病毒Ⅱ型所引起的细菌继发感染。c. 育肥猪的保健计划。“三西加一中”方案：第一个月，每吨饲料加入泰妙菌素（西药）200克，二花平喘散（中药）1 000克；第二个月，每吨饲料加入氟苯尼考（西药）200克，二花平喘散（中药）1 000克；第三个月，每吨饲料加入替米考星（西药）200克，二花平喘散（中药）1 000克，每次用药5～7天。

第七章　中药在猪病防治方面的应用

第一节　中药保健在猪场的应用

许多中药中含有的多糖、苷类、生物碱、有机酸、挥发油等上百种成分，不但具有独特的免疫调节功能，而且还具有明显的抗病毒、抗细菌、抗肿瘤和增强免疫等作用。

当今市面上的中药产品多是以中药原料直接粉碎而制成的粉散剂。由于自然中药原料有效成分含量较少，吸收利用率低，此类粉散剂的添加量需要很大，每吨料添加至少10千克或更多才能起到一定作用。而市场上销售的此类产品，却标明按每吨料添加1千克使用，这是许多猪场使用了中药粉散剂却依然疾病不减的直接原因；更甚者，有的掺劣使假，以低廉的中药渣，掺入草粉和化学药品或低价的解热镇痛剂；还有一些厂家盲目地夸大中药的功效，在猪场疫情流行造成心理恐慌时，极力宣传中药产品的特殊疗效和一药治百病的万能性。如此种种，给养猪场带来较大的经济损失，更给中兽药的应用造成了极坏的影响。

正规的兽药企业为了提高中药产品质量，往往从中药原材料的源头抓起，直接到产地收购正宗地道的新鲜药材，保障药材质量，并采取超微粉破壁粉碎工艺或提取工艺等先进的加工工艺，使成品单位重量的有效成分大大提高，且易于吸收。实验证明，采取这种先进加工工艺制成的产品，疗效可提高5～10倍。建议猪场使用中兽药时，应认明正规中兽药生产厂家和选购中药提取物或超微粉产品。

一、中草药按其作用功能分类

(一)健胃消导类

神曲、麦芽、厚朴、青皮、山楂、莱菔子、鸡内金等。

(二)清热解毒或清热抗菌类

黄芩、黄连、黄柏、连翘、板蓝根、金银花、鱼腥草、马齿苋、蒲公英、穿心莲、紫花地丁、射干等。

(三)解表清热类

防风、荆芥、桂枝、柴胡、菊花、紫苏、生姜、葱白、薄荷、白芷、葛根、石膏等。

(四)泻下通便类

大黄、芒硝、大戟、巴豆、郁李仁、甘遂、蜂蜜、植物油等。

(五)渗湿利水类

猪苓、茯苓、泽泻、车前子、滑石、金钱草、通草等。

(六)收涩敛泻类

五倍子、诃子、石榴皮、肉豆蔻、乌梅等。

（七）化痰止咳平喘类

桔梗、杏仁、贝母、瓜蒌、枇杷叶、半夏、曼陀罗、麻黄等。

（八）理血、补血、止血类

红花、川芎、当归、桃仁、丹参、白及、仙鹤草、侧柏叶、茜草、地榆、乳香、没药、三七等。

（九）强心消肿类

洋地黄叶、毒毛旋花子、蟾酥等。

（十）祛风去湿止痛类

羌活、独活、秦艽、汉防己、五加皮、苍耳子、威灵仙等。

（十一）安神镇惊类

朱砂、远志、酸枣仁、茯神、天麻、地龙、蜈蚣、全蝎、僵蚕、柏子仁、木贼等。

（十二）平肝明目类

石决明、草决明、茵陈、熊胆（引流）等。

（十三）补养益气类

人参、党参、黄芪、山药、白术、阿胶、灵芝、何首乌、黄精、大枣、鹿茸、杜仲、甘草等。

（十四）驱虫类

使君子、苦楝皮、槟榔、贯众、常山、南瓜子、除虫菊等。

（十五）消炎敛疮类

轻粉、砒石、雄黄、石灰、炉甘石、白矾、冰片、硼砂等。

二、根据猪群不同生产（长）阶段选用相应产品

在疾病临床治疗实践中，很少使用单味中药治病，多是根据病情的需要和药物的性能特点，有目的地将多种药物互相配合成为“配方”应用，这是中药应用的基本形式。各中兽药企业研发销售的中兽药产品，基本上都是配方药，把各种中药原料或其提取物，加工成各种成品。例如常见的清瘟败毒散，就是由石膏、地黄、水牛角、黄连、栀子、连翘、桔梗、淡竹叶等14味中药原料或其提取物粉碎加工而成的粉散剂。各种中药也有制成口服液、注射液、颗粒剂、软膏剂、流浸膏剂、片剂、酊剂等，而猪群保健最常用的则是粉散剂。配方药物方便客户使用，可根据病情或保健需要，有目的地选用相应产品。

市场上常见的粉散剂有：荆防败毒散、清瘟败毒散、活血败毒散、黄连解毒散、板蓝根解毒散、扶正解毒散、麻杏石甘散、麻黄鱼腥草散、银翘散、鱼腥草散、小柴胡散、白头翁散、茵陈蒿散、催情散、乌梅散、产后康散、益母生化散、催奶灵散等。

除了对症用药之外，用药的程序化、规范化也是有效使用中兽药必须遵循的原则，猪场应根据猪群不同生产（长）阶段，选用相应的产品。

（一）母猪妊娠阶段

此期用药的目的主要是：①净化母猪体内毒素，解除免疫抑制，增强免疫力。②抵抗病毒侵袭，调理脏腑机能。③保持内环境动态平衡。④排胎毒，提高胎儿综合免疫力，以将亚健康母猪调理成健康状态，提高窝均健仔数。实施这一阶段的健康养生对整体猪群的健康起到举足轻重的作用，应予特别关注。这个阶段应使用茵陈蒿散或黄连解毒散配合安胎药物（如保胎无忧散）按说明拌料连喂7～10天。若母猪便秘现象较普遍，为健胃消导，可使用平胃散配合安胎药拌料投喂（按说明使用）。

(二)母猪产前阶段

为了清除母源毒素,提高初乳品质,增强初生仔猪免疫力,防止仔猪产床腹泻,可于母猪产前20天用黄连解毒散配合乌梅散,按说明拌料投喂7～10天,实施药物养生保健。

(三)母猪产后阶段

母猪在怀孕、分娩和泌乳过程中,皆易耗血,加上分娩时的严重应激,故产后母猪常处于气血不足或气血瘀滞的病理状态之中,宜于母猪产后用产后康散配合催奶灵散拌料投喂,连用5～7天,以养血活血、祛瘀生新、促进恶露排出和子宫复原,防止子宫内膜炎和乳腺炎发生,促进乳汁分泌。

(四)仔猪哺乳阶段

这一阶段段用药是以全面保护乳猪免疫器官发育,促进免疫功能形成,补充母源抗体不足,增强仔猪抗病能力,预防圆环病毒病、蓝耳病、猪瘟、伪狂犬病、五号病、传染性胃肠炎、流行性腹泻、黄白痢等疾病的危害,促进生长发育,提高成活率和断奶窝均重为目的。宜从诱食开始至断奶,按说明使用扶正解毒散拌料任仔猪采食。

(五)小猪保育阶段

机体抗应激、抗疾病的能力减弱是猪一生中最为脆弱的阶段,应予人为快速调理,以促进组织器官的发育与免疫系统正常功能的形成,增强抗应激、抗病能力,提高保育小猪成活率,此时用药尤为重要。可使用扶正解毒散配合茵陈蒿散于仔猪断奶开始饲喂,连喂10天。

(六)育肥猪阶段

绿色养殖是养殖企业必须关注与遵循的基本原则,为了确保肉品食用安全,此阶段的防治用药,宜以中兽药产品为主。可按春、夏、秋、冬分别使用茵陈蒿散、清瘟败毒散、黄连解毒散和扶正解毒散拌料,每月连喂7～10天。为了促长,应结合使用一些开胃消食、促长的产品,如平胃散、膘旺散等(按说明使用)。

第二节 猪病的中药防治验方

中药治疗猪常见疾病效果非常好,成本低且不易产生耐药性。现将四十多种常见猪病的中药防治经验介绍如下。

一、仔猪下痢

仔猪发生下痢是养猪场的常见病,防治本病主要以清热解毒、泄热开窍为主。

方剂1:白头翁50克,黄连30克,黄柏50克,秦皮50克,金银花30克,连翘30克,均匀粉碎,开食的仔猪每头每天10克,连用7天。没有开食的仔猪在哺乳母猪的饲料中每天添加一剂,连用3天,可收到很好的防治效果。

方剂2:黄柏60克,黄连40克,白头翁60克,龙胆草50克,秦皮45克,瞿麦45克,猪苓50克,煨豆蔻45克,山楂35克,白芍45克,甘草35克,马齿苋80克,过路黄100克,刺梨子根100克,水煎,加生大蒜泥30克,产仔母猪内服。

方剂3:白头翁9克,龙胆草3克,黄连1克,用米汤调成糊状做舔剂,或用水煎灌服。

方剂4:鲜马齿苋250克,煎水取汁,加红糖25克,灌服。或鲜侧柏叶120克,鲜马齿苋、鲜韭菜各150克,捣烂取汁,灌服。或百草霜1把,米醋120毫升,混合灌服。

二、仔猪水肿病

用中药促进血液循环，增进食欲，同时能缓解胃肠痉挛，排除胃肠积气，强心利尿，具有止泻、止痛作用。

方剂1：茯苓25克，泽泻20克，猪苓25克，木通20克，车前子20克，金银花20克，蒲公英20克，黄芪25克，地龙25克，桂枝20克，肉桂15克，党参20克，白术20克，当归15克，甘草20克，均匀粉碎，拌于50千克饲料中，连用10天。

方剂2：羌活、秦艽、槟榔、商陆各20克，木耳20克，大腹皮、茯苓皮、木通、泽泻各40克，生姜皮、车前草为引，水煎喂服。

方剂3：茯苓皮、木通、牵牛子各15克，大腹皮、陈皮、猪苓、泽泻各10克，石斛、苍术各20克，桑根30克，水煎喂服。

三、猪咳喘病

猪咳喘病在春、秋、冬三个季节最为严重，发病率为20%～45%，发病猪的死亡率一般在30%，病猪体温40.5～41.5℃，皮毛粗乱、病猪下痢并发呼吸道症状、神经症状，严重消瘦、衰竭死亡。用西药治疗易反复。大群用辛凉宣泄、清肺平喘、清泻肺热、化痰止咳的纯中药拌料效果明显。

方剂：石膏30克，知母30克，麦冬25克，玄参30克，桔梗20克，柴胡30克，金银花30克，连翘30克，黄芩30克，当归20克，赤芍20克，甘草20克，均匀粉碎，拌于50千克饲料中，连用10天。本方对胸膜炎放线菌、金黄色葡萄球菌、肺炎球菌均有较强的抗菌和抑制作用，同时还具有抗流感病毒作用和明显的解热抗炎作用，并能提高动物体内的免疫功能。

四、无名高热并发胸膜性肺炎疾病

中、大猪发生无名高热并发胸膜性肺炎，一般呈地区性流行，春、夏、秋初三个季节最为严重，病程时间长，发病快，病期10～20天，病猪体温40～42℃，并发胸膜性肺炎死亡率可达5%～10%，用抗生素治疗时好时差。用辛凉解表，清热解毒，健脾开胃，扶正祛邪的中药治疗效果较好。

方剂1：黄芪30克，白术30克，党参20克，茯苓30克，泽泻30克，丹参30克，大青叶30克，连翘30克，桂枝20克，柴胡20克，甘草30克，均匀粉碎，拌料，连用7天。

方剂2：麻黄30克，生石膏90克，杏仁30克，葶苈子30克，黄芩30克，桔梗20克，全瓜蒌30克，枇杷叶20克，知母30克，甘草30克，水煎两次，每次加水1 000毫升，煎沸20分；两次煎汁混合后加纯蜂蜜150克，20～40千克体重的4头猪1次饮用或拌料服用。每天1次，连续3～5天。

五、母猪产后不食、子宫内膜炎

母猪分娩时，软产道受到损伤，局部发生炎症，病原微生物（溶血性链球菌、金黄色葡萄球菌、大肠杆菌）进入血液，大量繁殖产生毒素，引起生殖器官和全身性病变，产后母猪体温升高，常卧地不起，四肢末梢及耳尖发冷，泌乳减少，呼吸加快，有时阴道中流出带血分泌物，出现不食。

方剂：黄芩60克，黄连50克，金银花40克，枳壳40克，陈皮40克，厚朴40克，益母草100克，香附子50克，紫花地丁100克，车前草80克，夏枯草80克，用猪苦胆一个加醋200

毫升，煮沸后加入稀饭中一次喂给，每天一次，连喂3天，完全不吃的，煎好药水后不加稀饭进行灌服(用胃管灌服)，可增进食欲，有利于机体快速恢复。

六、附红细胞体病

附红细胞体病是由立克次氏体引起的一种热性、溶血性疾病。不同年龄和品种的猪均易感，仔猪发病率和病死率较高，应激因素可加重病情。用抗生素防治易产生耐药性，需交替使用。如果配合使用清热解毒、凉血止血、杀虫消积的中药明显且不易复发。

方剂：黄芩30克，黄柏15克，木通15克，花粉30克，黄连12克，连翘40克，柴胡30克，贯众30克，茵陈60克，地骨皮90克，栀子30克，云苓15克，牛蒡子15克，桔梗15克，黄芪30克，均匀粉碎，拌料100千克，连用7天。

七、猪瘟

方剂1：生石膏50克，芒硝30克，大青叶、板蓝根各40克，川大黄20克，生地黄、玄参各25克，黄连、黄芩各15克，连翘20克，甘草10克，将生石膏研细末与芒硝混合，其他药水煎2次，去渣，趁热加入石膏、芒硝，候凉灌服。50千克以上的猪按原方剂量，20～50千克猪剂量减半，20千克以下的取原方的1/3量。食欲增加、粪便好转后不得停药，须继续用药一个疗程，剂量可减1/2～1/3，若粪便正常可去大黄、芒硝。

方剂2：大黄、枳实、金银花各15克，厚朴、连翘各20克，芒硝25克，玄参、麦冬各10克，石膏50克(以上剂量为10千克体重的剂量)。煎水去渣，分早、晚服用。本方适用于有恶寒发热、大便燥结症状的患猪。

方剂3：败酱草、夏枯草、忍冬藤、大血藤各15克，煎水灌服或研末加水，每天一次。

八、口蹄疫

优良种猪发病可隔离治疗。

方剂：贯众、山豆根各16克，桔梗、大黄、连翘各13克，甘草、赤芍、生地黄、花粉、荆芥、木通各10克。共研为末，加蜂蜜120克，绿豆粉31克，开水冲调，候温灌服。

九、传染性胃肠炎

方剂1：独角莲、枣儿花、天青地白、猪苓、茯苓各100克，共研为细末，50千克以下的猪按每千克体重1.5克的剂量，一次灌服；50千克以上的猪每次服80～100克，一般给药1～2次。

方剂2：忍冬藤、络石藤、马齿苋、车前草各63克，水煎，候温灌服。

十、猪流行性感冒

方剂1. 柴胡、陈皮、薄荷、防风各20克，土茯苓、菊花、紫苏各15克，水煎，1次灌服，每天1剂，连用2～3剂。或金银花、连翘、黄芩、柴胡、牛蒡子、陈皮、甘草各15～20克，水煎，取汁候温灌服。

方剂2. 荆芥、防风各30克，羌活、独活各25克，柴胡25克，桔梗30克，枳壳25克，茯苓45克，川芎20克，甘草15克，水煎候温灌服。

十一、猪痘

方剂1：大泽兰、葫芦茶、了哥王根各100克，秤星木根、耳草、百部藤各150克，水煎，每天2次，连服2天(10头仔猪量)。

方剂2：茅根、苇叶、桐花各50克，煎水0.25千克，1次内服；或花椒、艾叶各15克，大蒜几瓣，煎水洗患处，洗后涂消炎软膏。

十二、猪丹毒

方剂：黄连、黄芩各10克，黄柏、栀子、枳壳、牡丹皮、龙胆草、野菊花、淡豆豉各15克，大黄、大青叶各30克，金银花20克，牛蒡子25克，甘草5克。水煎分4次内服，连服2剂即可治愈。

十三、猪肺疫

方剂1：牡丹皮15克，紫草30克，射干12克，豆根、大黄各20克，黄芩10克，麦冬25克，玄明粉15克。煎水内服，过4小时再将药渣煎一次灌服。此验方适用于25～35千克的猪。

方剂2：金银花、杏花、瓜蒌仁、百部、山豆根、麦冬各30克，连翘、黄芩、桔梗、枳实各25克，大黄5克，甘草15克，桑白皮、车前草为引煎水内服。此验方适用于50千克体重的猪。

十四、仔猪副伤寒

方剂1：黄连10克，黄柏、槟榔各15克，白头翁25克，金银花、茯苓各20克，葛根30克。煎水去渣，每天分2次灌服，此验方适用于15～25千克的猪。

方剂2：黄芩、荆芥、桂枝各30克，杏仁、粉草各5克，桔梗、防风各40克，川芎、大枣各20克，麻黄25克，生姜15克。煎水内服，每天2次。此验方适用于中猪，大小猪酌情增减剂量。如能吃饲料，可混在饲料中喂下，疗效可达95%以上。

十五、猪链球菌病

方剂：金银花、麦冬、连翘各25克，蒲公英、紫花地丁各30克，大黄、山豆根各20克，射干、甘草各15克，野菊花20克，细辛15克，荆芥25克，防风20克，党参、黄芪各20克，茯苓、贝母各15克，玄参10克，共煎水饮用。

十六、猪传染性萎缩性鼻炎

方剂1：防风、半夏、百合、贝母、大黄、白芷、薄荷各16克，桔梗、款冬花各22克，细辛9克，蜂蜜62克，共研为末或水煎，分2次内服。

方剂2：当归、栀子、黄芩各15克，知母、白鲜皮、麦冬、牛蒡子、射干、甘草、川芎各12克，苍耳子18克，辛夷9克。30千克的猪一次水煎灌服。

十七、猪气喘病

方剂1：苏子、荆芥、陈皮、白前、杏仁各15克，紫菀、百部各10克，生姜3片，研为细末掺入饲料或稀饭内喂服，10千克重的小猪每天2次，每次喂15～20克。此方主要用于实喘症者。

方剂2：党参、白术、茯苓、款冬花各15克，五味子、麻黄、半夏、甘草各10克，麦冬、白果各20克，共研为末掺入饲料中喂服，10千克体重的小猪每次喂15克，每天2次。此方主要用于虚喘症者。

方剂3：桔梗、陈皮、连翘、苏子、金银花、黄芩各150克，百部100克，共研为末，大猪每次喂 30 克，中猪每次喂 20 克，小猪每次喂 15 克，每天 1 次。

十八、仔猪渗出性皮炎

方剂：病变部位使用紫苏叶、桃叶、鱼腥草、鬼针草、叶下红、菊科千里光、过路蜈蚣、仙鹤草等捣烂，拌于红土澄清液制得的中草药混合液外敷。

十九、中暑

方剂 1：鱼腥草、野菊花、淡竹叶各 100 克，橘子皮 25 克，水煎灌服。

方剂 2：六月霜、车前草各 100 克，香薷、藿香各 25 克，水煎灌服。

方剂 3：西瓜 1 个，地龙 100 克，将其捣烂混合后 1 次内服。

二十、仔猪口炎

方剂：青黛 5 克，黄连 10 克，黄柏 10 克，薄荷 5 克，桔梗 10 克，儿茶 10 克，共研末，煎汁内服。

二十一、胃肠炎

方剂 1：鲜马齿苋 500 克，鲜蒲公英 250 克，煎汁内服，每天 1 次，5 天一个疗程。

方剂 2：炒高粱面 130 克，木炭末 35 克，百草霜 15 克，开水冲调，候温每天一次灌服，4 天一个疗程，胃肠虚弱泄泻时用。

二十二、便秘

方剂 1：康复初期可喂一些青绿饲料，同时用萝卜 500 克，食盐 6 克，加水煎汁内服2～3 次。

方剂 2：大黄、芒硝各 60 克，将大黄煎沸后冷却至 60℃加入芒硝溶解，50 千克猪一次性候温灌服，对于治疗习惯性便秘有明显疗效。

二十三、膀胱炎

方剂：瞿麦 5～10 克，地肤子、木通、地骨皮、花粉、知母、龙胆草、陈皮、黄芩、槟榔、地榆各 5 克，水煎服，一天 1 次，3～5 剂即可见效。

二十四、猪应激综合征

方剂：柴胡、天麻、五味子、板蓝根、麦芽均有防制应激、提高抗病力的作用。

二十五、猪阴道脱、子宫脱

方剂：黄芩 60 克，党参 30 克，甘草 12 克，陈皮 15 克，白术 30 克，当归 21 克，升麻 15 克，柴胡 30 克，生姜 12 克，熟地黄 9 克，大枣 3 个为引，每天 1 剂，连服 3 剂。

二十六、猪亚硝酸盐中毒

方剂：鲜石灰水上清液 250 毫升，大蒜头 2 个，雄黄 30 克，鸡蛋 3 个，碳酸氢钠 45 克。将大蒜捣碎，加入雄黄、碳酸氢钠，再加入鸡蛋清、石灰水，分 2 次灌服；或先给病猪断尾或刺尾尖放血，然后按大猪用十滴水 15～20 毫升，小猪 5～10 毫升，1 次灌服。

二十七、烂甘薯中毒

方剂 1：白矾、贝母、白芷、郁金、黄芩、大黄、葶苈子、甘草、石韦、黄连、龙胆草各 6～9 克，水煎，调蜂蜜 30 克，灌服，每天 1 次，连用 2～3 次。

方剂 2：用生绿豆 250 克，冷水 1 500 毫升，菜油 500 毫升，鲜鸡蛋清 10 个，混合后灌服，每天 1 次，连用 2～3 次。

二十八、食盐中毒

方剂 1：绿豆和白糖各 1 千克，先把绿豆加水煮沸，后加入白糖熬成汤，候温倒入食槽中一天吃完，连续 2～3 天；豆油 60～120 毫升，煮沸，候温，加白糖 150 克，调匀一次内服；菜油 100 毫升内服，半小时再服食醋 50 毫升(30 千克的小猪用量)。

方剂 2：食醋 500 毫升，1 次灌服；白糖 100 克，加水 250 毫升，1 次灌服；茶叶、菊花叶各 30 克，煎水适量，候温，1 次灌服，每天 2～3 次，连用 3～5 天。

方剂 3：茶叶 30 克，菊花 35 克，煎水适量，待温 1 次内服，每天 2 次，连服数天。

二十九、棉籽饼中毒

方剂：大蒜 75 克，植物油 100 毫升，鸡粪少许，混合灌服。

三十、霉饲料中毒

方剂 1：防风 15 克，甘草 30 克，绿豆 100 克，煎汤加白糖 60 克，灌服。

方剂 2：大蒜 75 克，植物油 100 毫升，鸡粪少许，混合灌服。

三十一、猪蛔虫病

方剂 1：使君子 20 克，槟榔 9 克，石榴皮 15 克，贯众 15 克，芜荑 9 克，牵牛子 20 克，大黄 9 克，芒硝 12 克，甘草 3 克。水煎，候温灌服。

方剂 2：将生南瓜子 15 克捣碎与 15 克芒硝混匀，拌入饲料中喂服，每天 3 次。

三十二、催情散

方剂：淫羊藿 500 克，阳起石 400 克，菟丝子 300 克，枸杞子 300 克，熟地黄 300 克，益母草 400 克，墨旱莲 300 克，当归 300 克，山药 300 克，女贞子 200 克，通草 100 克，以上中药共为末。每千克体重 0.5～1 克，一天一次，连用 2～3 天，夏季配合番茄，冬季配合胡萝卜使用。

三十三、催乳方

中草药催乳的药方很多，可根据当地具体条件选用，但应首先找出乳量少的根本原因并采取相应措施，如高产猪产后加料过慢、喂量不足等易表现缺乳。

方剂 1：王不留行 600 克，黄芪 400 克，皂角刺 150 克，当归 300 克，党参 300 克，川芎 150 克，穿山甲 80 克，漏芦 300 克，路路通 300 克，通草 200 克，以上中药共为末，母猪 80～150 克，连用 2～3 天

方剂 2：王不留行 25 克，穿山甲、通草、白术各 10 克，白芍、当归、黄芪、党参各 15 克研成末，拌在饲料里饲喂母猪，连用 2～3 天。

三十四、母猪便秘

妊娠母猪便秘时常发病类，高温和寒冷天气多发，妊娠母猪的便秘不能按照育肥猪便秘的治疗，由于怀孕母猪既有气血津液亏损，又有里热便秘之症。因此，治疗中既要达到滋阴增液、扶正保胎的效果，又要达到润肠通便、泻下导致的效果，二者必须兼顾。

方剂：按100千克猪体重的用量：当归30克，党参50克，麦冬20克，生地黄20克，白芍15克，玄参20克，白术15克，甘草10克，木香10克，芒硝45克，大黄30克。煎制程序：先将当归、党参等10种中药煎好，然后下大黄，再冲入芒硝，候温以后去渣，放入蜂蜜60毫升、麻油50毫升，同调灌服。

小知识

(1)大蒜治猪尿结石　大蒜100～200克，捣成泥用3～4层纱布包裹，涂擦尿道外部。

(2)冬瓜子治猪膀胱麻痹　冬瓜子40～50克，水煎服，连用2次。

(3)玉米根治肾炎　玉米根5～7个，用水浓煎，去渣，饮服。

(4)花椒末治猪感冒　取花椒适量微炒研末，在病猪尾尖上割一小口，把花椒未填入小口里，外用布包扎即可。

(5)白矾治猪湿疹　取白矾配成2%～3%的水溶液对患部进行清洗，每天2次，连用1～2天。

(6)烟草治猪疥癣　取烟草1份，水20份，浸泡1昼夜后，放在锅内熬1小时，滤渣，用滤液涂擦患处，一般2～3次即愈。

(7)木炭末治猪腹泻　木炭末50克，分2份早晚各喂1次，连喂2天。

(8)蛋清治猪无名高热　取鲜鸡蛋1个，破口，用注射器吸取蛋清，肌内注射，每次20毫升，每天1次，连用1～3次。

(9)枇杷叶治猪急性支气管炎　枇杷叶150克，刷去茸毛，煎水供猪饮，每天1次，连用4～6天。

(10)白扁豆治猪湿热症　白扁豆按猪每千克体重2克，水煎喂服，连用3～5天。

(11)石灰水清液可治母猪产后瘫痪　取生石灰清水适量，搅匀静置，瘫痪病猪每次吃食前取300～400毫升上清液，混入饲料中喂给，连用7天。

第三节　常用中兽药组方介绍

中药防治猪病，猪场兽医师可以在辨明病症的情况下，自行选择中药组方，也可应用古典方剂临症加减应用。为方便读者临床应用，本书从《中华人民共和国兽药典》选择了100个传统处方和10种临床效果良好的单味药介绍于后。各个处方适应的证候不同，使用时应从使用目的(保健、预防、治疗)，猪群的生理状态(是否妊娠、老龄母猪、哺乳仔猪)，病理阶段、季节、地理位置、适口性、价格等方面考虑，综合分析，择优使用。

一、100个中兽药传统处方

1.二母冬花散

处方：知母30克，浙贝母30克，款冬花30克，桑白皮25克，白药子5克，苦杏仁20克，马兜铃20克，桔梗25克，黄芩25克，金银花30克，郁金20克，共11味。

功能：清热润肺，止咳化痰。

主治：肺热咳嗽。

用量：40～80克。

注意事项:不宜用于风寒感冒咳嗽猪群。

2.二陈散

处方:姜半夏45克,陈皮50克,茯苓30克,甘草15克,共4味。

功能:燥湿化痰,理气和胃。

主治:湿痰咳痰,呕吐,腹胀。

注意事项:不宜长期服用,干咳忌用。忌与生冷辛辣油腻料同用。

用量:30～45克。

3.十黑散

处方:知母30克,黄柏25克,地榆25克,槐花20克,蒲黄25克,侧柏叶20克,棕榈25克,栀子25克,杜仲25克,血余炭15克,共10味。

功能:清热泻火,凉血止血。

主治:膀胱积热,尿血,便血。

用量:60～90克。

4.七补散

处方:党参30克,茯苓30克,炒白术30克,当归30克,秦艽30克,麦芽30克,山药25克,炙黄芪30克,川楝子25克,醋香附25克,甘草25克,炒酸枣仁25克,陈皮20克,共13味。

功能:培补脾胃,养气益血。

主治:劳伤,损伤,体弱。

用量:45～80克。

5.八正散

处方:木通30克,瞿麦308,萹蓄90克,车前子30克,甘草25克,炒栀子30克,酒大黄30克,滑石粉60克,灯心草15克,共9味。

功能:清热泻火,利尿通淋。

主治:湿热下注,热淋,血淋,石淋,尿血。

用量:30～60克。

6.三子散

处方:诃子200克,川楝子200克,栀子200克,共3味。

功能:清热解毒。

主治:三焦热盛,疮黄肿毒,脏腑湿热。

用量:10～30克。

7.三白散

处方:玄明粉400克,石膏300克,滑石粉300克,共3味。

功能:清胃,泻火,通便。

主治:胃热食少,大便秘结,小便短赤。

用量:30～60克。

注意事项:胃无实热、老龄、体质虚弱猪和妊娠母猪忌用。

8.三香散

处方:丁香25克,木香45克,藿香45克,青皮30克,陈皮45克,槟榔15克,炒牵牛子

45 克,共 7 味。

功能:破气消胀,宽肠通便。

主治:胃肠鼓气。

用量:30～60 克。注意事项:胀气、积食严重的猪使用时应控制进食。血枯阴虚、热盛伤津的猪禁用。

9. 大承气散

处方:大黄 60 克,厚朴 30 克,枳实 30 克,玄明粉 180 克,共 4 味。

功能:攻下热结,破结通肠。

主治:结症,便秘。

用量:60～120 克。

注意事项:气虚阴亏、表证未解、胃肠无热结者均不宜使用;中病即停,免伤正气;妊娠母猪禁用。

10. 大黄苏打片

处方:大黄 150 克,碳酸氢钠(含量应大于标示量的 90%)150 克,共 2 味。

功能:健胃。

主治:食欲不振,消化不良。

用量:7～15 克。

注意事项:妊娠母猪慎用或禁用。

11. 千金散

处方:蔓荆子 20 克,旋覆花 20 克,僵蚕 20 克,阿胶 20 克,桑螵蛸 20 克,乌梢蛇 25 克,南沙参 25 克,何首乌 25 克,天麻 25 克,防风 25 克,制南天星 25 克,升麻 25 克,羌活 25 克,独活 25 克,蝉蜕 30 克,全蝎 20 克,藿香 20 克,川芎 15 克,细辛 10 克,共 19 味。

功能:息风解痉。

主治:破伤风。

用量:30～100 克。

12. 五虎追风散

处方:僵蚕 15 克,天麻 30 克,全蝎 15 克,蝉蜕 10 克,制天南星 10 克,共 5 味。

功能:息风解痉。

主治:破伤风。

用量:30～60 克。

13. 小柴胡散

处方:柴胡 45 克,黄芩 45 克,姜半夏 30 克,党参 45 克,甘草 15 克,共 5 味。

功能:和解少阳,扶正祛邪,解热。

主治:少阳证,寒暑往来,食欲下降,口中少津,呕吐反胃。

用量:30～60 克。

14. 无失散

处方:槟榔 20 克,三棱 25 克,牵牛子 45 克,木香 25 克,木通 20 克,青皮 30 克,大黄 75 克,郁李仁 60 克,玄明粉 200 克,共 9 味。

功能:泻下通肠。

主治：结症，便秘。

用量：50～100克。

注意事项：老龄和妊娠母猪、仔猪、体质虚弱猪慎用或不用。

15. 木香槟榔散

处方：木香15克，槟榔15克，枳壳15克，陈皮15克，三棱15克，醋莪术15克，黄连15克，大黄30克，醋青皮50克，醋香附30克，黄柏（酒炒）30克，炒牵牛子30克，玄明粉60克，共13味。

功能：行气导滞，泄热通便。

主治：痢疾腹痛，胃肠积滞。

用量：60～90克。

16. 木槟硝黄散

处方：槟榔30克，大黄90克，玄明粉110克，木香30克，共4味。

功能：行气导滞，清热通便。

主治：实热便秘，胃肠积滞。

用量：60～90克。

17. 五皮散

处方：桑白皮30克，陈皮30克，大腹皮30克，姜皮15克，茯苓皮30克，共5味。

功能：行气，化湿，利水。

主治：浮肿，水肿病。

用量：45～60克。

18. 五苓散

处方；茯苓100克，猪苓100克，炒白术100克，泽泻200克，肉桂50克，共5味。

功能：温阳化气、利湿行水。

主治：水湿内停，排尿不畅，水肿，泄泻。

用量：30～60克。

19. 止咳散

处方：知母25克，桑白皮25克，苦杏仁25克，葶苈子25克，枇杷叶20克，枳壳20克，麻黄15克，桔梗30克，甘草15克，前胡25克，陈皮25克，石膏90克，射干25克，共13味。

功能：清肺化痰，止咳平喘。

主治：肺热咳嗽。

用量：45～60克。

注意事项：不可用于肺气虚无热相的猪。

20. 止痢散

处方：雄黄40克，藿香110克，滑石粉150克，共3味。

功能：清热解毒，化湿止痢。

主治：仔猪黄、白痢。

用量：仔猪2～4克。

用法：2次/天，连用2～3天。

注意事项：不得超量或长期使用。

21. 公英散

处方:蒲公英 60 克,金银花 66 克,连翘 60 克,丝瓜络 30 克,通草 25 克,芙蓉叶 25 克,浙贝母 30 克,共 7 味。

功能:清热解毒,消肿散痈。

主治:乳痈初起,红肿热痛,乳腺炎,猪肺疫。

用量:30～60 克。

注意事项:中后期乳腺炎可配合敏感抗菌药治疗。

22. 六味地黄散

处方:熟地黄 80 克,酒萸肉 40 克,山药 40 克,牡丹皮 30 克,茯苓 30 克,泽泻 30 克,共 6 味。

功能:滋补肝肾。

主治:肝肾阴虚,爬跨无力,滑精,阴虚发热。

用量:15～50 克。

注意事项:体实阳虚者禁用,感冒禁用。脾虚、气滞、食少纳呆者慎用。

23. 巴戟散

处方:巴戟天 30 克,小茴香 30 克,肉桂 25 克,槟榔 12 克,肉豆蔻 20 克,陈皮 25 克,肉苁蓉 25 克,川楝子 20 克,补骨脂 30 克,香豆子 30 克,木通 15 克,青皮 15 克,共 12 味。

功能:补肾壮阳,祛寒止痛。

主治:腰胯风湿,后躯麻痹。

用量:45～60 克.

注意事项:发热、口红、目赤、脉数等热相忌用,妊娠母猪慎用。

24. 龙胆泻肝散

处方:龙胆 45 克,车前子 30 克,柴胡 30 克,当归 30 克,栀子 30 克,木通 20 克,甘草 15 克,黄芩 30 克,泽泻 45 克,生地黄 45 克,共 10 味。

功能:泻肝胆实火,清三焦湿热。

主治:目赤肿痛,淋浊,带下。

用量:30～60 克。

注意事项:脾胃虚寒者禁用。

25. 龙胆苏打片

处方:龙胆 45 克,碳酸氢钠 150 克(应大于标示量的 90%),共 2 味。

功能:清热燥湿、健胃。

主治:食欲不振。

用量:15～30 克。

注意事项:急性肠梗阻和消化性胀气猪禁用。

26. 平胃散

处方:苍术 80 克,厚朴 50 克,陈皮 50 克,甘草 30 克,共 4 味。

功能:燥湿健脾,理气开胃。

主治:脾胃不和,采食下降,消化不良,粪便稀软。

用量:30～60 克。

27. 四君子散

处方：党参 60 克，炒白术 60 克，茯苓 60 克，炙甘草 30 克，共 4 味。

功能：益气健脾。

主治：脾胃气虚，食少，体瘦。

用量：30～60 克。

28. 生乳散

处方：黄芪 30 克，党参 30 克，当归 45 克，通草 15 克，川芎 15 克，路路通 25 克，续断 25 克，木通 15，甘草 18，王不留行 30 克，白术 30 克，共 11 味。

功能：补气养血，通经下乳

主治：老龄或营养不良型母猪的无乳、少乳症。

用量：60～90 克

29. 白术散

处方：白术 30 克，党参 30 克，熟地黄 30 克，当归 25 克，川芎 15 克，甘草 15 克，砂仁 20 克，陈皮 25 克，黄芩 25 克，紫苏梗 25 克，白芍 20 克，阿胶(炒)30 克，共 12 味。

功能：补气，养血，安胎。

主治：胎动不安，断续流产。

用量：60～90 克。

30. 白龙散

处方：白头翁 600 克，龙胆 300 克，黄连 100 克，共 3 味。

功能：清热燥湿，凉血止痢。

主治：湿热泻痢，热毒血痢。

用量：10～20 克。

注意事项：脾胃虚寒猪禁用。

31. 白头翁散

处方：白头翁 60 克，黄连 30 克，黄柏 45 克，秦皮 60 克，共 4 味。

功能：清热解毒，凉血止痢。

主治：湿热泻痢，下痢脓血，仔猪球虫型、密螺旋体型红痢。

用量：30～45 克。

32. 白矾散

处方：白矾 60 克，浙贝母 30 克，黄连 20 克，白芷 20 克，郁金 25 克，黄芩 45 克，大黄 25 克，葶苈子 30 克，甘草 20，共 9 味。

功能：清热化痰，下气平喘。

主治：肺热咳嗽。

用量：40～80 克。

33. 加减硝黄散

处方：连翘 45 克，郁金 45 克，浙贝母 30 克，玄明粉 40 克，大黄 30 克，栀子 30 克，白药子 30 克，黄药子 30 克，知母 25 克，甘草 15 克，共 10 味。

功能：清热泻火，消肿解毒。

主治：脏腑壅热，疮黄肿毒，附红细胞体病、圆环病毒病。

用量:30～60 克。

注意事项:过量时可致肠鼓气。

34. 百合固金散

处方:百合 45 克,白芍 25 克,当归 25 克,甘草 20 克,川贝母 30 克,玄参 30 克,生地黄 30 克,熟地黄 30 克,桔梗 25 克,麦冬 30 克,共 10 味。

功能:养阴清热,润肺化痰。

主治:阴虚咳嗽,阴虚火旺,咽喉肿痛。

用量:45～60 克。

35. 曲麦散

处方:六神曲 60 克,麦芽 30 克,山楂 30 克,厚朴 25 克,枳壳 25 克,陈皮 25 克,青皮 25 克,苍术 25 克,甘草 15 克,共 9 味。

功能:消积破气,化谷宽肠。

主治:胃肠积滞,胃肠迟缓,食欲不振。

用量:45～100 克。

36. 朱砂散

处方:朱砂 5 克,党参 50 克,茯苓 45 克,黄连 60 克,共 4 味。

功能:清心安神,扶正祛邪。

主治:心热风邪,脑黄。

用量:10～30 克。

37. 多味健胃散

处方:木香 20 克,槟榔 25 克,白芍 20 克,厚朴 20 克,枳壳 30 克,焦山楂 40 克,黄柏 30 克,苍术 50 克,大黄 50 克,龙胆草 30 克,香附 50 克,大青盐(炒)40 克,陈皮 50 克,苦参 40 克,共 14 味。

功能:健胃理气,宽中除胀。

主治:食欲减退,消化不良,肚腹胀满

用量:30～50 克。

38. 壮阳散

处方:熟地黄 45 克,淫羊藿 45 克,肉苁蓉 40 克,补骨脂 40 克,覆盆子 40 克,山药 40 克,菟丝子 40 克,续断 40 克,锁阳 45 克,五味子 30 克,车前子 25 克,肉桂 25 克,阳起石 20 克,共 13 味。

功能:温补肾阳。

主治:性欲减退,阳痿,滑精。

用量:50～80 克。

39. 阳和散

处方:地黄 90 克,鹿角胶 90 克,甘草 20 克,肉桂 20 克,炮姜 20 克,麻黄 10 克,白芥子 20 克,共 7 味。

功能:温阳散寒,和血通脉。

主治:阴证疮疽。

用量:30～50 克。

注意事项：痈疮溃疡属阳证、阴虚有热或阴疽已溃、久溃猪勿用。

40. 防己散

处方：防己 25 克，黄芪 30 克，茯苓 25 克，肉桂 30 克，补骨脂 30 克，厚朴 15 克，猪苓 25 克，香豆子 20 克，泽泻 40 克，川楝子 25 克，巴戟天 25 克，共 11 味

功能：补肾健脾，利尿除湿。

主治：肾虚浮肿。

用量：45～60 克。

41. 苍术香连散

处方：黄连 30 克，木香 20 克，苍术 60 克，共 3 味。

功能：清热燥湿。

主治：下痢，湿热泄泻。

用量：15～30 克。

42. 辛夷散

处方：辛夷 60 克，知母（酒）30 克，黄柏（酒）30 克，北沙参 30 克，木香 15 克，郁金 30 克，明矾 20 克，共 7 味。

功能：滋阴降火，疏风通窍。

主治：脑额鼻脓，萎缩性鼻炎。

用量：40～60 克。

43. 补中益气散

处方：炙黄芪 75 克，党参 60 克，白术（炒）60 克，柴胡 25 克，陈皮 20 克，升麻 20 克，炙甘草 30 克，当归 30 克，共 8 味。

功能：补中益气，升阳举陷。

主治：脾胃气虚，久泻，脱肛，子宫垂脱。

用量：45～60 克。

44. 板蓝根片

处方：板蓝根 300 克，茵陈 150 克，甘草 50 克，共 3 味。

功能：清热解毒，除湿利胆。

主治：感冒发热，咽喉肿痛，肝胆湿热，丹毒，水疱性口炎，病毒性腹泻。

用量：5～10 克。

45. 金花平喘散

处方：洋金花 20 克，麻黄 100 克，苦杏仁 150 克，石膏 40 克，明矾 150 克，共 5 味

功能：平喘，止咳。

主治：气喘，咳嗽，猪喘气病。

用量：10～30 克。

46. 金锁固精散

处方：沙苑子 60 克，芡实（盐炒）60 克，莲须 60 克，龙骨（煅）30 克，莲子 30 克，煅牡蛎 30 克，共 6 味。

功能：固精涩精。

主治：肾虚滑精，死精、精液活力低下。

用量:40～60 克。

47. 肥猪菜

处方:白芍 20 克,前胡 20 克,陈皮 20 克,滑石 20 克,碳酸氢钠 20g,共 5 味。

功能:健脾开胃。

主治:消化不良,食欲减退。

用量 25～50 克。

48. 肥猪散

处方:绵马贯众 30 克,制何首乌 30 克,麦芽 500 克,黄豆(炒)500 克,共 4 味。

功能:开胃,驱虫,催肥。

主治:食欲不佳,瘦弱,生长缓慢。

用量:50～100 克。

49. 理肺散。

处方:蛤蚧 1 对,知母 20 克,浙贝母 20 克,秦艽 20 克,百合 30 克,山药 20 克,天冬 20 克,麦冬 25 克,升麻 20 克,防已 20 克,栀子 20 克,紫苏子 20 克,枇杷叶 20 克,白药子 20 克,天花粉 20 克、马兜铃 25 克,共 16 味。

功能:清肺化瘀,止咳定喘。

主治:咳喘,鼻流脓涕。

用量:40～60 克。

50. 参苓白术散

处方:党参 60 克,茯苓 30 克,白术(炒)60 克,山药 60 克,甘草 30 克,炒白扁豆 60 克,莲子 30 克,薏苡仁(炒)30 克,砂仁 15 克,桔梗 30 克,陈皮 30 克,共 11 味。

功能:补脾胃,益肺气。

主治:脾胃虚弱,肺气不足。

用量:45～60 克。

51. 荆防败毒散

处方:荆芥 45 克,防风 30 克,羌活 25 克,独活 25 克,柴胡 30 克,前胡 25 克,枳壳 30 克,茯苓 45 克,桔梗 30 克,川芎 25 克,甘草 15 克,薄荷 15 克,共 12 味。

功能:辛温解表,疏风祛湿。

主治:风寒感冒,猪流感。

用量:40～80 克。

52. 荆防解毒散

处方:金银花 30 克,连翘 30 克,苦参 30 克,防风 15 克,赤芍 15 克,荆芥 15 克,生地黄 15 克,薄荷 15 克,牡丹皮 15 克,蝉蜕 30 克,甘草 15 克,共 11 味。

功能:疏风清热,凉血解毒。

主治:血热风疹,遍身黄。

用量:30～60 克。

53. 茵陈木通散

处方:茵陈 15 克,连翘 15 克,桔梗 12 克,川木通 12 克,苍术 18 克,柴胡 12 克,升麻 9 克,青皮 15 克,陈皮 15 克,牵牛子 18 克,泽兰 12 克,荆芥 9 克,防风 9 克,槟榔 15 克,当归

18克，共15味。

功能：解表疏肝，清热利湿。

主治：湿热初起，多用于春季调理。

用量：30～60克。

54. 茵陈蒿散

处方：茵陈120克，栀子60克，大黄45克，共3味。

功能：清热，利湿，退黄。

主治：湿热黄疸。

用量：30～45克。

55. 茴香散

处方：小茴香30克，肉桂20克，槟榔10，白术25克，木通10克，当归20克，巴戟天20克，川楝子20，牵牛子10克，藁本20克，白附子15克，肉豆蔻15克，荜澄茄20克，共13味。

功能：暖腰肾，祛风湿。

主治：寒伤腰胯。

用量：30～60克。

56. 厚朴散

处方：厚朴30克，陈皮30克，麦芽30克，五味子30克，肉桂30克，砂仁30克，牵牛子15克，青皮30克，共8味。

功能：行气消食，温中散寒。

主治：脾虚气滞，胃寒少食。

用量：30～60克。

57. 胃肠活

处方：黄芩20克，陈皮2克，青皮15克，六神曲20克，大黄25克，白术15克，木通15克，知母20克，槟榔10克，玄明粉30克，乌药15克，石菖蒲15克，牵牛子20克，共13味。

功能：理气，消食，清热，通便。

主治：消化不良，食欲减退，便秘。

用量：20～50克。

58. 香薷散

处方：香薷30克，黄芩45克，黄连30克，甘草15克，柴胡25克，当归30克，连翘30克，栀子30克，共8味。

功能：清热解暑。

主治：伤热，中暑。

用量：30～60克。

59. 复方大黄酊

处方：大黄100克，陈皮20克，草豆蔻20克，60%乙醇适量，共4味。

功能：健脾消食，理气开胃。

主治：食滞不化。

用量：5～20毫升。

60. 复方龙胆酊

处方:龙胆 10 克,陈皮 40 克,草豆蔻 10 克,60%乙醇适量,共 4 味。

功能:健脾开胃

主治:脾不健运,消化不良,食欲不振。

用量:5～20 毫升。

61. 复方豆蔻酊

处方:草豆蔻 20 克,小茴香 10 克,桂皮 25 克,甘油 50 毫升,60%乙醇适量,共 5 味。

功能:温中健脾,行气止呕。

主治:寒湿困脾,翻胃少食,食积腹胀。

用量:10～20 毫升。

62. 保胎无忧散

处方:当归 50 克,川芎 20 克,熟地黄 50 克,紫苏梗 30 克,白芍 30 克,黄芪 30 克,党参 40 克,白术(焦)60 克,枳壳 30 克,陈皮 30 克,黄芩 30 克,艾叶 20 克,甘草 20 克,共 13 味。

动能:养血,补气,安胎。

主治:胎动不安。

用量:30～60 克。

63. 保健锭

处方:樟脑 30 克,薄荷脑 5 克,大黄 15 克,陈皮 8 克,龙胆 15 克,甘草 7 克,共 6 味。

功能:健脾开胃,通窍醒神。

主治:消化不良,食欲不振。

用量:4～12 克。

注意事项:严格保管,严禁人用。

64. 独活寄生散

处方:独活 25 克,桑寄生 45 克,秦艽 25 克,防风 25 克,细辛 10 克,当归 25 克,白芍 15 克,制熟地黄 45 克,川芎 15 克,杜仲 30 克,牛膝 30 克,党参 30 克,茯苓 30 克,肉桂 20 克,甘草 15 克,共 15 味。

功能:益肝肾,补气血,祛风湿。

主治:痹症日久,肝肾两亏,气血不足。

用量:60～90 克。

65. 洗心散

处方:天花粉 25 克,木通 20 克,黄芩 45 克,黄连 30 克,连翘 30 克,茯苓 20 克,黄柏 30 克,桔梗 25 克,白芷 15 克,栀子 30 克,牛蒡子 45 克,共 11 味。

功能:清热,泻火,解毒。

主治:心经积热,口舌生疮。

用量:40～60 克。

66. 秦艽散

处方:秦艽 30 克,黄芩 20 克,瞿麦 25 克,天花粉 25 克,当归 25 克,红花 15 克,蒲黄 25 克,大黄 20 克,白芍 20 克,甘草 15 克,栀子 25 克,淡竹叶 15 克,车前子 25 克,共 13 味。

功能:清热利尿,祛瘀止血。

用量:30～60 克。

主治:膀胱积热,努伤尿血,劳损血精。

注意事项:不宜久用,以免伤及脾胃。

78.通肠散

处方:大黄 150 克,槟榔 30 克,厚朴 60 克,枳实 60 克,玄明粉 200 克,共 5 味。

功能:通肠泻热。

主治:便秘,结症。

用量:30～60 克。

注意事项:妊娠猪慎用。

79.通乳散

处方:当归 30 克,王不留行 30 克,黄芪 60 克,路路通 30 克,红花 25 克,通草 20 克,漏芦 20 克,瓜蒌 25 克,泽兰 20 克,丹参 20 克,共 10 味。

功能:通经下乳。

主治:产后乳少,不见乳汁。

用量:60～90 克。

80.桑菊散

处方:桑叶 45 克,菊花 45 克,连翘 45 克,薄荷 30 克,苦杏仁 20 克,桔梗 30 克,甘草 15 克,芦根 30 克,共 8 味。

功能:通风清热,宣肺止咳。

主治:外感风热。

用量:30～60 克。

81.理中散

处方:党参 60 克,干姜 30 克,甘草 30 克,白术 60 克,共 4 味。

功能:温中散寒,益气健脾。

主治:脾胃虚寒,食少,泄泻,腹痛。

用量:30～60 克。

82.理肺止咳散

处方:百合 45 克,麦冬 30 克,清半夏 25 克,紫菀 30 克,甘草 15 克,远志 25 克,知母 25 克,北沙参 30 克,陈皮 25 克,茯苓 25 克,浮石 20 克,共 11 味。

功能:润肺化痰,止咳。

主治:劳伤久咳,阴虚咳嗽。

用量:40～60 克。

83.黄连解毒散

处方:黄连 30 克,黄芩 60 克,黄柏 60 克,栀子 45 克,共 4 味。

功能:泻火解毒。

主治:三焦实火,疮黄肿毒。

用量:30～50 克。

84.银翘散

处方:金银花 60 克,连翘 45 克,桔梗 25 克,牛蒡子 45 克,薄荷 30 克,荆芥 30 克,芦根

30 克，淡豆豉 30 克，淡竹叶 200 克，甘草 20 克，共 10 味。

功能：辛凉解表，清热解毒。

主治：风热感冒，咽喉肿痛，痈疮初起。

用量：50～80 克。

注意事项：外感风寒不宜使用。

85. 猪健散

处方：龙胆 30 克，苍术 30 克，柴胡 30 克，干姜 10 克，碳酸氢钠 20 克，共 5 味。

功能：消食健胃。

主治：消化不良。

用量：10～20 克。

注意事项：不可过用，不宜久用。

86. 麻杏石甘散

处方：麻黄 30 克，苦杏仁 30 克，石膏 150 克，甘草 30 克，共 4 味。

功能：清热，宣肺，平喘。

主治：肺热咳喘。

用量：30～60 克。

87. 清肺止咳散

处方：金银花 60 克，知母 25 克，前胡 30 克，连翘 30 克，桔梗 25 克，桑白皮 30 克，苦杏仁 25 克，甘草 20 克，橘红 30 克，黄芩 45 克，共 10 味。

功能：清泻肺热，化痰止咳。

主治：肺热咳喘，咽喉肿痛。

用量：30～50 克。

88. 清肺散

处方：板蓝根 90 克，葶苈子 50 克，浙贝母 50 克，桔梗 30 克，甘草 25 克，共 5 味。

功能：清肺平喘，化痰止咳。

主治：肺热咳喘，咽喉肿痛。

用量：30～50 克。

注意事项：用于肺热实喘，虚喘不宜。

89. 清胃散

处方：石膏 60 克，大黄 45 克，知母 30 克，黄芩 30 克，甘草 30 克，陈皮 25 克，枳壳 25 克，麦冬 30 克，天花粉 30 克，玄明粉 45 克，共 10 味。

功能：清热泻火，理气开胃。

主治：胃热食少，粪干。

用量：50～80 克。

注意事项：气虚发热猪禁用。

90. 清热散

处方：大青叶 60 克，板蓝根 60 克，石膏 60 克，大黄 30 克，玄明粉 60 克，共 5 味。

功能：清热解毒，泻火通便。

主治：发热，粪干。

用量:30～60 克。

注意事项:脾胃虚热猪慎用。

91. 清暑散

处方:香薷 30 克,白扁豆 30 克,藿香 30 克,薄荷 30 克,菊花 30 克,木通 25 克,茵陈 25 克,麦冬 25 克,石菖蒲 25 克,茯苓 25 克,猪牙皂 20 克,甘草 15 克,金银花 60 克,共 13 味。

功能:清热祛暑。

主治:伤暑,中暑。

用量:50～80 克。

92. 清瘟败毒散

处方:石膏 120 克,水牛角 60 克,栀子 30 克,地黄 30 克,知母 30 克,连翘 30 克,黄芩 25 克,淡竹叶 25 克,赤芍 25 克,玄参 25 克,桔梗 25 克,黄连 20 克,甘草 15 克,牡丹皮 20 克,共 14 味。

功能:泻火解毒,凉血。

主治:热毒发斑,高热神昏。

用量:50～100 克。

注意事项:热毒症后期无实热证候猪慎用。

93. 普济消毒散

处方:板蓝根 30 克,大黄 30 克,连翘 30 克,黄芩 25 克,玄参 25 克,薄荷 25 克,升麻 25 克,牛蒡子 45 克,柴胡 25 克,桔梗 25 克,荆芥 25 克,青黛 25 克,黄连 20 克,马勃 20 克,滑石粉 80 克,陈皮 20 克,甘草 15 克,共 17 味。

功能:清热解毒,疏风消肿。

主治:热毒上冲,头面、腮、颊肿胀,疮黄疔毒。

用量:40～80 克。

94. 滑石散

处方:滑石 60 克,泽泻 45 克,黄柏(酒制)30 克,茵陈 30 克,知母(酒制)25 克,瞿麦 25 克,猪苓 25 克,灯心草 15 克,共 8 味。

功能:清热利湿,通淋。

主治:膀胱热结,排尿不利。

用量:40～60 克。

95. 强壮散

处方:党参 200 克,六神曲 70 克,麦芽 70 克,炒山楂 70 克,黄芪 200 克,茯苓 150 克,白术 100 克,草豆蔻 140 克,共 8 味。

功能:益气健脾,消积化食。

主治:食欲不振,体瘦毛焦,生长迟缓。

用量:30～50 克。

96. 槐花散

处方:炒槐花 50 克,侧柏叶(炒)60 克,荆芥炭 60 克,枳壳(炒)60 克,共 4 味。

功能:清肠止血,疏风行气。

主治:肠风下血。

用量:30～50 克。

注意事项:性寒,不宜久用。

97. 催奶灵散

处方:王不留行 20 克,黄芪 10 克,皂角刺 10 克,当归 20 克,党参 10 克,川芎 20 克,漏芦 5 克,路路通 5 克,共 8 味。

功能:补气养血,通经下乳。

主治:乳汁不下,产后乳少。

用量:40～60 克。

98. 催情散

处方:淫羊藿 6 克,阳起石(酒淬)6 克,当归 6 克,香附 5 克,益母草 6 克,菟丝子 5 克,共 6 味。

功能:促情催情。

主治:乏情,不孕。

用量:30～50 克。

99. 藿香正气散

处方:广藿香 60 克,紫苏叶 45 克,白术(炒)30 克,大腹皮 30 克,厚朴 30 克,茯苓 30 克,陈皮 30 克,法半夏 20 克,桔梗 25 克,白芷 15 克,甘草 15 克,共 11 味。

功能:解表化湿,理气和中。

主治:外感风寒,内伤食滞,泄泻,腹胀。

用量:60～90 克。

注意事项:阴虚火旺猪禁用。

100. 擦疥散

处方:狼毒 120 克,猪牙皂 120 克,巴豆 30 克,雄黄 9 克,轻粉 5 克,共 5 味。

功能:杀疥螨。

主治:体表疥癣。

用法用量:共研末入植物油调成膏状,适量外用,涂擦患处。

注意事项:忌内服。若疥癣面积较大,应分片涂擦。

二、单味中兽药 10 种

1. 钩吻末

成分:本品为中药钩吻(又名猪人参、断肠草)的粉末纯品。

功能:健胃杀虫。

主治:消化不良,虫积,生长缓慢。

用量:10～30 克。

注意事项:怀孕猪慎用。禁与含有犀牛角的药物同用。

2. 柴胡注射液

成分:本品为柴胡精制而成的灭菌注射液。每毫升相当于原生药 1 克。

功能:解表散热,举阳。

主治:感冒发热。

用量:5～10 毫升。

3. 鱼腥草注射液

成分:本品为鱼腥草经水蒸气蒸馏而成的灭菌水溶液。每毫升相当于原生药 2 克。

功能:清热解毒,消肿排脓,利尿通淋。

主治:肺痈,痢疾,乳痈,淋浊。

用量:5～10 毫升。

4. 大黄酊

成分:本品为大黄经加工而成的酊剂。每 1 毫升相当于原生药 0.2 克。

功能:健胃通便。

主治:食欲不振,大便秘结。

用量:5～15 毫升。

注意事项:怀孕母猪慎用。

5. 穿心莲注射液

成分:本品为穿心莲经水醇法提取制成的灭菌水溶液。每毫升相当于原生药 1 克。

功能:清热解毒。

主治:肠炎,肺炎,仔猪黄、白痢,水肿病。

用量:5～15 毫升

6. 姜酊

成分:本品为生姜流浸膏加工而成的酊剂。

功能:温中散寒,健脾和胃。

主治:脾胃虚寒,食欲不振,冷痛。

用量:15～30 毫升。

7. 远志酊

成分:本品为远志流浸膏加工而成的酊剂。

功能:祛痰镇咳。

主治:咳嗽,痰喘。

用量:3～5 毫升

8. 杨树花口服液

成分:本品为杨树花提取物加工而成的合剂。每毫升相当于原生药 1 克。

功能:化湿止痢。

主治:仔猪黄、白痢。

用量:10～20 毫升。

9. 金荞麦片

成分:本品为金荞麦加工制成的片剂。每片相当于原生药 0.3 克。

功能:清热解毒,活血祛痰,清肺排脓。

主治:肺炎型链球菌病。

用量:60～90 克。

10. 陈皮酊

成分:本品为陈皮加工制成的酊剂。

功能：理气健胃。

主治：妊娠母猪食欲减退，不食。

用量：灌服 20～30 毫升。

本节介绍的用量中，散剂未标明用法的均为口服（饮水或拌料），用量为体重 60 千克的猪每头每次的用量。注射液为每千克体重的猪一次肌内注射的用量。酊剂为每头每次口服量。

延伸阅读

猪四季保健方歌

春灌茵陈与木通，消黄三伏有奇功。
理肺散宜秋天灌，茴香冬季莫教空。

一、春灌茵陈散

茵陈连凤具等份，浆水生姜蜜共煎。
卒热喘粗兼慢食，三春灌此即安然。

二、夏灌消黄散

知母使芩草，二子用黄金。
新水调蜂蜜，消黄大奇功。

三、秋灌理肺散

知母山栀与蛤蚧，升麻麦冬天门冬。
秦艽百合马兜铃，防已枇杷各等份。
天花苏子白药子，浙江贝母调向停。
蜜和糯粥共调匀，肺痰喘咳效应通。

四、冬灌茴香散

茴香厚朴玄胡索，芍药当归益智仁。
黑豆陈皮川楝子，荷叶青皮与木通。
一十二味共为末，一根大葱酒二盅。
童便半盏同煎服，温中暖肾效如神。

附 录

一、中华人民共和国动物防疫法（正文）

第一章 总则

第一条 为了加强对动物防疫活动的管理，预防、控制和扑灭动物疫病，促进养殖业发展，保护人体健康，维护公共卫生安全，制定本法。

第二条 本法适用于在中华人民共和国领域内的动物防疫及其监督管理活动。

进出境动物、动物产品的检疫，适用《中华人民共和国进出境动植物检疫法》。

第三条 本法所称动物，是指家畜家禽和人工饲养、合法捕获的其他动物。

本法所称动物产品，是指动物的肉、生皮、原毛、绒、脏器、脂、血液、精液、卵、胚胎、骨、蹄、头、角、筋以及可能传播动物疫病的奶、蛋等。

本法所称动物疫病，是指动物传染病、寄生虫病。

本法所称动物防疫，是指动物疫病的预防、控制、扑灭和动物、动物产品的检疫。

第四条 根据动物疫病对养殖业生产和人体健康的危害程度，本法规定管理的动物疫病分为下列三类：

（一）一类疫病，是指对人与动物危害严重，需要采取紧急、严厉的强制预防、控制、扑灭等措施的；

（二）二类疫病，是指可能造成重大经济损失，需要采取严格控制、扑灭等措施，防止扩散的；

（三）三类疫病，是指常见多发、可能造成重大经济损失，需要控制和净化的。

前款一、二、三类动物疫病具体病种名录由国务院兽医主管部门制定并公布。

第五条 国家对动物疫病实行预防为主的方针。

第六条 县级以上人民政府应当加强对动物防疫工作的统一领导，加强基层动物防疫队伍建设，建立健全动物防疫体系，制定并组织实施动物疫病防治规划。

乡级人民政府、城市街道办事处应当组织群众协助做好本管辖区域内的动物疫病预防与控制工作。

第七条 国务院兽医主管部门主管全国的动物防疫工作。

县级以上地方人民政府兽医主管部门主管本行政区域内的动物防疫工作。

县级以上人民政府其他部门在各自的职责范围内做好动物防疫工作。

军队和武装警察部队动物卫生监督职能部门分别负责军队和武装警察部队现役动物及饲养自用动物的防疫工作。

第八条 县级以上地方人民政府设立的动物卫生监督机构依照本法规定，负责动物、动物产品的检疫工作和其他有关动物防疫的监督管理执法工作。

第九条 县级以上人民政府按照国务院的规定，根据统筹规划、合理布局、综合设置的原则建立动物疫病预防控制机构，承担动物疫病的监测、检测、诊断、流行病学调查、疫情报告以及其他预防、控制等技术工作。

第十条 国家支持和鼓励开展动物疫病的科学研究以及国际合作与交流，推广先进适用的科学研究成果，普及动物防疫科学知识，提高动物疫病防治的科学技术水平。

第十一条 对在动物防疫工作、动物防疫科学研究中做出成绩和贡献的单位和个人，各级人民政府及有关部门给予奖励。

第二章 动物疫病的预防

第十二条 国务院兽医主管部门对动物疫病状况进行风险评估，根据评估结果制定相应的动物疫病预防、控制措施。

国务院兽医主管部门根据国内外动物疫情和保护养殖业生产及人体健康的需要，及时制定并公布动物疫病预防、控制技术规范。

第十三条 国家对严重危害养殖业生产和人体健康的动物疫病实施强制免疫。国务院兽医主管部门确定强制免疫的动物疫病病种和区域，并会同国务院有关部门制定国家动物疫病强制免疫计划。

省、自治区、直辖市人民政府兽医主管部门根据国家动物疫病强制免疫计划，制订本行政区域的强制免疫计划；并可以根据本行政区域内动物疫病流行情况增加实施强制免疫的动物疫病病种和区域，报本级人民政府批准后执行，并报国务院兽医主管部门备案。

第十四条 县级以上地方人民政府兽医主管部门组织实施动物疫病强制免疫计划。乡级人民政府、城市街道办事处应当组织本管辖区域内饲养动物的单位和个人做好强制免疫工作。

饲养动物的单位和个人应当依法履行动物疫病强制免疫义务，按照兽医主管部门的要求做好强制免疫工作。

经强制免疫的动物，应当按照国务院兽医主管部门的规定建立免疫档案，加施畜禽标识，实施可追溯管理。

第十五条 县级以上人民政府应当建立健全动物疫情监测网络，加强动物疫情监测。

国务院兽医主管部门应当制定国家动物疫病监测计划。省、自治区、直辖市人民政府兽医主管部门应当根据国家动物疫病监测计划，制定本行政区域的动物疫病监测计划。

动物疫病预防控制机构应当按照国务院兽医主管部门的规定，对动物疫病的发生、流行等情况进行监测；从事动物饲养、屠宰、经营、隔离、运输以及动物产品生产、经营、加工、贮藏等活动的单位和个人不得拒绝或者阻碍。

第十六条 国务院兽医主管部门和省、自治区、直辖市人民政府兽医主管部门应当根据对动物疫病发生、流行趋势的预测，及时发出动物疫情预警。地方各级人民政府接到动物疫情预警后，应当采取相应的预防、控制措施。

第十七条 动物饲养、屠宰、经营、隔离、运输以及动物产品生产、经营、加工、贮藏等活动的单位和个人，应当依照本法和国务院兽医主管部门的规定，做好免疫、消毒等动物疫病预防工作。

第十八条 种用、乳用动物和宠物应当符合国务院兽医主管部门规定的健康标准。

种用、乳用动物应当接受动物疫病预防控制机构的定期检测；检测不合格的，应当按照国务院兽医主管部门的规定予以处理。

第十九条 动物饲养场(养殖小区)和隔离场所,动物屠宰加工场所,以及动物和动物产品无害化处理场所,应当符合下列动物防疫条件:

(一)场所的位置与居民生活区、生活饮用水源地、学校、医院等公共场所的距离符合国务院兽医主管部门规定的标准;

(二)生产区封闭隔离,工程设计和工艺流程符合动物防疫要求;

(三)有相应的污水、污物、病死动物、染疫动物产品的无害化处理设施设备和清洗消毒设施设备;

(四)有为其服务的动物防疫技术人员;

(五)有完善的动物防疫制度;

(六)具备国务院兽医主管部门规定的其他动物防疫条件。

第二十条 兴办动物饲养场(养殖小区)和隔离场所,动物屠宰加工场所,以及动物和动物产品无害化处理场所,应当向县级以上地方人民政府兽医主管部门提出申请,并附具相关材料。受理申请的兽医主管部门应当依照本法和《中华人民共和国行政许可法》的规定进行审查。经审查合格的,发给动物防疫条件合格证;不合格的,应当通知申请人并说明理由。

动物防疫条件合格证应当载明申请人的名称、场(厂)址等事项。

经营动物、动物产品的集贸市场应当具备国务院兽医主管部门规定的动物防疫条件,并接受动物卫生监督机构的监督检查。

第二十一条 动物、动物产品的运载工具、垫料、包装物、容器等应当符合国务院兽医主管部门规定的动物防疫要求。

染疫动物及其排泄物、染疫动物产品,病死或者死因不明的动物尸体,运载工具中的动物排泄物以及垫料、包装物、容器等污染物,应当按照国务院兽医主管部门的规定处理,不得随意处置。

第二十二条 采集、保存、运输动物病料或者病原微生物以及从事病原微生物研究、教学、检测、诊断等活动,应当遵守国家有关病原微生物实验室管理的规定。

第二十三条 患有人畜共患传染病的人员不得直接从事动物诊疗以及易感染动物的饲养、屠宰、经营、隔离、运输等活动。

人畜共患传染病名录由国务院兽医主管部门会同国务院卫生主管部门制定并公布。

第二十四条 国家对动物疫病实行区域化管理,逐步建立无规定动物疫病区。无规定动物疫病区应当符合国务院兽医主管部门规定的标准,经国务院兽医主管部门验收合格予以公布。

本法所称无规定动物疫病区,是指具有天然屏障或者采取人工措施,在一定期限内没有发生规定的一种或者几种动物疫病,并经验收合格的区域。

第二十五条 禁止屠宰、经营、运输下列动物和生产、经营、加工、贮藏、运输下列动物产品:

(一)封锁疫区内与所发生动物疫病有关的;

(二)疫区内易感染的;

(三)依法应当检疫而未经检疫或者检疫不合格的;

(四)染疫或者疑似染疫的;

（五）病死或者死因不明的；

（六）其他不符合国务院兽医主管部门有关动物防疫规定的。

第三章　动物疫情的报告、通报和公布

第二十六条　从事动物疫情监测、检验检疫、疫病研究与诊疗以及动物饲养、屠宰、经营、隔离、运输等活动的单位和个人，发现动物染疫或者疑似染疫的，应当立即向当地兽医主管部门、动物卫生监督机构或者动物疫病预防控制机构报告，并采取隔离等控制措施，防止动物疫情扩散。其他单位和个人发现动物染疫或者疑似染疫的，应当及时报告。

接到动物疫情报告的单位，应当及时采取必要的控制处理措施，并按照国家规定的程序上报。

第二十七条　动物疫情由县级以上人民政府兽医主管部门认定；其中重大动物疫情由省、自治区、直辖市人民政府兽医主管部门认定，必要时报国务院兽医主管部门认定。

第二十八条　国务院兽医主管部门应当及时向国务院有关部门和军队有关部门以及省、自治区、直辖市人民政府兽医主管部门通报重大动物疫情的发生和处理情况；发生人畜共患传染病的，县级以上人民政府兽医主管部门与同级卫生主管部门应当及时相互通报。

国务院兽医主管部门应当依照我国缔结或者参加的条约、协定，及时向有关国际组织或者贸易方通报重大动物疫情的发生和处理情况。

第二十九条　国务院兽医主管部门负责向社会及时公布全国动物疫情，也可以根据需要授权省、自治区、直辖市人民政府兽医主管部门公布本行政区域内的动物疫情。其他单位和个人不得发布动物疫情。

第三十条　任何单位和个人不得瞒报、谎报、迟报、漏报动物疫情，不得授意他人瞒报、谎报、迟报动物疫情，不得阻碍他人报告动物疫情。

第四章　动物疫病的控制和扑灭

第三十一条　发生一类动物疫病时，应当采取下列控制和扑灭措施：

（一）当地县级以上地方人民政府兽医主管部门应当立即派人到现场，划定疫点、疫区、受威胁区，调查疫源，及时报请本级人民政府对疫区实行封锁。疫区范围涉及两个以上行政区域的，由有关行政区域共同的上一级人民政府对疫区实行封锁，或者由各有关行政区域的上一级人民政府共同对疫区实行封锁。必要时，上级人民政府可以责成下级人民政府对疫区实行封锁。

（二）县级以上地方人民政府应当立即组织有关部门和单位采取封锁、隔离、扑杀、销毁、消毒、无害化处理、紧急免疫接种等强制性措施，迅速扑灭疫病。

（三）在封锁期间，禁止染疫、疑似染疫和易感染的动物、动物产品流出疫区，禁止非疫区的易感染动物进入疫区，并根据扑灭动物疫病的需要对出入疫区的人员、运输工具及有关物品采取消毒和其他限制性措施。

第三十二条　发生二类动物疫病时，应当采取下列控制和扑灭措施：

（一）当地县级以上地方人民政府兽医主管部门应当划定疫点、疫区、受威胁区。

（二）县级以上地方人民政府根据需要组织有关部门和单位采取隔离、扑杀、销毁、消毒、无害化处理、紧急免疫接种、限制易感染的动物和动物产品及有关物品出入等控制、扑灭措施。

第三十三条　疫点、疫区、受威胁区的撤销和疫区封锁的解除，按照国务院兽医主管部

门规定的标准和程序评估后，由原决定机关决定并宣布。

第三十四条　发生三类动物疫病时，当地县级、乡级人民政府应当按照国务院兽医主管部门的规定组织防治和净化。

第三十五条　二、三类动物疫病呈暴发性流行时，按照一类动物疫病处理。

第三十六条　为控制、扑灭动物疫病，动物卫生监督机构应当派人在当地依法设立的现有检查站执行监督检查任务；必要时，经省、自治区、直辖市人民政府批准，可以设立临时性的动物卫生监督检查站，执行监督检查任务。

第三十七条　发生人畜共患传染病时，卫生主管部门应当组织对疫区易感染的人群进行监测，并采取相应的预防、控制措施。

第三十八条　疫区内有关单位和个人，应当遵守县级以上人民政府及其兽医主管部门依法作出的有关控制、扑灭动物疫病的规定。

任何单位和个人不得藏匿、转移、盗掘已被依法隔离、封存、处理的动物和动物产品。

第三十九条　发生动物疫情时，航空、铁路、公路、水路等运输部门应当优先组织运送控制、扑灭疫病的人员和有关物资。

第四十条　一、二、三类动物疫病突然发生，迅速传播，给养殖业生产安全造成严重威胁、危害，以及可能对公众身体健康与生命安全造成危害，构成重大动物疫情的，依照法律和国务院的规定采取应急处理措施。

第五章　动物和动物产品的检疫

第四十一条　动物卫生监督机构依照本法和国务院兽医主管部门的规定对动物、动物产品实施检疫。

动物卫生监督机构的官方兽医具体实施动物、动物产品检疫。官方兽医应当具备规定的资格条件，取得国务院兽医主管部门颁发的资格证书，具体办法由国务院兽医主管部门会同国务院人事行政部门制定。

本法所称官方兽医，是指具备规定的资格条件并经兽医主管部门任命的，负责出具检疫等证明的国家兽医工作人员。

第四十二条　屠宰、出售或者运输动物以及出售或者运输动物产品前，货主应当按照国务院兽医主管部门的规定向当地动物卫生监督机构申报检疫。

动物卫生监督机构接到检疫申报后，应当及时指派官方兽医对动物、动物产品实施现场检疫；检疫合格的，出具检疫证明、加施检疫标志。实施现场检疫的官方兽医应当在检疫证明、检疫标志上签字或者盖章，并对检疫结论负责。

第四十三条　屠宰、经营、运输以及参加展览、演出和比赛的动物，应当附有检疫证明；经营和运输的动物产品，应当附有检疫证明、检疫标志。

对前款规定的动物、动物产品，动物卫生监督机构可以查验检疫证明、检疫标志，进行监督抽查，但不得重复检疫收费。

第四十四条　经铁路、公路、水路、航空运输动物和动物产品的，托运人托运时应当提供检疫证明；没有检疫证明的，承运人不得承运。

运载工具在装载前和卸载后应当及时清洗、消毒。

第四十五条　输入到无规定动物疫病区的动物、动物产品，货主应当按照国务院兽医主管部门的规定向无规定动物疫病区所在地动物卫生监督机构申报检疫，经检疫合格的，方可进入；检疫所需费用纳入无规定动物疫病区所在地地方人民政府财政预算。

第四十六条 跨省、自治区、直辖市引进乳用动物、种用动物及其精液、胚胎、种蛋的，应当向输入地省、自治区、直辖市动物卫生监督机构申请办理审批手续，并依照本法第四十二条的规定取得检疫证明。

跨省、自治区、直辖市引进的乳用动物、种用动物到达输入地后，货主应当按照国务院兽医主管部门的规定对引进的乳用动物、种用动物进行隔离观察。

第四十七条 人工捕获的可能传播动物疫病的野生动物，应当报经捕获地动物卫生监督机构检疫，经检疫合格的，方可饲养、经营和运输。

第四十八条 经检疫不合格的动物、动物产品，货主应当在动物卫生监督机构监督下按照国务院兽医主管部门的规定处理，处理费用由货主承担。

第四十九条 依法进行检疫需要收取费用的，其项目和标准由国务院财政部门、物价主管部门规定。

第六章 动物诊疗

第五十条 从事动物诊疗活动的机构，应当具备下列条件：

（一）有与动物诊疗活动相适应并符合动物防疫条件的场所；

（二）有与动物诊疗活动相适应的执业兽医；

（三）有与动物诊疗活动相适应的兽医器械和设备；

（四）有完善的管理制度。

第五十一条 设立从事动物诊疗活动的机构，应当向县级以上地方人民政府兽医主管部门申请动物诊疗许可证。受理申请的兽医主管部门应当依照本法和《中华人民共和国行政许可法》的规定进行审查。经审查合格的，发给动物诊疗许可证；不合格的，应当通知申请人并说明理由。

第五十二条 动物诊疗许可证应当载明诊疗机构名称、诊疗活动范围、从业地点和法定代表人（负责人）等事项。

动物诊疗许可证载明事项变更的，应当申请变更或者换发动物诊疗许可证。

第五十三条 动物诊疗机构应当按照国务院兽医主管部门的规定，做好诊疗活动中的卫生安全防护、消毒、隔离和诊疗废弃物处置等工作。

第五十四条 国家实行执业兽医资格考试制度。具有兽医相关专业大学专科以上学历的，可以申请参加执业兽医资格考试；考试合格的，由省、自治区、直辖市人民政府兽医主管部门颁发执业兽医资格证书；从事动物诊疗的，还应当向当地县级人民政府兽医主管部门申请注册。执业兽医资格考试和注册办法由国务院兽医主管部门商国务院人事行政部门制定。

本法所称执业兽医，是指从事动物诊疗和动物保健等经营活动的兽医。

第五十五条 经注册的执业兽医，方可从事动物诊疗、开具兽药处方等活动。但是，本法第五十七条对乡村兽医服务人员另有规定的，从其规定。

执业兽医、乡村兽医服务人员应当按照当地人民政府或者兽医主管部门的要求，参加预防、控制和扑灭动物疫病的活动。

第五十六条 从事动物诊疗活动，应当遵守有关动物诊疗的操作技术规范，使用符合国家规定的兽药和兽医器械。

第五十七条 乡村兽医服务人员可以在乡村从事动物诊疗服务活动，具体管理办法由国务院兽医主管部门制定。

第七章 监督管理

第五十八条 动物卫生监督机构依照本法规定，对动物饲养、屠宰、经营、隔离、运输以及动物产品生产、经营、加工、贮藏、运输等活动中的动物防疫实施监督管理。

第五十九条 动物卫生监督机构执行监督检查任务，可以采取下列措施，有关单位和个人不得拒绝或者阻碍：

（一）对动物、动物产品按照规定采样、留验、抽检；

（二）对染疫或者疑似染疫的动物、动物产品及相关物品进行隔离、查封、扣押和处理；

（三）对依法应当检疫而未经检疫的动物实施补检；

（四）对依法应当检疫而未经检疫的动物产品，具备补检条件的实施补检，不具备补检条件的予以没收销毁；

（五）查验检疫证明、检疫标志和畜禽标识；

（六）进入有关场所调查取证，查阅、复制与动物防疫有关的资料。

动物卫生监督机构根据动物疫病预防、控制需要，经当地县级以上地方人民政府批准，可以在车站、港口、机场等相关场所派驻官方兽医。

第六十条 官方兽医执行动物防疫监督检查任务，应当出示行政执法证件，佩戴统一标志。

动物卫生监督机构及其工作人员不得从事与动物防疫有关的经营性活动，进行监督检查不得收取任何费用。

第六十一条 禁止转让、伪造或者变造检疫证明、检疫标志或者畜禽标识。

检疫证明、检疫标志的管理办法，由国务院兽医主管部门制定。

第八章 保障措施

第六十二条 县级以上人民政府应当将动物防疫纳入本级国民经济和社会发展规划及年度计划。

第六十三条 县级人民政府和乡级人民政府应当采取有效措施，加强村级防疫员队伍建设。

县级人民政府兽医主管部门可以根据动物防疫工作需要，向乡、镇或者特定区域派驻兽医机构。

第六十四条 县级以上人民政府按照本级政府职责，将动物疫病预防、控制、扑灭、检疫和监督管理所需经费纳入本级财政预算。

第六十五条 县级以上人民政府应当储备动物疫情应急处理工作所需的防疫物资。

第六十六条 对在动物疫病预防和控制、扑灭过程中强制扑杀的动物、销毁的动物产品和相关物品，县级以上人民政府应当给予补偿。具体补偿标准和办法由国务院财政部门会同有关部门制定。

因依法实施强制免疫造成动物应激死亡的，给予补偿。具体补偿标准和办法由国务院财政部门会同有关部门制定。

第六十七条 对从事动物疫病预防、检疫、监督检查、现场处理疫情以及在工作中接触动物疫病病原体的人员，有关单位应当按照国家规定采取有效的卫生防护措施和医疗保健措施。

第九章 法律责任

第六十八条 地方各级人民政府及其工作人员未依照本法规定履行职责的,对直接负责的主管人员和其他直接责任人员依法给予处分。

第六十九条 县级以上人民政府兽医主管部门及其工作人员违反本法规定,有下列行为之一的,由本级人民政府责令改正,通报批评;对直接负责的主管人员和其他直接责任人员依法给予处分:

(一)未及时采取预防、控制、扑灭等措施的;

(二)对不符合条件的颁发动物防疫条件合格证、动物诊疗许可证,或者对符合条件的拒不颁发动物防疫条件合格证、动物诊疗许可证的;

(三)其他未依照本法规定履行职责的行为。

第七十条 动物卫生监督机构及其工作人员违反本法规定,有下列行为之一的,由本级人民政府或者兽医主管部门责令改正,通报批评;对直接负责的主管人员和其他直接责任人员依法给予处分:

(一)对未经现场检疫或者检疫不合格的动物、动物产品出具检疫证明、加施检疫标志,或者对检疫合格的动物、动物产品拒不出具检疫证明、加施检疫标志的;

(二)对附有检疫证明、检疫标志的动物、动物产品重复检疫的;

(三)从事与动物防疫有关的经营性活动,或者在国务院财政部门、物价主管部门规定外加收费用、重复收费的;

(四)其他未依照本法规定履行职责的行为。

第七十一条 动物疫病预防控制机构及其工作人员违反本法规定,有下列行为之一的,由本级人民政府或者兽医主管部门责令改正,通报批评;对直接负责的主管人员和其他直接责任人员依法给予处分:

(一)未履行动物疫病监测、检测职责或者伪造监测、检测结果的;

(二)发生动物疫情时未及时进行诊断、调查的;

(三)其他未依照本法规定履行职责的行为。

第七十二条 地方各级人民政府、有关部门及其工作人员瞒报、谎报、迟报、漏报或者授意他人瞒报、谎报、迟报动物疫情,或者阻碍他人报告动物疫情的,由上级人民政府或者有关部门责令改正,通报批评;对直接负责的主管人员和其他直接责任人员依法给予处分。

第七十三条 违反本法规定,有下列行为之一的,由动物卫生监督机构责令改正,给予警告;拒不改正的,由动物卫生监督机构代作处理,所需处理费用由违法行为人承担,可以处一千元以下罚款:

(一)对饲养的动物不按照动物疫病强制免疫计划进行免疫接种的;

(二)种用、乳用动物未经检测或者经检测不合格而不按照规定处理的;

(三)动物、动物产品的运载工具在装载前和卸载后没有及时清洗、消毒的。

第七十四条 违反本法规定,对经强制免疫的动物未按照国务院兽医主管部门规定建立免疫档案、加施畜禽标识的,依照《中华人民共和国畜牧法》的有关规定处罚。

第七十五条 违反本法规定,不按照国务院兽医主管部门规定处置染疫动物及其排泄物,染疫动物产品,病死或者死因不明的动物尸体,运载工具中的动物排泄物以及垫料、包装物、容器等污染物以及其他经检疫不合格的动物、动物产品的，由动物卫生监督机构责令无害化处理，所需处理费用由违法行为人承担，可以处三千元以下罚款。

第七十六条 违反本法第二十五条规定，屠宰、经营、运输动物或者生产、经营、加工、贮藏、运输动物产品的，由动物卫生监督机构责令改正、采取补救措施，没收违法所得和动物、动物产品，并处同类检疫合格动物、动物产品货值金额一倍以上五倍以下罚款；其中依法应当检疫而未检疫的，依照本法第七十八条的规定处罚。

第七十七条 违反本法规定，有下列行为之一的，由动物卫生监督机构责令改正，处一千元以上一万元以下罚款；情节严重的，处一万元以上十万元以下罚款：

（一）兴办动物饲养场（养殖小区）和隔离场所，动物屠宰加工场所，以及动物和动物产品无害化处理场所，未取得动物防疫条件合格证的；

（二）未办理审批手续，跨省、自治区、直辖市引进乳用动物、种用动物及其精液、胚胎、种蛋的；

（三）未经检疫，向无规定动物疫病区输入动物、动物产品的。

第七十八条 违反本法规定，屠宰、经营、运输的动物未附有检疫证明，经营和运输的动物产品未附有检疫证明、检疫标志的，由动物卫生监督机构责令改正，处同类检疫合格动物、动物产品货值金额百分之十以上百分之五十以下罚款；对货主以外的承运人处运输费用一倍以上三倍以下罚款。

违反本法规定，参加展览、演出和比赛的动物未附有检疫证明的，由动物卫生监督机构责令改正，处一千元以上三千元以下罚款。

第七十九条 违反本法规定，转让、伪造或者变造检疫证明、检疫标志或者畜禽标识的，由动物卫生监督机构没收违法所得，收缴检疫证明、检疫标志或者畜禽标识，并处三千元以上三万元以下罚款。

第八十条 违反本法规定，有下列行为之一的，由动物卫生监督机构责令改正，处一千元以上一万元以下罚款：

（一）不遵守县级以上人民政府及其兽医主管部门依法作出的有关控制、扑灭动物疫病规定的；

（二）藏匿、转移、盗掘已被依法隔离、封存、处理的动物和动物产品的；

（三）发布动物疫情的。

第八十一条 违反本法规定，未取得动物诊疗许可证从事动物诊疗活动的，由动物卫生监督机构责令停止诊疗活动，没收违法所得；违法所得在三万元以上的，并处违法所得一倍以上三倍以下罚款；没有违法所得或者违法所得不足三万元的，并处三千元以上三万元以下罚款。

动物诊疗机构违反本法规定，造成动物疫病扩散的，由动物卫生监督机构责令改正，处一万元以上五万元以下罚款；情节严重的，由发证机关吊销动物诊疗许可证。

第八十二条 违反本法规定，未经兽医执业注册从事动物诊疗活动的，由动物卫生监督机构责令停止动物诊疗活动，没收违法所得，并处一千元以上一万元以下罚款。

执业兽医有下列行为之一的，由动物卫生监督机构给予警告，责令暂停六个月以上一年以下动物诊疗活动；情节严重的，由发证机关吊销注册证书：

（一）违反有关动物诊疗的操作技术规范，造成或者可能造成动物疫病传播、流行的；

(二)使用不符合国家规定的兽药和兽医器械的;

(三)不按照当地人民政府或者兽医主管部门要求参加动物疫病预防、控制和扑灭活动的。

第八十三条 违反本法规定,从事动物疫病研究与诊疗和动物饲养、屠宰、经营、隔离、运输,以及动物产品生产、经营、加工、贮藏等活动的单位和个人,有下列行为之一的,由动物卫生监督机构责令改正;拒不改正的,对违法行为单位处一千元以上一万元以下罚款,对违法行为个人可以处五百元以下罚款:

(一)不履行动物疫情报告义务的;

(二)不如实提供与动物防疫活动有关资料的;

(三)拒绝动物卫生监督机构进行监督检查的;

(四)拒绝动物疫病预防控制机构进行动物疫病监测、检测的。

第八十四条 违反本法规定,构成犯罪的,依法追究刑事责任。

违反本法规定,导致动物疫病传播、流行等,给他人人身、财产造成损害的,依法承担民事责任。

第十章 附则

第八十五条 本法自2008年1月1日起施行。

二、兽药管理条例(正文)

第一章 总则

第一条 为了加强兽药管理,保证兽药质量,防治动物疾病,促进养殖业的发展,维护人体健康,制定本条例。

第二条 在中华人民共和国境内从事兽药的研制、生产、经营、进出口、使用和监督管理,应当遵守本条例。

第三条 国务院兽医行政管理部门负责全国的兽药监督管理工作。

县级以上地方人民政府兽医行政管理部门负责本行政区域内的兽药监督管理工作。

第四条 国家实行兽用处方药和非处方药分类管理制度。兽用处方药和非处方药分类管理的办法和具体实施步骤,由国务院兽医行政管理部门规定。

第五条 国家实行兽药储备制度。

发生重大动物疫情、灾情或者其他突发事件时,国务院兽医行政管理部门可以紧急调用国家储备的兽药;必要时,也可以调用国家储备以外的兽药。

第二章 新兽药研制

第六条 国家鼓励研制新兽药,依法保护研制者的合法权益。

第七条 研制新兽药,应当具有与研制相适应的场所、仪器设备、专业技术人员、安全管理规范和措施。

研制新兽药,应当进行安全性评价。从事兽药安全性评价的单位应当遵守国务院兽医政管理部门的兽药非临床研究质量管理规范和兽药临床试验质量管理规范。

省级以上人民政府兽医行政管理部门应当对兽药安全性评价单位是否符合兽药非临床研究质量管理规范和兽药临床试验质量管理规范的要求进行监督检查,并公布监督检查结果。

第八条 研制新兽药,应当在临床试验前向省、自治区、直辖市人民政府兽医行政管理部门提出申请，并附具该新兽药实验室阶段安全性评价报告及其他临床前研究资料；省、自治区、直辖市人民政府兽医行政管理部门应当自收到申请之日起60个工作日内将审查结果书面通知申请人。

研制的新兽药属于生物制品的，应当在临床试验前向国务院兽医行政管理部门提出申请，国务院兽医行政管理部门应当自收到申请之日起60个工作日内将审查结果书面通知申请人。

研制新兽药需要使用一类病原微生物的，还应当具备国务院兽医行政管理部门规定的条件，并在实验室阶段前报国务院兽医行政管理部门批准。

第九条 临床试验完成后，新兽药研制者向国务院兽医行政管理部门提出新兽药注册申请时，应当提交该新兽药的样品和下列资料：

（一）名称、主要成分、理化性质；

（二）研制方法、生产工艺、质量标准和检测方法；

（三）药理和毒理试验结果、临床试验报告和稳定性试验报告；

（四）环境影响报告和污染防治措施。

研制的新兽药属于生物制品的，还应当提供菌（毒、虫）种、细胞等有关材料和资料。菌（毒、虫）种、细胞由国务院兽医行政管理部门指定的机构保藏。

研制用于食用动物的新兽药，还应当按照国务院兽医行政管理部门的规定进行兽药残留试验并提供休药期、最高残留限量标准、残留检测方法及其制定依据等资料。

国务院兽医行政管理部门应当自收到申请之日起10个工作日内，将决定受理的新兽药资料送其设立的兽药评审机构进行评审，将新兽药样品送其指定的检验机构复核检验，并自收到评审和复核检验结论之日起60个工作日内完成审查。审查合格的，发给新兽药注册证书，并发布该兽药的质量标准；不合格的，应当书面通知申请人。

第十条 国家对依法获得注册的、含有新化合物的兽药的申请人提交的其自己所取得且未披露的试验数据和其他数据实施保护。

自注册之日起6年内，对其他申请人未经已获得注册兽药的申请人同意，使用前款规定的数据申请兽药注册的，兽药注册机关不予注册；但是，其他申请人提交其自己所取得的数据的除外。

除下列情况外，兽药注册机关不得披露本条第一款规定的数据：

（一）公共利益需要；

（二）已采取措施确保该类信息不会被不正当地进行商业使用。

第三章 兽药生产

第十一条 从事兽药生产的企业，应当符合国家兽药行业发展规划和产业政策，并具备下列条件：

（一）与所生产的兽药相适应的兽医学、药学或者相关专业的技术人员；

（二）与所生产的兽药相适应的厂房、设施；

（三）与所生产的兽药相适应的兽药质量管理和质量检验的机构、人员、仪器设备；

（四）符合安全、卫生要求的生产环境；

（五）兽药生产质量管理规范规定的其他生产条件。

符合前款规定条件的，申请人方可向省、自治区、直辖市人民政府兽医行政管理部门提出申请，并附具符合前款规定条件的证明材料；省、自治区、直辖市人民政府兽医行政管理部门应当自收到申请之日起 40 个工作日内完成审查。经审查合格的，发给兽药生产许可证；不合格的应当书面通知申请人。

第十二条 兽药生产许可证应当载明生产范围、生产地点、有效期和法定代表人姓名、住址等事项。

兽药生产许可证有效期为 5 年。有效期届满，需要继续生产兽药的，应当在许可证有效期届满前 6 个月到发证机关申请换发兽药生产许可证。

第十三条 兽药生产企业变更生产范围、生产地点的，应当依照本条例第十一条的规定申请换发兽药生产许可证；变更企业名称、法定代表人的，应当在办理工商变更登记手续后 15 个工作日内，到原发证机关申请换发兽药生产许可证。

第十四条 兽药生产企业应当按照国务院兽医行政管理部门制定的兽药生产质量管理规范组织生产。

省级以上人民政府兽医行政管理部门，应当对兽药生产企业是否符合兽药生产质量管理规范的要求进行监督检查，并公布检查结果。

第十五条 兽药生产企业生产兽药，应当取得国务院兽医行政管理部门核发的产品批准文号，产品批准文号的有效期为 5 年。兽药产品批准文号的核发办法由国务院兽医行政管理部门制定。

第十六条 兽药生产企业应当按照兽药国家标准和国务院兽医行政管理部门批准的生产工艺进行生产。兽药生产企业改变影响兽药质量的生产工艺的，应当报原批准部门审核批准。

兽药生产企业应当建立生产记录，生产记录应当完整、准确。

第十七条 生产兽药所需的原料、辅料，应当符合国家标准或者所生产兽药的质量要求。

直接接触兽药的包装材料和容器应当符合药用要求。

第十八条 兽药出厂前应当经过质量检验，不符合质量标准的不得出厂。

兽药出厂应当附有产品质量合格证。

禁止生产假、劣兽药。

第十九条 兽药生产企业生产的每批兽用生物制品，在出厂前应当由国务院兽医行政管理部门指定的检验机构审查核对，并在必要时进行抽查检验；未经审查核对或者抽查检验不合格的，不得销售。

强制免疫所需兽用生物制品，由国务院兽医行政管理部门指定的企业生产。

第二十条 兽药包装应当按照规定印有或者贴有标签，附具说明书，并在显著位置注明“兽用”字样。

兽药的标签和说明书经国务院兽医行政管理部门批准并公布后，方可使用。

兽药的标签或者说明书，应当以中文注明兽药的通用名称、成分及其含量、规格、生产企业、产品批准文号（进口兽药注册证号）、产品批号、生产日期、有效期、适应证或者功能主治、用法、用量、休药期、禁忌、不良反应、注意事项、运输贮存保管条件及其他应当说明的内容。有商品名称的，还应当注明商品名称。

除前款规定的内容外，兽用处方药的标签或者说明书还应当印有国务院兽医行政管理部门规定的警示内容，其中兽用麻醉药品、精神药品、毒性药品和放射性药品还应当印有国务院兽医行政管理部门规定的特殊标志；兽用非处方药的标签或者说明书还应当印有国务院兽医行政管理部门规定的非处方药标志。

第二十一条 国务院兽医行政管理部门，根据保证动物产品质量安全和人体健康的需要，可以对新兽药设立不超过 5 年的监测期；在监测期内，不得批准其他企业生产或者进口该新兽药。生产企业应当在监测期内收集该新兽药的疗效、不良反应等资料，并及时报送国务院兽医行政管理部门。

第四章 兽药经营

第二十二条 经营兽药的企业，应当具备下列条件：

（一）与所经营的兽药相适应的兽药技术人员；

（二）与所经营的兽药相适应的营业场所、设备、仓库设施；

（三）与所经营的兽药相适应的质量管理机构或者人员；

（四）兽药经营质量管理规范规定的其他经营条件。

符合前款规定条件的，申请人方可向市、县人民政府兽医行政管理部门提出申请，并附具符合前款规定条件的证明材料；经营兽用生物制品的，应当向省、自治区、直辖市人民政府兽医行政管理部门提出申请，并附具符合前款规定条件的证明材料。

县级以上地方人民政府兽医行政管理部门，应当自收到申请之日起 30 个工作日内完成审查。审查合格的，发给兽药经营许可证；不合格的，应当书面通知申请人。

第二十三条 兽药经营许可证应当载明经营范围、经营地点、有效期和法定代表人姓名、住址等事项。

兽药经营许可证有效期为 5 年。有效期届满，需要继续经营兽药的，应当在许可证有效期届满前 6 个月到发证机关申请换发兽药经营许可证。

第二十四条 兽药经营企业变更经营范围、经营地点的，应当依照本条例第二十二条的规定申请换发兽药经营许可证；变更企业名称、法定代表人的，应当在办理工商变更登记手续后 15 个工作日内，到原发证机关申请换发兽药经营许可证。

第二十五条 兽药经营企业，应当遵守国务院兽医行政管理部门制定的兽药经营质量管理规范。

县级以上地方人民政府兽医行政管理部门，应当对兽药经营企业是否符合兽药经营质量管理规范的要求进行监督检查，并公布检查结果。

第二十六条 兽药经营企业购进兽药，应当将兽药产品与产品标签或者说明书、产品质量合格证核对无误。

第二十七条 兽药经营企业，应当向购买者说明兽药的功能主治、用法、用量和注意事项。销售兽用处方药的，应当遵守兽用处方药管理办法。

兽药经营企业销售兽用中药材的，应当注明产地。

禁止兽药经营企业经营人用药品和假、劣兽药。

第二十八条 兽药经营企业购销兽药，应当建立购销记录。购销记录应当载明兽药的商品名称、通用名称、剂型、规格、批号、有效期、生产厂商、购销单位、购销数量、购销日期和国务院兽医行政管理部门规定的其他事项。

第二十九条 兽药经营企业，应当建立兽药保管制度，采取必要的冷藏、防冻、防潮、防虫、防鼠等措施,保持所经营兽药的质量。

兽药入库、出库,应当执行检查验收制度,并有准确记录。

第三十条 强制免疫所需兽用生物制品的经营,应当符合国务院兽医行政管理部门的规定。

第三十一条 兽药广告的内容应当与兽药说明书内容相一致,在全国重点媒体发布兽药广告的,应当经国务院兽医行政管理部门审查批准,取得兽药广告审查批准文号。在地方媒体发布兽药广告的,应当经省、自治区、直辖市人民政府兽医行政管理部门审查批准,取得兽药广告审查批准文号;未经批准的,不得发布。

第五章 兽药进出口

第三十二条 首次向中国出口的兽药,由出口方驻中国境内的办事机构或者其委托的中国境内代理机构向国务院兽医行政管理部门申请注册,并提交下列资料和物品:

(一)生产企业所在国家(地区)兽药管理部门批准生产、销售的证明文件;

(二)生产企业所在国家(地区)兽药管理部门颁发的符合兽药生产质量管理规范的证明文件;

(三)兽药的制造方法、生产工艺、质量标准、检测方法、药理和毒理试验结果、临床试验报告、稳定性试验报告及其他相关资料;用于食用动物的兽药的休药期、最高残留限量标准、残留检测方法及其制定依据等资料;

(四)兽药的标签和说明书样本;

(五)兽药的样品、对照品、标准品;

(六)环境影响报告和污染防治措施;

(七)涉及兽药安全性的其他资料;

申请向中国出口兽用生物制品的,还应当提供菌(毒、虫)种、细胞等有关材料和资料。

第三十三条 国务院兽医行政管理部门,应当自收到申请之日起10个工作日内组织初步审查。经初步审查合格的,应当将决定受理的兽药资料送其设立的兽药评审机构进行评审,将该兽药样品送其指定的检验机构复核检验,并自收到评审和复核检验结论之日起60个工作日内完成审查。经审查合格的,发给进口兽药注册证书,并发布该兽药的质量标准;不合格的,应当书面通知申请人。

在审查过程中,国务院兽医行政管理部门可以对向中国出口兽药的企业是否符合兽药生产质量管理规范的要求进行考查,并有权要求该企业在国务院兽医行政管理部门指定的机构进行该兽药的安全性和有效性试验。

国内急需兽药、少量科研用兽药或者注册兽药的样品、对照品、标准品的进口,按照国务院兽医行政管理部门的规定办理。

第三十四条 进口兽药注册证书的有效期为5年。有效期届满,需要继续向中国出口兽药的,应当在有效期届满前6个月到发证机关申请再注册。

第三十五条 境外企业不得在中国直接销售兽药。境外企业在中国销售兽药,应当依法在中国境内设立销售机构或者委托符合条件的中国境内代理机构。

进口在中国已取得进口兽药注册证书的兽用生物制品的,中国境内代理机构应当向国务院兽医行政管理部门申请允许进口兽用生物制品证明文件,凭允许进口兽用生物制品证明文件到口岸所在地人民政府兽医行政管理部门办理进口兽药通关单;进口在中国已取得进口兽药注册证书的其他兽药的，凭进口兽药注册证书到口岸所在地人民政府兽医行政管理部门办理进口兽药通关单。海关凭进口兽药通关单放行。兽药进口管理办法由国务院兽医行政管理部门会同海关总署制定。

兽用生物制品进口后，应当依照本条例第十九条的规定进行审查核对和抽查检验。其他兽药进口后，由当地兽医行政管理部门通知兽药检验机构进行抽查检验。

第三十六条　禁止进口下列兽药：

（一）药效不确定、不良反应大以及可能对养殖业、人体健康造成危害或者存在潜在风险的；

（二）来自疫区可能造成疫病在中国境内传播的兽用生物制品；

（三）经考查生产条件不符合规定的；

（四）国务院兽医行政管理部门禁止生产、经营和使用的。

第三十七条　向中国境外出口兽药，进口方要求提供兽药出口证明文件的，国务院兽医行政管理部门或者企业所在地的省、自治区、直辖市人民政府兽医行政管理部门可以出具出口兽药证明文件。

国内防疫急需的疫苗，国务院兽医行政管理部门可以限制或者禁止出口。

第六章　兽药使用

第三十八条　兽药使用单位，应当遵守国务院兽医行政管理部门制定的兽药安全使用规定，并建立用药记录。

第三十九条　禁止使用假、劣兽药以及国务院兽医行政管理部门规定禁止使用的药品和其他化合物。禁止使用的药品和其他化合物目录由国务院兽医行政管理部门制定公布。

第四十条　有休药期规定的兽药用于食用动物时，饲养者应当向购买者或者屠宰者提供准确、真实的用药记录；购买者或者屠宰者应当确保动物及其产品在用药期、休药期内不被用于食品消费。

第四十一条　国务院兽医行政管理部门，负责制定公布在饲料中允许添加的药物饲料添加剂品种目录。

禁止在饲料和动物饮用水中添加激素类药品和国务院兽医行政管理部门规定的其他禁用药品。

经批准可以在饲料中添加的兽药，应当由兽药生产企业制成药物饲料添加剂后方可添加。禁止将原料药直接添加到饲料及动物饮用水中或者直接饲喂动物。

禁止将人用药品用于动物。

第四十二条　国务院兽医行政管理部门，应当制定并组织实施国家动物及动物产品兽药残留监控计划。

县级以上人民政府兽医行政管理部门，负责组织对动物产品中兽药残留量的检测。兽药残留检测结果，由国务院兽医行政管理部门或者省、自治区、直辖市人民政府兽医行政管理部门按照权限予以公布。

动物产品的生产者、销售者对检测结果有异议的，可以自收到检测结果之日起 7 个工作日内向组织实施兽药残留检测的兽医行政管理部门或者其上级兽医行政管理部门提出申请，由受理申请的兽医行政管理部门指定检验机构进行复检。兽药残留限量标准和残留检测方法，由国务院兽医行政管理部门制定发布。

第四十三条 禁止销售含有违禁药物或者兽药残留量超过标准的食用动物产品。

第七章 兽药监督管理

第四十四条 县级以上人民政府兽医行政管理部门行使兽药监督管理权。

兽药检验工作由国务院兽医行政管理部门和省、自治区、直辖市人民政府兽医行政管理部门设立的兽药检验机构承担。国务院兽医行政管理部门，可以根据需要认定其他检验机构承担兽药检验工作。

当事人对兽药检验结果有异议的，可以自收到检验结果之日起7个工作日内向实施检验的机构或者上级兽医行政管理部门设立的检验机构申请复检。

第四十五条 兽药应当符合兽药国家标准。

国家兽药典委员会拟定的、国务院兽医行政管理部门发布的《中华人民共和国兽药典》和国务院兽医行政管理部门发布的其他兽药质量标准为兽药国家标准。

兽药国家标准的标准品和对照品的标定工作由国务院兽医行政管理部门设立的兽药检验机构负责。

第四十六条 兽医行政管理部门依法进行监督检查时，对有证据证明可能是假、劣兽药的，应当采取查封、扣押的行政强制措施，并自采取行政强制措施之日起7个工作日内作出是否立案的决定；需要检验的，应当自检验报告书发出之日起15个工作日内作出是否立案的决定；不符合立案条件的，应当解除行政强制措施；需要暂停生产的，由国务院兽医行政管理部门或者省、自治区、直辖市人民政府兽医行政管理部门按照权限作出决定；需要暂停经营、使用的，由县级以上人民政府兽医行政管理部门按照权限作出决定。

未经行政强制措施决定机关或者其上级机关批准，不得擅自转移、使用、销毁、销售被查封或者扣押的兽药及有关材料。

第四十七条 有下列情形之一的，为假兽药：

(一)以非兽药冒充兽药或者以他种兽药冒充此种兽药的；

(二)兽药所含成分的种类、名称与兽药国家标准不符合的。

有下列情形之一的，按照假兽药处理：

(一)国务院兽医行政管理部门规定禁止使用的；

(二)依照本条例规定应当经审查批准而未经审查批准即生产、进口的，或者依照本条例规定应当经抽查检验、审查核对而未经抽查检验、审查核对即销售、进口的；

(三)变质的；

(四)被污染的；

(五)所标明的适应证或者功能主治超出规定范围的。

第四十八条 有下列情形之一的，为劣兽药：

(一)成分含量不符合兽药国家标准或者不标明有效成分的；

(二)不标明或者更改有效期或者超过有效期的；

(三)不标明或者更改产品批号的；

(四)其他不符合兽药国家标准，但不属于假兽药的。

第四十九条 禁止将兽用原料药拆零销售或者销售给兽药生产企业以外的单位和个人。

禁止未经兽医开具处方销售、购买、使用国务院兽医行政管理部门规定实行处方药管理的兽药。

第五十条 国家实行兽药不良反应报告制度。

兽药生产企业、经营企业、兽药使用单位和开具处方的兽医人员发现可能与兽药使用有关的严重不良反应，应当立即向所在地人民政府兽医行政管理部门报告。

第五十一条 兽药生产企业、经营企业停止生产、经营超过 6 个月或者关闭的，由发证机关责令其交回兽药生产许可证、兽药经营许可证。

第五十二条 禁止买卖、出租、出借兽药生产许可证、兽药经营许可证和兽药批准证明文件。

第五十三条 兽药评审检验的收费项目和标准，由国务院财政部门会同国务院价格主管部门制定，并予以公告。

第五十四条 各级兽医行政管理部门、兽药检验机构及其工作人员，不得参与兽药生产、经营活动，不得以其名义推荐或者监制、监销兽药。

第八章 法律责任

第五十五条 兽医行政管理部门及其工作人员利用职务上的便利收取他人财物或者谋取其他利益，对不符合法定条件的单位和个人核发许可证、签署审查同意意见，不履行监督职责，或者发现违法行为不予查处，造成严重后果，构成犯罪的，依法追究刑事责任；尚不构成犯罪的，依法给予行政处分。

第五十六条 违反本条例规定，无兽药生产许可证、兽药经营许可证生产、经营兽药的，或者虽有兽药生产许可证、兽药经营许可证，生产、经营假、劣兽药的，或者兽药经营企业经营人用药品的，责令其停止生产、经营，没收用于违法生产的原料、辅料、包装材料及生产、经营的兽药和违法所得，并处违法生产、经营的兽药（包括已出售的和未出售的兽药，下同）货值金额 2 倍以上 5 倍以下罚款，货值金额无法查证核实的，处 10 万元以上 20 万元以下罚款；无兽药生产许可证生产兽药，情节严重的，没收其生产设备；生产、经营假、劣兽药，情节严重的，吊销兽药生产许可证、兽药经营许可证；构成犯罪的，依法追究刑事责任；给他人造成损失的，依法承担赔偿责任。生产、经营企业的主要负责人和直接负责的主管人员终身不得从事兽药的生产、经营活动。

擅自生产强制免疫所需兽用生物制品的，按照无兽药生产许可证生产兽药处罚。

第五十七条 违反本条例规定，提供虚假的资料、样品或者采取其他欺骗手段取得兽药生产许可证、兽药经营许可证或者兽药批准证明文件的，吊销兽药生产许可证、兽药经营许可证或者撤销兽药批准证明文件，并处 5 万元以上 10 万元以下罚款；给他人造成损失的，依法承担赔偿责任。其主要负责人和直接负责的主管人员终身不得从事兽药的生产、经营和进出口活动。

第五十八条 买卖、出租、出借兽药生产许可证、兽药经营许可证和兽药批准证明文件的，没收违法所得，并处 1 万元以上 10 万元以下罚款；情节严重的，吊销兽药生产许可证、兽药经营许可证或者撤销兽药批准证明文件；构成犯罪的，依法追究刑事责任；给他人造成损失的，依法承担赔偿责任。

第五十九条 违反本条例规定，兽药安全性评价单位、临床试验单位、生产和经营企业未按照规定实施兽药研究试验、生产、经营质量管理规范的，给予警告，责令其限期改正；逾期不改正的，责令停止兽药研究试验、生产、经营活动，并处 5 万元以下罚款；情节严重的，吊销兽药生产许可证、兽药经营许可证；给他人造成损失的，依法承担赔偿责任。

违反本条例规定，研制新兽药不具备规定的条件擅自使用一类病原微生物或者在实验室阶段前未经批准的，责令其停止实验，并处5万元以上10万元以下罚款；构成犯罪的，依法追究刑事责任；给他人造成损失的，依法承担赔偿责任。

第六十条 违反本条例规定，兽药的标签和说明书未经批准的，责令其限期改正；逾期不改正的，按照生产、经营假兽药处罚；有兽药产品批准文号的，撤销兽药产品批准文号；给他人造成损失的，依法承担赔偿责任。

兽药包装上未附有标签和说明书，或者标签和说明书与批准的内容不一致的，责令其限期改正；情节严重的，依照前款规定处罚。

第六十一条 违反本条例规定，境外企业在中国直接销售兽药的，责令其限期改正，没收直接销售的兽药和违法所得，并处5万元以上10万元以下罚款；情节严重的，吊销进口兽药注册证书；给他人造成损失的，依法承担赔偿责任。

第六十二条 违反本条例规定，未按照国家有关兽药安全使用规定使用兽药的、未建立用药记录或者记录不完整真实的，或者使用禁止使用的药品和其他化合物的，或者将人用药品用于动物的，责令其立即改正，并对饲喂了违禁药物及其他化合物的动物及其产品进行无害化处理；对违法单位处1万元以上5万元以下罚款；给他人造成损失的，依法承担赔偿责任。

第六十三条 违反本条例规定，销售尚在用药期、休药期内的动物及其产品用于食品消费的，或者销售含有违禁药物和兽药残留超标的动物产品用于食品消费的，责令其对含有违禁药物和兽药残留超标的动物产品进行无害化处理，没收违法所得，并处3万元以上10万元以下罚款；构成犯罪的，依法追究刑事责任；给他人造成损失的，依法承担赔偿责任。

第六十四条 违反本条例规定，擅自转移、使用、销毁、销售被查封或者扣押的兽药及有关材料的，责令其停止违法行为，给予警告，并处5万元以上10万元以下罚款。

第六十五条 违反本条例规定，兽药生产企业、经营企业、兽药使用单位和开具处方的兽医人员发现可能与兽药使用有关的严重不良反应，不向所在地人民政府兽医行政管理部门报告的，给予警告，并处5 000元以上1万元以下罚款。

生产企业在新兽药监测期内不收集或者不及时报送该新兽药的疗效、不良反应等资料的，责令其限期改正，并处1万元以上5万元以下罚款；情节严重的，撤销该新兽药的产品批准文号。

第六十六条 违反本条例规定，未经兽医开具处方销售、购买、使用兽用处方药的，责令其限期改正，没收违法所得，并处5万元以下罚款；给他人造成损失的，依法承担赔偿责任。

第六十七条 违反本条例规定，兽药生产、经营企业把原料药销售给兽药生产企业以外的单位和个人的，或者兽药经营企业拆零销售原料药的，责令其立即改正，给予警告，没收违法所得，并处2万元以上5万元以下罚款；情节严重的，吊销兽药生产许可证、兽药经营许可证；给他人造成损失的，依法承担赔偿责任。

第六十八条 违反本条例规定，在饲料和动物饮用水中添加激素类药品和国务院兽医行政管理部门规定的其他禁用药品，依照《饲料和饲料添加剂管理条例》的有关规定处罚；直接将原料药添加到饲料及动物饮用水中，或者饲喂动物的，责令其立即改正，并处1万元以上3万元以下罚款；给他人造成损失的，依法承担赔偿责任。

第六十九条 有下列情形之一的，撤销兽药的产品批准文号或者吊销进口兽药注册证书：

（一）抽查检验连续2次不合格的；

（二）药效不确定、不良反应大以及可能对养殖业、人体健康造成危害或者存在潜在风险的；

（三）国务院兽医行政管理部门禁止生产、经营和使用的兽药。

被撤销产品批准文号或者被吊销进口兽药注册证书的兽药，不得继续生产、进口、经营和使用。已经生产、进口的，由所在地兽医行政管理部门监督销毁，所需费用由违法行为人承担；给他人造成损失的，依法承担赔偿责任。

第七十条 本条例规定的行政处罚由县级以上人民政府兽医行政管理部门决定；其中吊销兽药生产许可证、兽药经营许可证、撤销兽药批准证明文件或者责令停止兽药研究试验的，由发证、批准部门决定。

上级兽医行政管理部门对下级兽医行政管理部门违反本条例的行政行为，应当责令限期改正；逾期不改正的，有权予以改变或者撤销。

第七十一条 本条例规定的货值金额以违法生产、经营兽药的标价计算；没有标价的，按照同类兽药的市场价格计算。

第九章 附则

第七十二条 本条例下列用语的含义是：

（一）兽药，是指用于预防、治疗、诊断动物疾病或者有目的地调节动物生理机能的物质（含药物饲料添加剂），主要包括：血清制品、疫苗、诊断制品、微生态制品、中药材、中成药、化学药品、抗生素、生化药品、放射性药品及外用杀虫剂、消毒剂等。

（二）兽用处方药，是指凭兽医处方方可购买和使用的兽药。

（三）兽用非处方药，是指由国务院兽医行政管理部门公布的、不需要凭兽医处方就可以自行购买并按照说明书使用的兽药。

（四）兽药生产企业，是指专门生产兽药的企业和兼产兽药的企业，包括从事兽药分装的企业。

（五）兽药经营企业，是指经营兽药的专营企业或者兼营企业。

（六）新兽药，是指未曾在中国境内上市销售的兽用药品。

（七）兽药批准证明文件，是指兽药产品批准文号、进口兽药注册证书、允许进口兽用生物制品证明文件、出口兽药证明文件、新兽药注册证书等文件。

第七十三条 兽用麻醉药品、精神药品、毒性药品和放射性药品等特殊药品，依照国家有关规定管理。

第七十四条 水产养殖中的兽药使用、兽药残留检测和监督管理以及水产养殖过程中违法用药的行政处罚，由县级以上人民政府渔业主管部门及其所属的渔政监督管理机构负责。

第七十五条 本条例自2004年11月1日起施行。

三、重大动物疫情应急条例（正文）

第一章 总则

第一条 为了迅速控制、扑灭重大动物疫情，保障养殖业生产安全，保护公众身体健康与生命安全，维护正常的社会秩序，根据《中华人民共和国动物防疫法》，制定本条例。

第二条 本条例所称重大动物疫情，是指高致病性禽流感等发病率或者死亡率高的动物疫病突然发生，迅速传播，给养殖业生产安全造成严重威胁、危害，以及可能对公众身体健康与生命安全造成危害的情形，包括特别重大动物疫情。

第三条 重大动物疫情应急工作应当坚持加强领导、密切配合，依靠科学、依法防治，群防群控、果断处置的方针，及时发现，快速反应，严格处理，减少损失。

第四条 重大动物疫情应急工作按照属地管理的原则，实行政府统一领导、部门分工负责，逐级建立责任制。

县级以上人民政府兽医主管部门具体负责组织重大动物疫情的监测、调查、控制、扑灭等应急工作。

县级以上人民政府林业主管部门、兽医主管部门按照职责分工，加强对陆生野生动物疫源疫病的监测。

县级以上人民政府其他有关部门在各自的职责范围内，做好重大动物疫情的应急工作。

第五条 出入境检验检疫机关应当及时收集境外重大动物疫情信息，加强进出境动物及其产品的检验检疫工作，防止动物疫病传入和传出。兽医主管部门要及时向出入境检验检疫机关通报国内重大动物疫情。

第六条 国家鼓励、支持开展重大动物疫情监测、预防、应急处理等有关技术的科学研究和国际交流与合作。

第七条 县级以上人民政府应当对参加重大动物疫情应急处理的人员给予适当补助，对作出贡献的人员给予表彰和奖励。

第八条 对不履行或者不按照规定履行重大动物疫情应急处理职责的行为，任何单位和个人有权检举控告。

第二章 应急准备

第九条 国务院兽医主管部门应当制定全国重大动物疫情应急预案，报国务院批准，并按照不同动物疫病病种及其流行特点和危害程度，分别制定实施方案，报国务院备案。

县级以上地方人民政府根据该地区的实际情况，制定本行政区域的重大动物疫情应急预案，报上一级人民政府兽医主管部门备案；县级以上地方人民政府兽医主管部门，应当按照不同动物疫病病种及其流行特点和危害程度，分别制定实施方案。

重大动物疫情应急预案及其实施方案应当根据疫情的发展变化和实施情况，及时修改、完善。

第十条 重大动物疫情应急预案主要包括下列内容：

（一）应急指挥部的职责、组成以及成员单位的分工；

（二）重大动物疫情的监测、信息收集、报告和通报；

（三）动物疫病的确认、重大动物疫情的分级和相应的应急处理工作方案；

（四）重大动物疫情疫源的追踪和流行病学调查分析；

（五）预防、控制、扑灭重大动物疫情所需资金的来源、物资和技术的储备与调度；

（六）重大动物疫情应急处理设施和专业队伍建设。

第十一条 国务院有关部门和县级以上地方人民政府及其有关部门，应当根据重大动物疫情应急预案的要求，确保应急处理所需的疫苗、药品、设施设备和防护用品等物资的储备。

第十二条 县级以上人民政府应当建立和完善重大动物疫情监测网络和预防控制体系，加强动物防疫基础设施和乡镇动物防疫组织建设，并保证其正常运行，提高对重大动物疫情的应急处理能力。

第十三条 县级以上地方人民政府根据重大动物疫情应急需要，可以成立应急预备队，在重大动物疫情应急指挥部的指挥下，具体承担疫情的控制和扑灭任务。

应急预备队由当地兽医行政管理人员、动物防疫工作人员、有关专家、执业兽医等组成；必要时，可以组织动员社会上有一定专业知识的人员参加。公安机关、中国人民武装警察部队应当依法协助其执行任务。

应急预备队应当定期进行技术培训和应急演练。

第十四条 县级以上人民政府及其兽医主管部门应当加强对重大动物疫情应急知识和重大动物疫病科普知识的宣传，增强全社会的重大动物疫情防范意识。

第三章 监测、报告和公布

第十五条 动物防疫监督机构负责重大动物疫情的监测，饲养、经营动物和生产、经营动物产品的单位和个人应当配合，不得拒绝和阻碍。

第十六条 从事动物隔离、疫情监测、疫病研究与诊疗、检验检疫以及动物饲养、屠宰加工、运输、经营等活动的有关单位和个人，发现动物出现群体发病或者死亡的，应当立即向所在地的县(市)动物防疫监督机构报告。

第十七条 县(市)动物防疫监督机构接到报告后，应当立即赶赴现场调查核实。初步认为属于重大动物疫情的，应当在 2 小时内将情况逐级报省、自治区、直辖市动物防疫监督机构，并同时报所在地人民政府兽医主管部门；兽医主管部门应当及时通报同级卫生主管部门。

省、自治区、直辖市动物防疫监督机构应当在接到报告后 1 小时内，向省、自治区、直辖市人民政府兽医主管部门和国务院兽医主管部门所属的动物防疫监督机构报告。

省、自治区、直辖市人民政府兽医主管部门应当在接到报告后 1 小时内报本级人民政府和国务院兽医主管部门。

重大动物疫情发生后，省、自治区、直辖市人民政府和国务院兽医主管部门应当在 4 小时内向国务院报告。

第十八条 重大动物疫情报告包括下列内容：

(一)疫情发生的时间、地点；

(二)染疫、疑似染疫动物种类和数量、同群动物数量、免疫情况、死亡数量、临床症状、病理变化、诊断情况；

(三)流行病学和疫源追踪情况；

(四)已采取的控制措施；

(五)疫情报告的单位、负责人、报告人及联系方式。

第十九条 重大动物疫情由省、自治区、直辖市人民政府兽医主管部门认定；必要时，由国务院兽医主管部门认定。

第二十条 重大动物疫情由国务院兽医主管部门按照国家规定的程序，及时准确公布；其他任何单位和个人不得公布重大动物疫情。

第二十一条 重大动物疫病应当由动物防疫监督机构采集病料，未经国务院兽医主管部门或者省、自治区、直辖市人民政府兽医主管部门批准，其他单位和个人不得擅自采集病料。

从事重大动物疫病病原分离的，应当遵守国家有关生物安全管理规定，防止病原扩散。

第二十二条 国务院兽医主管部门应当及时向国务院有关部门和军队有关部门以及各省、自治区、直辖市人民政府兽医主管部门通报重大动物疫情的发生和处理情况。

第二十三条 发生重大动物疫情可能感染人群时，卫生主管部门应当对疫区内易受感染的人群进行监测，并采取相应的预防、控制措施。卫生主管部门和兽医主管部门应当及时相互通报情况。

第二十四条 有关单位和个人对重大动物疫情不得瞒报、谎报、迟报，不得授意他人瞒报、谎报、迟报，不得阻碍他人报告。

第二十五条 在重大动物疫情报告期间，有关动物防疫监督机构应当立即采取临时隔离控制措施；必要时，当地县级以上地方人民政府可以作出封锁决定并采取扑杀、销毁等措施。有关单位和个人应当执行。

第四章 应急处理

第二十六条 重大动物疫情发生后，国务院和有关地方人民政府设立的重大动物疫情应急指挥部统一领导、指挥重大动物疫情应急工作。

第二十七条 重大动物疫情发生后，县级以上地方人民政府兽医主管部门应当立即划定疫点、疫区和受威胁区，调查疫源，向本级人民政府提出启动重大动物疫情应急指挥系统、应急预案和对疫区实行封锁的建议，有关人民政府应当立即作出决定。

疫点、疫区和受威胁区的范围应当按照不同动物疫病病种及其流行特点和危害程度划定，具体划定标准由国务院兽医主管部门制定。

第二十八条 国家对重大动物疫情应急处理实行分级管理，按照应急预案确定的疫情等级，由有关人民政府采取相应的应急控制措施。

第二十九条 对疫点应当采取下列措施：

(一)扑杀并销毁染疫动物和易感染的动物及其产品；

(二)对病死的动物、动物排泄物、被污染饲料、垫料、污水进行无害化处理；

(三)对被污染的物品、用具、动物圈舍、场地进行严格消毒。

第三十条 对疫区应当采取下列措施：

(一)在疫区周围设置警示标志，在出入疫区的交通路口设置临时动物检疫消毒站，对出入的人员和车辆进行消毒；

(二)扑杀并销毁染疫和疑似染疫动物及其同群动物，销毁染疫和疑似染疫的动物产品，对其他易感染的动物实行圈养或者在指定地点放养，役用动物限制在疫区内使役；

(三)对易感染的动物进行监测，并按照国务院兽医主管部门的规定实施紧急免疫接种，必要时对易感染的动物进行扑杀；

(四)关闭动物及动物产品交易市场，禁止动物进出疫区和动物产品运出疫区；

(五)对动物圈舍、动物排泄物、垫料、污水和其他可能受污染的物品、场地，进行消毒或者无害化处理。

第三十一条 对受威胁区应当采取下列措施：

(一)对易感染的动物进行监测;

(二)对易感染的动物根据需要实施紧急免疫接种。

第三十二条 重大动物疫情应急处理中设置临时动物检疫消毒站以及采取隔离、扑杀、销毁、消毒、紧急免疫接种等控制、扑灭措施的,由有关重大动物疫情应急指挥部决定,有关单位和个人必须服从;拒不服从的,由公安机关协助执行。

第三十三条 国家对疫区、受威胁区内易感染的动物免费实施紧急免疫接种;对因采取扑杀、销毁等措施给当事人造成的已经证实的损失,给予合理补偿。紧急免疫接种和补偿所需费用,由中央财政和地方财政分担。

第三十四条 重大动物疫情应急指挥部根据应急处理需要,有权紧急调集人员、物资、运输工具以及相关设施、设备。

单位和个人的物资、运输工具以及相关设施、设备被征集使用的,有关人民政府应当及时归还并给予合理补偿。

第三十五条 重大动物疫情发生后,县级以上人民政府兽医主管部门应当及时提出疫点、疫区、受威胁区的处理方案,加强疫情监测、流行病学调查、疫源追踪工作,对染疫和疑似染疫动物及其同群动物和其他易感染动物的扑杀、销毁进行技术指导,并组织实施检验检疫、消毒、无害化处理和紧急免疫接种。

第三十六条 重大动物疫情应急处理中,县级以上人民政府有关部门应当在各自的职责范围内,做好重大动物疫情应急所需的物资紧急调度和运输、应急经费安排、疫区群众救济、人的疫病防治、肉食品供应、动物及其产品市场监管、出入境检验检疫和社会治安维护等工作。

中国人民解放军、中国人民武装警察部队应当支持配合驻地人民政府做好重大动物疫情的应急工作。

第三十七条 重大动物疫情应急处理中,乡镇人民政府、村民委员会、居民委员会应当组织力量,向村民、居民宣传动物疫病防治的相关知识,协助做好疫情信息的收集、报告和各项应急处理措施的落实工作。

第三十八条 重大动物疫情发生地的人民政府和毗邻地区的人民政府应当通力合作,相互配合,做好重大动物疫情的控制、扑灭工作。

第三十九条 有关人民政府及其有关部门对参加重大动物疫情应急处理的人员,应当采取必要的卫生防护和技术指导等措施。

第四十条 自疫区内最后一头(只)发病动物及其同群动物处理完毕起,经过一个潜伏期以上的监测,未出现新的病例的,彻底消毒后,经上一级动物防疫监督机构验收合格,由原发布封锁令的人民政府宣布解除封锁,撤销疫区;由原批准机关撤销在该疫区设立的临时动物检疫消毒站。

第四十一条 县级以上人民政府应当将重大动物疫情确认、疫区封锁、扑杀及其补偿、消毒、无害化处理、疫源追踪、疫情监测以及应急物资储备等应急经费列入本级财政预算。

第五章 法律责任

第四十二条 违反本条例规定,兽医主管部门及其所属的动物防疫监督机构有下列行为之一的,由本级人民政府或者上级人民政府有关部门责令立即改正、通报批评、给予警告;对主要负责人、负有责任的主管人员和其他责任人员,依法给予记大过、降级、撤职直至开除的行政处分；构成犯罪的，依法追究刑事责任：

（一）不履行疫情报告职责，瞒报、谎报、迟报或者授意他人瞒报、谎报、迟报，阻碍他人报告重大动物疫情的；

（二）在重大动物疫情报告期间，不采取临时隔离控制措施，导致动物疫情扩散的；

（三）不及时划定疫点、疫区和受威胁区，不及时向本级人民政府提出应急处理建议，或者不按照规定对疫点、疫区和受威胁区采取预防、控制、扑灭措施的；

（四）不向本级人民政府提出启动应急指挥系统、应急预案和对疫区的封锁建议的；

（五）对动物扑杀、销毁不进行技术指导或者指导不力，或者不组织实施检验检疫、消毒、无害化处理和紧急免疫接种的；

（六）其他不履行本条例规定的职责，导致动物疫病传播、流行，或者对养殖业生产安全和公众身体健康与生命安全造成严重危害的。

第四十三条 违反本条例规定，县级以上人民政府有关部门不履行应急处理职责，不执行对疫点、疫区和受威胁区采取的措施，或者对上级人民政府有关部门的疫情调查不予配合或者阻碍、拒绝的，由本级人民政府或者上级人民政府有关部门责令立即改正、通报批评、给予警告；对主要负责人、负有责任的主管人员和其他责任人员，依法给予记大过、降级、撤职直至开除的行政处分；构成犯罪的，依法追究刑事责任。

第四十四条 违反本条例规定，有关地方人民政府阻碍报告重大动物疫情，不履行应急处理职责，不按照规定对疫点、疫区和受威胁区采取预防、控制、扑灭措施，或者对上级人民政府有关部门的疫情调查不予配合或者阻碍、拒绝的，由上级人民政府责令立即改正、通报批评、给予警告；对政府主要领导人依法给予记大过、降级、撤职直至开除的行政处分；构成犯罪的，依法追究刑事责任。

第四十五条 截留、挪用重大动物疫情应急经费，或者侵占、挪用应急储备物资的，按照《财政违法行为处罚处分条例》的规定处理；构成犯罪的，依法追究刑事责任。

第四十六条 违反本条例规定，拒绝、阻碍动物防疫监督机构进行重大动物疫情监测，或者发现动物出现群体发病或者死亡，不向当地动物防疫监督机构报告的，由动物防疫监督机构给予警告，并处 2 000 元以上 5 000 元以下的罚款；构成犯罪的，依法追究刑事责任。

第四十七条 违反本条例规定，擅自采集重大动物疫病病料，或者在重大动物疫病病原分离时不遵守国家有关生物安全管理规定的，由动物防疫监督机构给予警告，并处 5 000 元以下的罚款；构成犯罪的，依法追究刑事责任。

第四十八条 在重大动物疫情发生期间，哄抬物价、欺骗消费者，散布谣言、扰乱社会秩序和市场秩序的，由价格主管部门、工商行政管理部门或者公安机关依法给予行政处罚；构成犯罪的，依法追究刑事责任。

第六章 附则

第四十九条

本条例自公布之日起施行。

四、高致病性猪蓝耳病防治技术规范（正文）

高致病性猪蓝耳病是由猪繁殖与呼吸综合征（俗称蓝耳病）病毒变异株引起的一种急性高致死性疫病。仔猪发病率可达100%、死亡率可达50%以上，母猪流产率可达30%以上，育肥猪也可发病死亡是其特征。

为及时、有效地预防、控制和扑灭高致病性猪蓝耳病疫情，中华人民共和国农业部依据《中华人民共和国动物防疫法》《重大动物疫情应急条例》和《国家突发重大动物疫情应急预案》及有关的法律法规，制定本规范。

1 适用范围

本规范规定了高致病性猪蓝耳病诊断、疫情报告、疫情处置、预防控制、检疫监督的操作程序与技术标准。

本规范适用于中华人民共和国境内一切与高致病性猪蓝耳病防治活动有关的单位和个人。

2 诊断

2.1 诊断指标

2.1.1 临床指标

体温明显升高，可达41℃以上；眼结膜炎、眼睑水肿；咳嗽、气喘等呼吸道症状；部分猪后躯无力、不能站立或共济失调等神经症状；仔猪发病率可达100%、死亡率可达50%以上，母猪流产率可达30%以上，成年猪也可发病死亡。

2.1.2 病理指标

可见脾脏边缘或表面出现梗死灶，显微镜下见出血性梗死；肾脏呈土黄色，表面可见针尖至小米粒大出血点斑，皮下、扁桃体、心脏、膀胱、肝脏和肠道均可见出血点和出血斑。显微镜下见肾间质性炎，心脏、肝脏和膀胱出血性、渗出性炎等病变；部分病例可见胃肠道出血、溃疡、坏死。

2.1.3 病原学指标

2.1.3.1 高致病性猪蓝耳病病毒分离鉴定阳性。

2.1.3.2 高致病性猪蓝耳病病毒反转录聚合酶链式反应(RT-PCR)检测阳性。

2.2 结果判定

2.2.1 疑似结果

符合2.1.1和2.1.2，判定为疑似高致病性猪蓝耳病。

2.2.2 确诊

符合2.2.1，且符合2.1.3.1和2.1.3.2之一的，判定为高致病性猪蓝耳病。

3 疫情报告

3.1 任何单位和个人发现猪出现急性发病死亡情况，应及时向当地动物疫控机构报告。

3.2 当地动物疫控机构在接到报告或了解临床怀疑疫情后，应立即派员到现场进行初步调查核实，符合2.2.1规定的，判定为疑似疫情。

3.3 判定为疑似疫情时，应采集样品进行实验室诊断，必要时送省级动物疫控机构或国家指定实验室。

3.4 确认为高致病性猪蓝耳病疫情时，应在2个小时内将情况逐级报至省级动物疫控机构和同级兽医行政管理部门。省级兽医行政管理部门和动物疫控机构按有关规定向农业部报告疫情。

3.5 国务院兽医行政管理部门根据确诊结果，按规定公布疫情。

4　疫情处置

4.1　疑似疫情的处置

对发病场/户实施隔离、监控，禁止生猪及其产品和有关物品移动，并对其内、外环境实施严格的消毒措施。对病死猪、污染物或可疑污染物进行无害化处理。必要时，对发病猪和同群猪进行扑杀并无害化处理。

4.2　确认疫情的处置

4.2.1　划定疫点、疫区、受威胁区

由所在地县级以上兽医行政管理部门划定疫点、疫区、受威胁区。

疫点：为发病猪所在的地点。规模化养殖场/户，以病猪所在的相对独立的养殖圈舍为疫点；散养猪以病猪所在的自然村为疫点；在运输过程中，以运载工具为疫点；在市场发现疫情，以市场为疫点；在屠宰加工过程中发现疫情，以屠宰加工厂/场为疫点。

疫区：指疫点边缘向外延3千米范围内的区域。根据疫情的流行病学调查、免疫状况、疫点周边的饲养环境、天然屏障（如河流、山脉等）等因素综合评估后划定。

受威胁区：由疫区边缘向外延伸5千米的区域划为受威胁区。

4.2.2　封锁疫区

由当地兽医行政管理部门向当地县级以上人民政府申请发布封锁令，对疫区实施封锁：在疫区周围设置警示标志；在出入疫区的交通路口设置动物检疫消毒站，对出入的车辆和有关物品进行消毒；关闭生猪交易市场，禁止生猪及其产品运出疫区。必要时，经省级人民政府批准，可设立临时监督检查站，执行监督检查任务。

4.2.3　疫点应采取的措施

扑杀所有病猪和同群猪；对病死猪、排泄物、被污染饲料、垫料、污水等进行无害化处理；对被污染的物品、交通工具、用具、猪舍、场地等进行彻底消毒。

4.2.4　疫区应采取的措施

对被污染的物品、交通工具、用具、猪舍、场地等进行彻底消毒；对所有生猪用高致病性猪蓝耳病灭活疫苗进行紧急强化免疫，并加强疫情监测。

4.2.5　受威胁区应采取的措施

对受威胁区所有生猪用高致病性猪蓝耳病灭活疫苗进行紧急强化免疫，并加强疫情监测。

4.2.6　疫源分析与追踪调查

开展流行病学调查，对病原进行分子流行病学分析，对疫情进行溯源和扩散风险评估。

4.2.7　解除封锁

疫区内最后一头病猪扑杀或死亡后14天以上，未出现新的疫情；在当地动物疫控机构的监督指导下，对相关场所和物品实施终末消毒。经当地动物疫控机构审验合格，由当地兽医行政管理部门提出申请，由原发布封锁令的人民政府宣布解除封锁。

4.3　疫情记录

对处理疫情的全过程必须做好完整详实的记录（包括文字、图片和影像等），并归档。

5　预防控制

5.1　监测

5.1.1　监测主体

县级以上动物疫控机构。

5.1.2 监测方法

流行病学调查、临床观察、病原学检测。

5.1.3 监测范围

5.1.3.1 养殖场/户，交易市场、屠宰厂/场、跨县调运的生猪。

5.1.3.2 对种猪场、隔离场、边境、近期发生疫情及疫情频发等高风险区域的生猪进行重点监测。

5.1.4 监测预警

各级动物疫控机构对监测结果及相关信息进行风险分析，做好预警预报。

农业部指定的实验室对分离到的毒株进行生物学和分子生物学特性分析与评价，及时向国务院兽医行政管理部门报告。

5.1.5 监测结果处理

按照《国家动物疫情报告管理办法》的有关规定将监测结果逐级汇总上报至国家动物疫控机构。

5.2 免疫

5.2.1 对所有生猪用高致病性猪蓝耳病灭活疫苗进行免疫，免疫方案见《猪病免疫推荐方案（试行）》。发生高致病性猪蓝耳病疫情时，用高致病性猪蓝耳病灭活疫苗进行紧急强化免疫。

5.2.2 养殖场/户必须按规定建立完整免疫档案，包括免疫登记表、免疫证、畜禽标识等。

5.2.3 各级动物疫控机构定期对免疫猪群进行免疫抗体水平监测，根据群体抗体水平消长情况及时加强免疫。

5.3 加强饲养管理，实行封闭饲养，建立健全各项防疫制度，做好消毒、杀虫灭鼠等工作。

6 检疫监督

6.1 产地检疫

生猪在离开饲养地之前，养殖场/户必须向当地动物卫生监督机构报检。动物卫生监督机构接到报检后必须及时派员到场/户实施检疫。检疫合格后，出具合格证明；对运载工具进行消毒，出具消毒证明，对检疫不合格的按照有关规定处理。

6.2 屠宰检疫

动物卫生监督机构的检疫人员对生猪进行验证查物，合格后方可入厂/场屠宰。检疫合格并加盖（封）检疫标志后方可出厂/场，不合格的按有关规定处理。

6.3 种猪异地调运检疫

跨省调运种猪时，应先到调入地省级动物卫生监督机构办理检疫审批手续，调出地按照规范进行检疫，检疫合格方可调运。到达后须隔离饲养14天以上，由当地动物卫生监督机构检疫合格后方可投入使用。

6.4 监督管理

6.4.1 动物卫生监督机构应加强流通环节的监督检查，严防疫情扩散。生猪及产品凭检疫合格证（章）和畜禽标识运输、销售。

6.4.2　生产、经营动物及动物产品的场所,必须符合动物防疫条件,取得动物防疫合格证。当地动物卫生监督机构应加强日常监督检查。

6.4.3　任何单位和个人不得随意处置及转运、屠宰、加工、经营、食用病(死)猪及其产品。

五、口蹄疫防治技术规范(正文)

口蹄疫(Foot and Mouth Disease,FMD)是由口蹄疫病毒引起的以偶蹄动物为主的急性、热性、高度传染性疫病,世界动物卫生组织(OIE)将其列为必须报告的动物传染病,我国规定为一类动物疫病。

中华人民共和国农业部为预防、控制和扑灭口蹄疫,依据《中华人民共和国动物防疫法》《重大动物疫情应急条例》《国家突发重大动物疫情应急预案》等法律法规,制定本技术规范。

1　适用范围

本规范规定了口蹄疫疫情确认、疫情处置、疫情监测、免疫、检疫监督的操作程序、技术标准及保障措施。

本规范适用于中华人民共和国境内一切与口蹄疫防治活动有关的单位和个人。

2　诊断

2.1　诊断指标

2.1.1　流行病学特点

2.1.1.1　偶蹄动物,包括牛科动物(牛、瘤牛、水牛、牦牛)绵羊、山羊、猪及所有野生反刍和猪科动物均易感,驼科动物(骆驼、单峰骆驼、美洲驼、美洲骆马)易感性较低。

2.1.1.2　传染源主要为潜伏期感染及临床发病动物。感染动物呼出物、唾液、粪便、尿液、乳、精液及肉和副产品均可带毒。康复期动物可带毒。

2.1.1.3　易感动物可通过呼吸道、消化道、生殖道和伤口感染病毒,通常以直接或间接接触(飞沫等)方式传播,或通过人或犬、蝇、蜱、鸟等动物媒介,或经车辆、器具等被污染物传播。如果环境气候适宜,病毒可随风远距离传播。

2.1.2　临床症状

2.1.2.1　牛呆立流涎,猪卧地不起,羊跛行。

2,2　唇部、舌面、齿龈、鼻镜、踵、蹄叉、乳房等部位出现水疱。

2.1.2.3　发病后期,水疱破溃、结痂,严重者蹄壳脱落,恢复期可见瘢痕、新生蹄甲。

2.1.2.4　传播速度快,发病率高;成年动物死亡率低,幼畜常突然死亡且死亡率高,仔猪常成窝死亡。

2.1.3　病理变化

2.1.3.2　幼畜可见骨骼肌、心肌表面出现灰白色条纹,形色酷似虎斑。

2.1.3.1　消化道可见水疱、溃疡。

2.1.3.2　幼畜可见骨骼肌、心肌表面出现灰白色条纹。

2.1.4　病原学检测

2.1.4.1　间接夹心酶联免疫吸附试验,检测阳性(ELISA OIE 标准方法　附件一)。

2.1.4.2　RT－PCR 试验,检测阳性(采用国家确认的方法)。

2.1.4.3　反向间接血凝试验(RIHA),检测阳性(附件二)。

2.1.4.4　病毒分离，鉴定阳性。

2.1.5　血清学检测

2.1.5.1　中和试验，抗体阳性。

2.1.5.2　液相阻断酶联免疫吸附试验，抗体阳性。

2.1.5.3　非结构蛋白 ELISA 检测感染抗体阳性。

2.1.5.4　正向间接血凝试验（IHA），抗体阳性（附件三）。

2.2　结果判定

2.2.1　疑似口蹄疫病例

符合该病的流行病学特点和临床诊断或病理诊断指标之一，即可定为疑似口蹄疫病例。

2.2.2　确诊口蹄疫病例

疑似口蹄疫病例，病原学检测方法任何一项阳性，可判定为确诊口蹄疫病例

疑似口蹄疫病例，在不能获得病原学检测样本的情况下，未免疫家畜血清抗体检测阳性或免疫家畜非结构蛋白抗体 ELISA 检测阳性，可判定为确诊口蹄疫病例。

2.3　疫情报告

任何单位和个人发现家畜上述临床异常情况的，应及时向当地动物防疫监督机构报动物防疫监督机构应立即按照有关规定赴现场进行核实。

2.3.1　疑似疫情的报告

县级动物防疫监督机构接到报告后，立即派出 2 名以上具有相关资格的防疫人员到现场进行临床和病理诊断。确认为疑似口蹄疫疫情的，应在 2 小时内报告同级兽医行政管理部门，并逐级上报至省级动物防疫监督机构。省级动物防疫监督机构在接到报告后，1 小时内向省级兽医行政管理部门和国家动物防疫监督机构报告。

诊断为疑似口蹄疫病例时，采集病料（附件四），并将病料送省级动物防疫监督机构，必要时送国家口蹄疫参考实验室。

2.3.2　确诊疫情的报告

省级动物防疫监督机构确诊为口蹄疫疫情时，应立即报告省级兽医行政管理部门和国家动物防疫监督机构；省级兽医管理部门在 1 小时内报省级人民政府和国务院兽医行政管理部门。

国家参考实验室确诊为口蹄疫疫情时，应立即通知疫情发生地省级动物防疫监督机构和兽医行政管理部门，同时报国家动物防疫监督机构和国务院兽医行政管理部门。

省级动物防疫监督机构诊断新血清型口蹄疫疫情时，将样本送至国家口蹄疫参考实验室。

2.4　疫情确认

国务院兽医行政管理部门根据省级动物防疫监督机构或国家口蹄疫参考实验室确诊结果，确认口蹄疫疫情。

3　疫情处置

3.1　疫点、疫区、受威胁区的划分

3.1.1　疫点为发病畜所在的地点。相对独立的规模化养殖场/户，以病畜所在的养殖场户为疫点；散养畜以病畜所在的自然村为疫点；放牧畜以病畜所在的牧场及其活动场地为疫点；病畜在运输过程中发生疫情，以运载病畜的车、船、飞机等为疫点；在市场发生疫情，以

病畜所在市场为疫点;在屠宰加工过程中发生疫情,以屠宰加工厂(场)为疫点。

3.1.2 疫区由疫点边缘向外延伸 3 千米内的区域。

3.1.3 受威胁区由疫区边缘向外延伸 10 千米的区域。在疫区、受威胁区划分时,应考虑所在地的饲养环境和天然屏障(河流、山脉等)。

3.2 疑似疫情的处置

对疫点实施隔离、监控,禁止家畜、畜产品及有关物品移动,并对其内、外环境实施严格的消毒措施。

必要时采取封锁、扑杀等措施。

3.3 确诊疫情处置

疫情确诊后,立即启动相应级别的应急预案

3.3.1 封锁

疫情发生所在地县级以上兽医行政管理部门报请同级人民政府对疫区实行封锁,人民政府在接到报告后,应在 24 小时内发布封锁令。

多行政区域发生疫情的,由共同上级兽医行政管理部门报请同级人民政府对疫区发封锁令。

3.3.2 对疫点采取的措施

3.3.2.1 扑杀疫点内所有病畜及同群易感畜,并对病死畜、被扑杀畜及其产品进行无害化处理(附件五)。

3.3.2.2 对排泄物、被污染饲料、垫料、污水等进行无害化处理(附件六)。

3.3.2.3 对被污染或可疑污染的物品、交通工具、用具、畜舍、场地进行严格彻底消毒(附件七)。

3.3.2.4 对发病前 14 天售出的家及其产品进行追踪,并做扑杀和无害化处理。

3.3.3 对疫区采取的措施

3.3.3.1 在疫区周围设置警示标志,在出入疫区的交通路口设置动物检疫消毒站,监督检查任务,对出入的车辆和有关物品进行消毒。

3.3.3.2 所有易感畜进行紧急强制免疫,建立完整的免疫档案。

3.3.3.3 关闭家畜产品交易市场,禁止活畜进出疫区及产品运出疫区。

3.3.3.4 对交通工具、畜舍及用具、场地进行彻底消毒。

3.3.3.5 对易感家畜进行疫情监测,及时掌握疫情动态。

3.3.3.6 必要时,可对疫区内所有易感动物进行扑杀和无害化处理。

3.3.4 对受威胁区采取的措施。

3.3.4.1 最后一次免疫超过一个月的所有易感畜,进行一次紧急强化免疫。

3.3.4.2 加强疫情监测,掌握疫情动态。

3.3.5 疫源分析与追踪调查

按照口蹄疫流行病学调查规范,对疫情进行追踪溯源、扩散风险分析(附件八)。

3.3.6 解除封锁

3.3.6.1 封锁解除的条件

口蹄疫疫情解除的条件:疫点内最后 1 头病畜死亡或扑杀后连续观察至少 14 天,没有新发病例;疫区、受威胁区紧急免疫接种完成;疫点经终末消毒;疫情监测阴性。

新血清型口蹄疫疫情解除的条件:疫点内最后1头病畜死亡或扑杀后连续观察至少14天没有新发病例;疫区、受威胁区紧急免疫接种完成;疫点经终末消毒;对疫区和受威胁区的易感动物进行疫情监测,结果为阴性。

3.3.6.2　解除封锁的程序

动物防疫监督机构按照上述条件审验合格后,由兽医行政管理部门向原发布封锁令的人民政府申请解除封锁,由该人民政府发布解除封锁令。

必要时由上级动物防疫监督机构组织验收。

4　疫情监测

4.1　监测主体

县级以上动物防疫监督机构。

4.2　监测方法

临床观察、实验室检测及流行病学调查。

4.3　监测对象

以牛、羊、猪为主,必要时对其他动物监测。

4.4　监测的范围

4.4.1　养殖场户、散养畜,交易市场、屠宰厂(场)、异地调入的活畜及产品。

4.4.2　对种畜场边境、隔离场、近期发生疫情及疫情频发等高风险区域的家畜进行重点监测。监测方案按照当年兽医行政管理部门工作安排执行。

4.5　疫区和受威胁区解除封锁后的监测。临床监测持续一年,反刍动物病原学检测连续2次,每次间隔1个月,必要时对重点区域加大监测的强度。

4.6　在监测过程中,对分离到的毒株进行生物学和分子生物学特性分析与评价,密切注意病毒的变异动态,及时向国务院兽医行政管理部门报告。

4.7　各级动物防疫监督机构对监测结果及相关信息进行风险分析,做好预警预报。

4.8　监测结果处理

监测结果逐级汇总上报至国家动物防疫监督机构,按照有关规定进行处理。

5　免疫

5.1　国家对口蹄疫实行强制免疫,各级政府负责组织实施,当地动物防疫监督机构进行监督指导。免疫密度必须达到100%。

5.2　预防免疫,按农业部制定的免疫方案规定的程序进行。

5.3　突发疫情时的紧急免疫按本规范有关条款进行。

5.4　所用疫苗必须采用农业部批准使用的产品,并由动物防疫监督机构统一组织逐级供应。

5.5　所有养殖场/户必须按科学合理的免疫程序做好免疫接种,建立完整免疫档案(包括免疫登记表、免疫证、免疫标识等)。

5.6　各级动物防疫监督机构定期对免疫畜群进行免疫水平监测,根据群体抗体水平及时加强免疫。

6　检疫监督

6.1　产地检疫

猪、牛、羊等偶蹄动物在离开饲养地之前,养殖场户必须向当地动物防疫监督机构报检,接到报检后，动物防疫监督机构必须及时到场、到户实施检疫。检查合格后，收回动物免疫证，出具检疫合格证明；对运载工具进行消毒，出具消毒证明，对检疫不合格的按照有关规定处理。

6.2 屠宰检疫

动物防疫监督机构的检疫人员对猪、牛、羊等偶蹄动物进行验证查物，证物相符检疫合格后方可入厂(场)屠宰。宰后检疫合格，出具检疫合格证明。对检疫不合格的按照有关规定处理。

6.3 种畜、非屠宰畜异地调运检疫

国内跨省调运包括种畜、乳用畜、非屠宰畜时，应当先到调入地省级动物防疫监督机构办理检疫审批手续，经调出地按规定检疫合格，方可调运。起运前两周，进行一次口蹄疫强化免疫，到达后须隔离饲养14天以上，由动物防疫监督机构检疫检验合格后方可进场饲养。

6.4 监督管理

6.4.1 动物防疫监督机构应加强流通环节的监督检查，严防疫情扩散。猪、牛、羊等偶蹄动物及产品凭检疫合格证(章)和动物标识运输、销售。

6.4.2 生产、经营动物及动物产品的场所，必须符合动物防疫条件，取得动物防疫合格证，当地动物防疫监督机构应加强日常监督检查。

6.4.3 各地根据防控家畜口蹄疫的需要建立动物防疫监督检查站，对家畜及产品进行监督检查，对运输工具进行消毒。发现疫情，按照《动物防疫监督检查站口蹄疫疫情认定和处置办法》相关规定处置。

6.4.4 由新血清型引发疫情时，加大监管力度，严禁疫区所在县及疫区周围50千米范围内的家畜及产品流动。在与新发疫情省份接壤的路口设置动物防疫监督检查站、卡，实行24小时值班检查；对来自疫区运输工具进行彻底消毒，对非法运输的家畜及产品进行无害化处理。

6.4.5 任何单位和个人不得随意处置及转运、屠宰、加工、经营、食用口蹄疫病(死)畜及产品；未经动物防疫监督机构允许，不得随意采样；不得在未经国家确认的实验室剖检分离、鉴定、保存病毒。

7 保障措施

7.1 各级政府应加强机构、队伍建设，确保各项防治技术落实到位。

7.2 各级财政和发改部门应加强基础设施建设，确保免疫、监测、诊断、扑杀、无害化处理、消毒等防治技术工作经费落实。

7.3 各级兽医行政部门动物防疫监督机构应按本技术规范，加强应急物资储备，及时培训和演练应急队伍。

7.4 发生口蹄疫疫情时，在封锁、采样、诊断、流行病学调查、无害化处理等过程中，要采取有效措施做好个人防护和消毒工作，防止人为扩散。

附件一至三略

附件四 口蹄疫病料的采集、保存与运送

采集、保存和运输样品须符合下列要求，并填写样品采集登记表。

1 样品的采集和保存

1.1 组织样品

1.1.1 样品的选择

用于病毒分离、鉴定的样品以发病动物(牛、羊或猪)未破裂的舌面或蹄部,鼻镜,乳头等部位的水疱皮和水疱液最好。对临床健康但怀疑带毒的动物可在扑杀后采集淋巴结、脊髓、肌肉等组织样品作为检测材料。

1.1.2 样品的采集和保存

水疱样品采集部位可用清水清洗,切忌使用乙醇、碘酒等消毒剂消毒、擦拭。

1.1.2.1 未破裂水疱中的水疱液用灭菌注射器采集至少1毫升,装入灭菌小瓶中(可加适量抗生素),加盖密封;尽快冷冻保存。

1.1.2.2 剪取新鲜水疱皮3～5克放入灭菌小瓶中,加适量(2倍体积)50%甘油/磷磷酸盐缓冲液(pH7.4),加盖密封;尽快冷冻保存。

1.1.2.3 在无法采集水疱皮和水疱液时,可采集淋巴结、脊髓、肌肉等组织样品3～5克装入洁净的小瓶内,加盖密封:尽快冷冻保存。每份样品的包装瓶上均要贴上标签,写明采样地点、动物种类、编号、时间等。

1.2 牛、羊食道——咽部分泌物(O－P液)样品

1.2.1 样品采集

被检动物在采样前禁食(可饮水)12小时,以免反刍胃内容物严重污染O－P液。采样探杯在使用前经0.2%柠檬酸或2%氢氧化钠浸泡5分,再用自来水冲洗。每采完一头动物探杯要重复进行消毒和清洗。采样时动物站立保定,将探杯随吞咽动作送入食道部10～15厘米处,轻轻来回移动2～3次,然后将探杯拉出。如采集的O－P液被反刍胃内容物严重污染,要用生理盐水或自来水冲洗口腔后重新采样。

1.2.2 样品保存

将探杯采集到的8～10毫升O－P液倒入25毫升以上的灭菌玻璃容器中,容器中应事先加有8～10毫升细胞培养液或磷酸盐缓冲液,加盖密封后充分摇匀,贴上防水标签,并写明样品编号、采集地点、动物种类、时间等,尽快放入装有冰块的冷藏箱内,然后转往－60℃冰箱冻存。通过病原检测,做出追溯性诊断。

1.3 血清

怀疑曾有疫情发生的畜群,错过组织样品采集时机时,可无菌操作采集动物血液,每头不少于10毫升。自然凝固后无菌分离血清装入灭菌小瓶中,可加适量抗生素,加盖密封后冷藏保存。每瓶贴标签并写明样品编号,采集地点,动物种类,时间等。通过抗体检测,做出追溯性诊断。

1.4 采集样品时要填写样品采集登记表

2 样品运送

运送前将封装和贴上标签,已预冷或冰冻的样品玻璃容器装入金属套筒中,套筒应填充防震材料,加盖密封,与采样记录一同装入专用运输容器中。专用运输容器应隔热坚固,内装适当冷冻剂和防震材料。外包装上要加贴生物安全警示标志。以最快方式,运送到检测单位。为了能及时准确地告知检测结果,请写明送样单位名称和联系人姓名、联系地址、邮编、电话、传真等。

送检材料必须附有详细说明,包括采样时间、地点、动物种类、样品名称、数量、保存方式及有关疫病发生流行情况、临床症状等。

附件五　口蹄疫扑杀技术规范

1　扑杀范围

病畜及规定扑杀的易感动物。

2　使用无出血方法扑杀

电击、药物注射。

3　将动物尸体用密闭车运往处理场地予以销毁。

4　扑杀工作人员防护技术要求

4.1　穿戴合适的防护衣服

4.1.1　穿防护服或穿长袖手术衣加防水围裙。

4.1.2　戴可消毒的橡胶手套。

4.1.3　戴N95口罩或标准手术用口罩。

4.1.4　戴护目镜。

4.1.5　穿可消毒的胶靴，或者一次性的鞋套。

4.2　洗手和消毒

4.2.1　密切接触感染牲畜的人员，用无腐蚀性消毒液浸泡手后，在用肥皂清洗2次以上。

4.2.2　牲畜扑杀和运送人员在操作完毕后，要用消毒水洗手，有条件的地方要洗澡。

4.3　防护服、手套、口罩、护目镜、胶鞋、鞋套等使用后在指定地点消毒或销毁。

附件六　口蹄疫无害化处理技术规范

所有病死牲畜、被扑杀牲畜及其产品、排泄物以及被污染或可能被污染的垫料、饲料和其他物品应当进行无害化处理。无害化处理可以选择深埋、焚烧等方法，饲料、粪便也可以堆积发酵或焚烧处理。

1　深埋

1.1　选址：掩埋地应选择远离学校、公共场所、居民住宅区、动物饲养和屠宰场所村庄、饮用水源地、河流等。避免公共视线。

1.2　深度：坑的深度应保证动物尸体、产品、饲料、污染物等被掩埋物的上层距地表1.5米以上。坑的位置和类型应有利于防洪。

1.3　焚烧：掩埋前，要对需掩埋的动物尸体、产品、饲料、污染物等实施焚烧处理。

1.4　消毒：掩埋坑底铺2厘米厚生石灰；焚烧后的动物尸体、产品、饲料、污染物等表面，以及掩埋后的地表环境应使用有效消毒药品喷洒消毒。

1.5　填土：用土掩埋后，应与周围持平。填土不要太实，以免尸腐产气造成气泡冒出和液体渗漏。

1.6　掩埋后应设立明显标记。

2 焚化

疫区附近有大型焚尸炉的，可采用焚化的方式。

3　发酵

饲料、粪便可在指定地点堆积，密封发酵，表面应进行消毒以上处理应符合环保要求，所涉及的运输、装卸等环节要避免洒漏，运输装卸工具要彻底消毒后清洗。

附件七　口蹄疫疫点、疫区清洗消毒技术规范

1　成立清洗消毒队

清洗消毒队应至少配备一名专业技术人员负责技术指导。

2　设备和必需品

2.1　清洗工具:扫帚、叉子、铲子、锹和冲洗用水管。

2.2　消毒工具:喷雾器火焰喷射枪,消毒车辆、消毒容器等。

2.3　消毒剂:醛类、氧化剂类、氯制剂类等合适的消毒剂。

2.4　防护装备:防护服、口罩、胶靴、手套、护目镜等。

3　疫点内饲养圈舍清理、清洗和消毒

3.1　对圈舍内外消毒后再行清理和清洗。

3.2　首先清理污物、粪便、饲料等。

3.3　对地面和各种用具等彻底冲洗,并用水洗刷圈舍、车辆等,对所产生的污水进行无害化处理。

3.4　对金属设施设备,可采取火焰、熏蒸等方式消毒。

3.5　对饲养圈舍、场地、车辆等采用消毒液喷洒的方式消毒。

3.6　饲养圈舍的饲料、垫料等作深埋、发酵或焚烧处理。

3.7　粪便等污物作深埋、堆积密封或焚烧处理。

4　交通工具清洗消毒

4.1　出入疫点、疫区的交通要道设立临时性消毒点,对出入人员、运输工具及有关物品进行消毒。

4.2　疫区内所有可能被污染的运载工具应严格消毒,车辆内、外及所有角落和缝隙都要用消毒剂消毒后再用清水冲洗,不留死角。

4.3　车辆上的物品也要做好消毒。

4.4　从车辆上清理下来的垃圾和粪便要作无害化处理。

5　牲畜市场消毒清洗

5.1　用消毒剂喷洒所有区域。

5.2　饲料和粪便等要深埋、发酵或焚烧。

6　屠宰加工、储藏等场所的清洗消毒。

6.1　所有牲畜及其产品都要深埋或焚烧。

6.2　圈舍、过道和舍外区域用消毒剂喷洒消毒后清洗。

6.3　所有设备、桌子、冰箱、地板、墙壁等用消毒剂喷洒消毒后冲洗干净。

6.4　所有衣服用消毒剂浸泡后清洗干净,其他物品都要用适当的方式进行消毒。

6.5　以上所产生的污水要经过处理,达到环保排放标准。

7　疫点每天消毒1次连续1周,1周后每两天消毒1次疫区内疫点,以外的区域每两天消毒1次。

附件八　口蹄疫流行病学调查规范(节选)

3.1　跟踪调查

当一个畜群单位暴发口蹄疫时,兽医技术人员或动物流行病学专家在接到怀疑发生口蹄疫的报告后通过亲自现场察看、现场采访,追溯最原始的发病患畜、查明疫点的疫病传播扩散情况以及采取扑灭措施后跟踪被消灭疫病的情况。

3.2　现况调查

现况调查是一项在全国范围内有组织的关于口蹄疫流行病学资料和数据的收集整理工作，调查的对象包括被选择的养殖场、屠宰场或实验室，这些选择的普查单位充当着疾病监视器的作用，对口蹄疫病毒易感的一些物种（如野猪）可以作为主要动物群感染的指示物种。现况调查同时是口蹄疫防制计划的组成部分。

4　跟踪调查

4.1　目的

核实疫情并追溯最原始的发病地点和患畜、查明疫点的疫病传播扩散情况以及采取扑灭措施后跟踪被消灭疫病的情况。

4.2　组织与要求

4.2.1　动物防疫监督机构接到养殖单位怀疑发病的报告后，立即指派2名以上兽医技术人员，在24小时以内尽快赶赴现场，采取现场亲自察看和现场采访相结合的方式对疾病暴发事件开展跟踪调查。

4.2.2　被派兽医技术人员至少3天内没有接触过口蹄疫病畜及其污染物，按《口蹄疫人员防护技术规范》做好个人防护。

4.2.3　备有必要的器械、用品和采样用的容器。

4.3　内容与方法

4.3.1　核实诊断方法及定义“患畜”

调查的目的之一是诊断患畜，因此需要归纳出发病患畜的临床症状和用恰当的临床术语定义患畜，这样可以排除其他疾病的患畜而只保留所研究的患畜，做出是否发生疑似口蹄疫的判断。

4.3.2　采集病料样品、送检与确诊

对疑似患畜，按照《口蹄疫样品采集、保存和运输技术规范》的要求送指定实验室确诊。

4.3.3　实施对疫点的初步控制措施，严禁从疑似发病场户运出家畜、家畜产品和可疑污染物品，并限制人员流动。

4.3.4　计算特定因素袭击率，确定畜间型

袭击率是衡量疾病暴发和疾病流行严重程度的指标，疾病暴发时的袭击率与日常发病率或预测发病率比较能够反映出疾病暴发的严重程度。另外，通过计算不同畜群的袭击率和不同动物种别、年龄和性别的特定因素袭击率有助于发现病因或与疾病有关的某些因素。

4.3.5　确定时间型

根据单位时间内患畜的发病频率，绘制一个或是多个流行曲线，以检验新患畜的时间分布。在制作流行曲线时，应选择有利于疾病研究的各种时间间隔（在x轴），如小时、天或周，和表示疾病发生的新患畜数或百分率（在y轴）。

4.3.6　确定空间型

为检验患畜的空间分布，调查者首先需要描绘出发病地区的地形图，和该地区内的和畜舍的位置及所出现的新患畜。然后仔细审察地形图与畜群和新患畜的分布特点，以发现患畜间的内在联系和地区特性，和动物本身因素与疾病的内在联系，如性别、品种和年龄。画图标出可疑发病畜周围20千米以内分布的有关养畜场、道路、河流、山岭、树林、人工屏障

等，连同最初调查表一同报告当地动物防疫监督机构。

4.3.7 计算归因袭击率，分析传染来源

根据计算出的各种特定因素袭击率，如年龄、性别、品种、饲料、饮水等，建立起一个有关这些特定因素袭击率的分类排列表，根据最高袭击率、最低袭击率、归因袭击率（即两组动物分别接触和不接触同一因素的两个袭击率之差）以进一步分析比较各种因素与疾病的关系，追踪可能的传染来源。

4.3.8 追踪出入发病养殖场/户的有关工作人员和所有家畜、畜产品及有关物品的流动情况，并对其作适当的隔离观察和控制措施，严防疫情扩散。

4.3.9 对疫点、疫区的猪、牛、羊野猪等重要疫源宿主进行发病情况调查，追踪病毒变异情况。

4.3.10 完成跟踪调查表，并提交跟踪调查报告。

待全部工作完成以后，将调查结果总结归纳以调查报告的形式形成报告，并逐级上报到国家动物防疫监督机构和国家动物流行病学中心。

形成假设

根据以上资料和数据分析，调查者应该得出一个或两个以上的假设：①疾病流行类型，点流行和增殖流行；②传染源种类同源传染和多源传染；③传播方式，接触传染，机械传染和生物性传染。调查者需要检查所形成的假设是否符合实际情况，并对假设进行修改。在假设形成的同时，调查者还应能够提出合理的建议方案以保护未感染动物和制止患畜继续出现，如改变饲料、动物隔离等。

检验假设

假设形成后要进行直观的分析和检验，必要时还要进行实验检验和统计分析。假设的形成和检验过程是循环往复的，应用这种连续的近似值方法而最终建立起确切的病因来源假设。

5 现况调查

5.1 目的

广泛收集与口蹄疫发生有关的各种资料和数据，根据医学理论得出有关口蹄疫分布、发生频率及其影响因素的合乎逻辑的正确结论。

5.2 组织与要求

5.2.1 现况调查是一项由国家兽医行政主管部门统一组织的全国范围内有关口蹄疫流行病学资料和数据的收集整理工作，需要国家兽医行政主管部门、国家动物防疫监督机构、国家动物流行病学中心、地方动物防疫监督机构多方面合作。

5.2.2 所有参与实验的人员明确普查的内容和目的，数据收集的方法应尽可能地简单，并设法得到数据提供者的合作和保持他们的积极性。

5.2.3 被派兽医技术人员要遵照4.2.2和4.2.3的要求。

5.3 内容

5.3.1 估计疾病流行情况调查动物群体存在或不存在疾病。患病和死亡情况分别用患病率和死亡率表示。

5.3.2 动物群体及其环境条件的调查包括动物群体的品种、性别、年龄、营养、免疫等；环境条件、气候、地区、畜牧制度、饲养管理（饲料、饮水、畜舍）等。

5.3.3　传染源调查包括带毒野生动物、带毒牛羊等的调查。

5.3.4　其他调查包括其他动物或人类患病情况及媒介昆虫或中间宿主，如种类、分布、生活习性等的调查。

5.3.4　完成现况调查表，并提交现况调查报告。

5.4　方法

5.4.1　现场观察、临床检查

5.4.2　访问调查或通信调查

5.4.3　查阅诊疗记录、疾病报告登记、诊断实验室记录、检疫记录及其他现成记录和统计资料。流行病学普查的数据都是与疾病和致病因素有关的数据以及与生产和畜群体积有关的数据。获得的已经记录的数据，可用于回顾性实验研究；收集未来的数据用于前瞻性实验研究一些数据属于观察资料；一些数据属于观察现象的解释；一些数据是数量性的，由各种测量方法而获得，如体重、产乳量死亡率和发病率，这类数据通常比较准确。数据资料来源如下。

5.4.3.1　政府兽医机构

国家及各省、市、县动物防疫监督机构以及乡级的兽医站负责调查和防治全国范围内些重要的疾病。许多政府机构还建立了诊断室开展一些靠规的实验室诊断工作，保持完整的实验记录，经常报道诊断结果和疾病的流行情况。由各级政府机构编辑和出版的各种兽医刊物也是常规的资料来源。

5.4.3.2　屠宰场

大牲畜屠宰场都要进行宰前和宰后检验以发现和鉴定某些疾病。通常只有临床上健康的牲畜才供屠宰食用，因此屠宰中发现的病例一般都是亚临床症状的。

屠宰检验的第二个目的是记录所见异常现象，有助于流行性动物疾病的早期发现和人畜共患性疾病的预防和治疗。由于屠宰场的动物是来自于不同地区或不同的牧场，如果屠宰检验所发现的疾病关系到患畜的原始牧场或地区，则必须追查动物的来源。

5.4.3.3　血清库

血清样品能够提供免疫特性方面有价值的流行病学资料，如流行的周期性，传染的空间分布和新发生口蹄疫的起源。因此建立血清库有助于研究与传染病有关的许多问题。

①鉴定主要的健康标准；②建立免疫接种程序；③确定疾病的分布：④调查新发生口蹄疫的传染来源；⑤确定流行的周期性；⑥增加病因学方面的知识；⑦评价免疫接种效果或程序：⑧评价疾病造成的损失。

5.4.3.4　动物注册

动物登记注册是流行病学数据的又一个来源，根据某地区动物注册或免疫接种数量估测该地区的易感动物数，一般是趋于下线估测。

5.4.3.5　畜牧机构

许多畜牧机构记录和保存动物群体结构、分布和动物生产方面的资料，如增重、饲料转化率和产乳量等。这对某些实验研究也同样具有流行病学方面的意义。

5.4.3.6　畜牧场

大型的现代化饲养场都有自已独立的经营和管理体制；完善的资料和数据记录系统，许多数据资料具有较高的可靠性。这些资料对疾病普查是很有价值的。

5.4.3.7 畜主日记

饲养人员(如猪的饲养者)经常记录生产数据和一些疾病资料。但记录者的兴趣和背景不同,所记录的数据类别和精确程度也不同。

5.4.3.8 兽医院门诊

兽医院开设兽医门诊,并建立患畜病志以描述发病情况和记录诊断结果。门诊患畜中诊断兽医感兴趣的疾病比例通常高于其他疾病。这可能是由于该兽医为某种疾病的研究专家而吸引该种疾病的患畜的缘故。

5.4.3.9 其他资料来源

野生动物是家畜口蹄疫的重要传染源。中国野生动物保护组织和害虫防制中心记录和保存关于国家野生动物地区分布和种类数量方面的数据。这对调查实际存在的和即将发生的口蹄疫的感染和传播具有价值。

六、猪瘟防治技术规范(正文)

猪瘟(Classical swine fever, CSF)是由黄病毒科瘟病毒属猪瘟病毒引起的一种高度接触性、出血性和致死性传染病。世界动物卫生组织(OIE)将其列为必须报告的动物疫病,我国将其列为一类动物疫病。

中华人民共和国农业部为及时、有效地预防、控制和扑灭猪瘟,依据《中华人民共和国动物防疫法》《重大动物疫情应急条例》和《国家突发重大动物疫情应急预案》及有关法律法规,制定本规范。

1 适用范围

本规范规定了猪瘟的诊断、疫情报告、疫情处置、疫情监测、预防措施、控制和消灭标准等。

本规范适用于中华人民共和国境内一切从事猪(含驯养的野猪)的饲养、经营及其产品生产、经营,以及从事动物防疫活动的单位和个人。

2 诊断

依据本病流行病学特点、临床症状、病理变化可作出初步诊断,确诊需做病原分离与鉴定。

2.1 流行特点

猪是本病唯一的自然宿主,发病猪和带毒猪是本病的传染源,不同年龄、性别、品种的猪均易感。一年四季均可发生。感染猪在发病前即能通过分泌物和排泄物排毒,并持续整个病程。与感染猪直接接触是本病传播的主要方式,病毒也可通过精液、胚胎、猪肉和泔水等传播,人、其他动物如鼠类和昆虫、器具等均可成为重要传播媒介。感染和带毒母猪在怀孕期可通过胎盘将病毒传播给胎儿,导致新生仔猪发病或产生免疫耐受。

2.2 临床症状

2.2.1 本规范规定本病潜伏期为3~10天,隐性感染可长期带毒。

根据临床症状可将本病分为急性、亚急性、慢性和隐性感染四种类型。

2.2.2 典型症状

2.2.2.1 发病急、死亡率高。

2.2.2.2 体温通常升至41℃以上、厌食、畏寒。

2.2.2.3 先便秘后腹泻,或便秘和腹泻交替出现。

2.2.2.4　腹部皮下、鼻镜、耳尖、四肢内侧均可出现紫色出血斑点，指压不褪色，眼结膜和口腔黏膜可见出血点。

2.3　病理变化

2.3.1　淋巴结水肿、出血，呈现大理石样变。

2.3.2　肾脏呈土黄色，表面可见针尖状出血点。

2.3.3　全身浆膜、黏膜和心脏、膀胱、胆囊、扁桃体均可见出血点和出血斑，脾脏边缘出现梗死灶。

2.3.4　脾不肿大，边缘有暗紫色突出表面的出血性梗死。

2.3.5　慢性猪瘟在回肠末端、盲肠和结肠常见“纽扣状”溃疡。

2.4　实验室诊断

实验室病原学诊断必须在相应级别的生物安全实验室进行。

2.4.1　病原分离与鉴定

2.4.1.1　病原分离、鉴定可用细胞培养法(见附件1)。

2.4.1.2　病原鉴定也可采用猪瘟荧光抗体染色法，细胞浆出现特异性的荧光(见附件2)。

2.4.1.3　兔体交互免疫试验(附件3)。

2.4.1.4　猪瘟病毒反转录聚合酶链式反应(RT-PCR)：主要用于临床诊断与病原监测(见附件4)。

2.4.1.5　猪瘟抗原双抗体夹心ELISA检测法：主要用于临床诊断与病原监测(见附件5)。

2.4.2　血清学检测

2.4.2.1　猪瘟病毒抗体阻断ELISA检测法(见附件6)。

2.4.2.2　猪瘟荧光抗体病毒中和试验(见附件7)。

2.4.2.3　猪瘟中和试验方法(见附件8)。

2.5　结果判定

2.5.1　疑似猪瘟

符合猪瘟流行病学特点、临床症状和病理变化。

2.5.2　确诊

非免疫猪符合结果判定2.5.1，且符合血清学诊断2.4.2.1、2.4.2.2、2.4.2.3之一，或符合病原学诊断2.4.1.1、2.4.1.2、2.4.1.3、2.4.1.4、2.4.1.5之一的。

免疫猪符合结果2.5.1，且符合病原学诊断2.4.1.1、2.4.1.2、2.4.1.3、2.4.1.4、2.4.1.5之一的。

3　疫情报告

3.1　任何单位和个人发现患有本病或疑似本病的猪，都应当立即向当地动物防疫监督机构报告。

3.2　当地动物防疫监督机构接到报告后，按国家动物疫情报告管理的有关规定执行。

4　疫情处理

根据流行病学、临床症状、剖检病变，结合血清学检测做出的临床诊断结果可作为疫情处理的依据。

4.1　当地县级以上动物防疫监督机构接到可疑猪瘟疫情报告后，应及时派人员到现场诊断，根据流行病学调查、临床症状和病理变化等初步诊断为疑似猪瘟时，应立即对病猪及同群猪采取隔离、消毒、限制移动等临时性措施。同时采集病料送省级动物防疫监督机构实验室确诊，必要时将样品送国家猪瘟参考实验室确诊。

4.2 确诊为猪瘟后，当地县级以上人民政府兽医主管部门应当立即划定疫点、疫区、受威胁区，并采取相应措施；同时，及时报请同级人民政府对疫区实行封锁，逐级上报至国务院兽医主管部门，并通报毗邻地区。国务院兽医行政管理部门根据确诊结果，确认猪瘟疫情。

4.2.1 划定疫点、疫区和受威胁区

疫点：为病猪和带毒猪所在的地点。一般指病猪或带毒猪所在的猪场、屠宰厂或经营单位，如为农村散养，应将自然村划为疫点。

疫区：是指疫点边缘外延 3 千米范围内区域。疫区划分时，应注意考虑当地的饲养环境和天然屏障（如河流、山脉等）等因素。

受威胁区：是指疫区外延 5 千米范围内的区域。

4.2.2 封锁

由县级以上兽医行政管理部门向本级人民政府提出启动重大动物疫情应急指挥系统、应急预案和对疫区实行封锁的建议，有关人民政府应当立即做出决定。

4.2.3 对疫点、疫区、受威胁区采取的措施

疫点：扑杀所有的病猪和带毒猪，并对所有病死猪、被扑杀猪及其产品按照 GB 16548 规定进行无害化处理；对排泄物、被污染或可能污染饲料和垫料、污水等均需进行无害化处理；对被污染的物品、交通工具、用具、禽舍、场地进行严格彻底消毒（见附件 9）；限制人员出入，严禁车辆进出，严禁猪只及其产品及可能污染的物品运出。

疫区：对疫区进行封锁，在疫区周围设置警示标志，在出入疫区的交通路口设置动物检疫消毒站（临时动物防疫监督检查站），对出入的人员和车辆进行消毒；对易感猪只实施紧急强制免疫，确保达到免疫保护水平；停止疫区内猪及其产品的交易活动，禁止易感猪只及其产品运出；对猪只排泄物、被污染饲料、垫料、污水等按国家规定标准进行无害化处理；对被污染的物品、交通工具、用具、禽舍、场地进行严格彻底消毒。

受威胁区：对易感猪只（未免或免疫未达到免疫保护水平）实施紧急强制免疫，确保达到免疫保护水平；对猪只实行疫情监测和免疫效果监测。

4.2.4 紧急监测

对疫区、受威胁区内的猪群必须进行临床检查和病原学监测。

4.2.5 疫源分析与追踪调查

根据流行病学调查结果，分析疫源及其可能扩散、流行的情况。对可能存在的传染源，以及在疫情潜伏期和发病期间售（运）出的猪只及其产品、可疑污染物（包括粪便、垫料、饲料等）等应当立即开展追踪调查，一经查明立即按照 GB 16548 规定进行无害化处理。

4.2.6 封锁令的解除

疫点内所有病死猪、被扑杀的猪按规定进行处理，疫区内没有新的病例发生，彻底消毒 10 天后，经当地动物防疫监督机构审验合格，当地兽医主管部门提出申请，由原封锁令发布机关解除封锁。

4.2.7 疫情处理记录

对处理疫情的全过程必须做好详细的记录（包括文字、图片和影像等），并归档。

5 预防与控制

以免疫为主，采取"扑杀和免疫相结合"的综合性防治措施。

5.1　饲养管理与环境控制

饲养、生产、经营等场所必须符合《动物防疫条件审核管理办法》(农业部[2002]15号令)规定的动物防疫条件，并加强种猪调运检疫管理。

5.2　消毒

各饲养场、屠宰厂(场)、动物防疫监督检查站等要建立严格的卫生(消毒)管理制度，做好杀虫、灭鼠工作(见附件9)。

5.3　免疫和净化

5.3.1　免疫

国家对猪瘟实行全面免疫政策。

预防免疫按农业部制定的免疫方案规定的免疫程序进行。

所用疫苗必须是经国务院兽医主管部门批准使用的猪瘟疫苗。

5.3.2　净化

对种猪场和规模养殖场的种猪定期采样进行病原学检测，对检测阳性猪及时进行扑杀和无害化处理，以逐步净化猪瘟。

5.4　监测和预警

5.4.1　监测方法

非免疫区域：以流行病学调查、血清学监测为主，结合病原鉴定。

免疫区域：以病原监测为主，结合流行病学调查、血清学监测。

5.4.2　监测范围、数量和时间

对于各类种猪场每年要逐头监测两次；商品猪场每年监测两次，抽查比例不低于0.1%，最低不少于20头；散养猪不定期抽查。或按照农业部年度监测计划执行。

5.4.3　监测报告

监测结果要及时汇总，由省级动物防疫监督机构定期上报中国动物疫病预防控制中心。

5.4.4　预警

各级动物防疫监督机构对监测结果及相关信息进行风险分析，做好预警预报。

5.5　消毒

饲养场、屠宰厂(场)、交易市场、运输工具等要建立并实施严格的消毒制度。

5.6　检疫

5.6.1　产地检疫

生猪在离开饲养地之前，养殖场/户必须向当地动物防疫监督机构报检。动物防疫监督机构接到报检后必须及时派员到场/户实施检疫。检疫合格后，出具合格证明；对运载工具进行消毒，出具消毒证明，对检疫不合格的按照有关规定处理。

5.6.2　屠宰检疫

动物防疫监督机构的检疫人员对生猪进行验证查物，合格后方可入厂/场屠宰。检疫合格并加盖(封)检疫标志后方可出厂/场，不合格的按有关规定处理。

5.6.3　种猪异地调运检疫

跨省调运种猪时，应先到调入地省级动物防疫监督机构办理检疫审批手续，调出地进行检疫，检疫合格方可调运。到达后须隔离饲养10天以上，由当地动物防疫监督机构检疫合格后方可投入使用。

6 控制和消灭标准

6.1 免疫无猪瘟区

6.1.1 该区域首先要达到国家无规定疫病区基本条件。

6.1.2 有定期、快速的动物疫情报告记录。

6.1.3 该区域在过去3年内未发生过猪瘟。

6.1.4 该区域和缓冲带实施强制免疫，免疫密度100%，所用疫苗必须符合国家兽医主管部门规定。

6.1.5 该区域和缓冲带须具有运行有效的监测体系，过去2年内实施疫病和免疫效果监测，未检出病原，免疫效果确实。

6.1.6 所有的报告，免疫、监测记录等有关材料详实、准确、齐全。

若免疫无猪瘟区内发生猪瘟时，最后一例病猪扑杀后12个月，经实施有效的疫情监测，确认后方可重新申请免疫无猪瘟区。

6.2 非免疫无猪瘟区

6.2.1 该区域首先要达到国家无规定疫病区基本条件。

6.2.2 有定期、快速的动物疫情报告记录。

6.2.3 在过去2年内没有发生过猪瘟，并且在过去12个月内，没有进行过免疫接种；另外，该地区在停止免疫接种后，没有引进免疫接种过的猪。

6.2.4 在该区具有有效的监测体系和监测区，过去2年内实施疫病监测，未检出病原。

6.2.5 所有的报告、监测记录等有关材料详实、准确、齐全。

若非免疫无猪瘟区发生猪瘟后，在采取扑杀措施及血清学监测的情况下，最后一例病猪扑杀后6个月；或在采取扑杀措施、血清学监测及紧急免疫的情况下，最后一例免疫猪被屠宰后6个月，经实施有效的疫情监测和血清学检测确认后，方可重新申请非免疫无猪瘟区。

附件1 病毒分离鉴定

采用细胞培养法分离病毒是诊断猪瘟的一种灵敏方法。通常使用对猪瘟病毒敏感的细胞系如PK-15细胞等，加入2%扁桃体、肾脏、脾脏或淋巴结等待检组织悬液于培养液中。37℃培养48～72小时后用荧光抗体染色法检测细胞培养物中的猪瘟病毒。

步骤如下：

1.制备抗生素浓缩液(青霉素10 000国际单位/毫升、链霉素10 000国际单位/毫升、卡那霉素和制霉菌素5 000国际单位/毫升)，小瓶分装，-20℃保存。用时熔化。

2.取1～2g待检病料组织放入灭菌研钵中，剪刀剪碎，加入少量无菌生理盐水，将其研磨匀浆；再加入Hank's平衡盐溶液或细胞培养液，制成20%组织悬液；最后按1/10的比例加入抗生素浓缩液，混匀后室温作用1小时；以1 000g离心15分，取上清液备用。

3.用胰酶消化处于对数生长期的PK-15细胞单层，将所得细胞悬液以1 000g离心10分，再用一定量EMEM生长液[含5%胎牛血清(无BVDV抗体)，56℃灭活30分]、0.3%谷氨酰胺、青霉素100国际单位/毫升、链霉素100国际单位/毫升悬浮，使细胞浓度为2×10^6/毫升。

4. 9份细胞悬液与1份上清液混合，接种6～8支含细胞玻片的莱顿氏管(Leighton's)(或其他适宜的细胞培养瓶)，每管0.2毫升；同时设3支莱顿氏管接种细胞悬液作阴性对照；另设3支莱顿氏管接种猪瘟病毒作阳性对照。

5. 经培养24、48、72小时，分别取2管组织上清培养物及1管阴性对照培养物、1管阳性对照培养物，取出细胞玻片，以磷酸缓冲盐水（PBS液，pH7.2，0.01摩）或生理盐水洗涤2次，每次5分，用冷丙酮（分析纯）固定10分，晾干，采用猪瘟病毒荧光抗体染色法进行检测（见附件2）。

6. 根据细胞玻片猪瘟荧光抗体染色强度，判定病毒在细胞中的增殖情况，若荧光较弱或为阴性，应按步骤4将组织上清细胞培养物进行病毒盲传。

临床发病猪或疑似病猪的全血样是猪瘟早期诊断样品。接种细胞时操作程序如下：取－20℃冻存全血样品置37℃水浴融化；向24孔板每孔加300微升血样以覆盖对数生长期的PK－15单层细胞；37℃吸附2小时。弃去接种液，用细胞培养液洗涤细胞二次，然后加入EMEM维持液，37℃培养24至48小时后，采用猪瘟病毒荧光抗体染色法检测（见附件2）。

附件2　猪瘟荧光抗体染色法

荧光抗体染色法快速、特异，可用于检测扁桃体等组织样品以及细胞培养中的病毒抗原。操作程序如下：

1　样品的采集和选择

1.1　活体采样：利用扁桃体采样器（鼻捻子、开口器和采样枪）。采样器使用前均须用3%氢氧化钠溶液消毒后经清水冲洗。首先固定活猪的上唇，用开口器打开口腔，用采样枪采取扁桃体样品，用灭菌牙签挑至灭菌离心管并作标记。

1.2　其他样品：剖检时采取的病死猪脏器，如扁桃体、肾脏、脾脏、淋巴结、肝脏和肺等，或病毒分离时待检的细胞玻片。

1.3　样品采集、包装与运输按农业部相关要求执行。

2　检测方法与判定

2.1　方法：将上述组织制成冰冻切片，或待检的细胞培养片（见附件1），将液体吸干后经冷丙酮固定5～10分，晾干。滴加猪瘟荧光抗体覆盖于切片或细胞片表面，置湿盒中37℃作用30分。然后用PBS液洗涤，自然干燥。用碳酸缓冲甘油（pH9.0～9.5，0.5 M）封片，置荧光显微镜下观察。必要时设立抑制试验染色片，以鉴定荧光的特异性。

2.2　判定：在荧光显微镜下，见切片或细胞培养物（细胞盖片）中有胞浆荧光，并由抑制试验证明为特异的荧光，判猪瘟阳性；无荧光判为阴性。

2.3　荧光抑制试验：将两组猪瘟病毒感染猪的扁桃体冰冻切片，分别滴加猪瘟高免血清和健康猪血清（猪瘟中和抗体阴性），在湿盒中37℃作用30分，用生理盐水或PBS（pH7.2）漂洗2次，然后进行荧光抗体染色。经用猪瘟高免血清处理的扁桃体切片，隐窝上皮细胞不应出现荧光，或荧光显著减弱；而用阴性血清处理的切片，隐窝上皮细胞仍出现明亮的黄绿色荧光。

附件3　兔体交互免疫试验

本方法用于检测疑似猪瘟病料中的猪瘟病毒。

1　试验动物

家兔1.5～2千克、体温波动不大的大耳白兔，并在试验前1天测基础体温。

2　试验操作方法

将病猪的淋巴结和脾脏，磨碎后用生理盐水作1∶10稀释，对3只健康家兔作肌肉注射，5毫升/只，另设3只不注射病料的对照兔，间隔5天对所有家兔静脉注射1∶20的猪瘟兔化病毒(淋巴脾脏毒),1毫升/只,24小时后,每隔6小时测体温一次,连续测96小时,对照组2/3出现定型热或轻型热,试验成立。

3 兔体交互免疫试验结果判定

接种病料后体温反应	接种猪瘟兔化弱毒后体温反应	结果判定
−	−	含猪瘟病毒
−	+	不含猪瘟病毒
+	−	含猪瘟兔化病毒
+	+	含非猪瘟病毒热原性物质

注:"+"表示多于或等于三分之二的动物有反应。

附件4 猪瘟病毒反转录聚合酶链式反应(RT-PCR)

RT-PCR方法通过检测病毒核酸而确定病毒存在,是一种特异、敏感、快速的方法。在RT-PCR扩增的特定基因片段的基础上,进行基因序列测定,将获得的基因信息与我国猪瘟分子流行病学数据库进行比较分析,可进一步鉴定流行毒株的基因型,从而追踪流行毒株的传播来源或预测预报新的流行毒株。

1 材料与样品准备

1.1 材料准备:本试验所用试剂需用无RNA酶污染的容器分装;各种离心管和带滤芯吸头需无RNA酶污染;剪刀、镊子和研钵器须经干烤灭菌。

1.2 样品制备:按1∶5(W/V)比例,取待检组织和PBS液于研钵中充分研磨,4℃,1 000克离心15分,取上清液转入无RNA酶污染的离心管中,备用;全血采用脱纤抗凝备用;细胞培养物冻融3次备用;其他样品酌情处理。制备的样品在2~8℃保存不应超过24小时,长期保存应小分装后置−70℃以下,避免反复冻融。

2 RNA提取

2.1 取1.5毫升离心管,每管加入800微升RNA提取液(通用Trizol)和被检样品200微升,充分混匀,静置5分。同时设阳性和阴性对照管,每份样品换一个吸头。

2.2 加入200微升氯仿,充分混匀,静置5分,4℃、12 000克离心15分。

2.3 取上清约500微升(注意不要吸出中间层)移至新离心管中,加等量异丙醇,颠倒混匀,室温静置10分,4℃、12 000克离心10分。

2.4 小心弃上清,倒置于吸水纸上,沾干液体;加入1 000微升75%乙醇,颠倒洗涤,4℃、12 000克离心10分。

2.5 小心弃上清,倒置于吸水纸上,沾干液体;4 000克离心10分,将管壁上残余液体甩到管底部,小心吸干上清,吸头不要碰到有沉淀的一面,每份样品换一个吸头,室温干燥。

2.6 加入10微升DEPC水和10单位RNasin,轻轻混匀,溶解管壁上的RNA,4 000克离心10分,尽快进行试验。长期保存应置−70℃以下。

3 cDNA合成

取200微升PCR专用管,连同阳性对照管和阴性对照管,每管加10微升RNA和50皮米下游引物P2(5'-CACAG(CT)CC(AG)AA(TC)CC(AG)AAGTCATC-3'),按反转录试剂盒说明书进行。

4 PCR

4.1 取200微升PCR专用管,连同阳性对照管和阴性对照管,每管加上述10微升cDNA和适量水,95℃预变性5分。

4.2 每管加入10倍稀释缓冲液5微升,上游引物P1(5'-TC(GA)(AT)CAACCAA(TC)GAGATAGGG-3')和下游引物P2各50皮米,10摩尔/升dNTP 2微升,Taq酶2.5单位,补水至50微升。

4.3 置PCR仪,循环条件为95℃50秒,58℃60秒,72℃35秒,共40个循环,72℃延伸5分。

5 结果判定

取RT-PCR产物5微升,于1%琼脂糖凝胶中电泳,凝胶中含0.5微升 /毫升溴化乙锭,电泳缓冲液为0.5×TBE,80伏30分,电泳完后于长波紫外灯下观察拍照。阳性对照管和样品检测管出现251nt的特异条带判为阳性;阴性管和样品检测管未出现特异条带判为阴性。

附件5 猪瘟抗原双抗体夹心ELISA检测方法

本方法通过形成的多克隆抗体一样品一单克隆抗体夹心,并采用辣根过氧化物酶标记物检测,对外周血白细胞、全血、细胞培养物以及组织样本中的猪瘟病毒抗原进行检测的一种双抗体夹心ELISA方法。具体如下:

1 试剂盒组成

1.1 多克隆羊抗血清包被板条:8孔×12条(96孔)。

1.2 CSFV阳性对照,含有防腐剂:1.5毫升。

1.3 CSFV阴性对照,含有防腐剂:1.5毫升。

1.4 100倍浓缩辣根过氧化物酶标记物(100×)辣根过氧化物酶标记抗鼠IgG,含防腐剂:200微升。

1.5 10倍浓缩样品稀释液(10×):55毫升。

1.6 底物液,TMB溶液:12毫升。

1.7 终止液,1摩HCL(小心,强酸):12毫升。

1.8 10倍浓缩洗涤液(10×):125毫升。

1.9 CSFV单克隆抗体,含防腐剂:4毫升。

1.10 酶标抗体稀释液:15毫升。

2 样品制备

注意:制备好的样品或组织可以在2~7℃保存7天,或-20℃冷冻保存6个月以上。但这些样品在应用前应该再次以1 500克离心10分或10 000克离心2~5分。

2.1 外周血白细胞

2.1.1 取10毫升肝素或EDTA抗凝血样品,1 500克离心15~20分。

2.1.2 再用移液器小心吸出血沉棕黄层,加入500微升样品稀释液(1×),在旋涡振荡器上混匀,室温下放置1小时,期间不时旋涡混合。然后直接进行步骤2.1.6操作。

2.1.3 假如样品的棕黄层压积细胞体积非常少,那么就用整个细胞团(包括红细胞)。将细胞加进10毫升的离心管,并加入5毫升预冷(2~7℃,下同)的0.17MNH_4Cl。混匀,静置10分。

2.1.4 用冷(2～7℃)超纯水或双蒸水加满离心管,轻轻上下颠倒混匀,1 500 克离心 5 分。

2.1.5 弃去上清,向细胞团中加入 500 微升样品稀释液(1×),用洁净的吸头悬起细胞,在旋涡振荡器上混匀,室温放置 1 小时。期间不时旋涡混合。

2.1.6 1 500 克离心 5 分,取上清液按操作步骤进行检测。

注意:处理好的样品可以在 2～7℃保存 7 天,或－20℃冷冻保存 6 个月以上。但这些样品在使用前必须再次离心。

2.2 外周血白细胞(简化方法)

2.2.1 取 0.5～2 毫升肝素或 EDTA 抗凝血与等体积冷 0.17 MnH_4Cl 加入离心管混合。室温放置 10 分。

2.2.2 1 500 克离心 10 分(或 10 000 克离心 2～3 分),弃上清。

2.2.3 用冷(2～7℃)超纯水或双蒸水加满离心管,轻轻上下颠倒混匀,1 500 克离心 5 分。

2.2.4 弃去上清,向细胞团加入 500 微升样本稀释液(1×)。旋涡振荡充分混匀,室温放置 1 小时。期间不时旋涡混匀。取 75 微升按照“操作步骤”进行检测。

2.3 全血(肝素或 EDTA 抗凝)

2.3.1 取 25 微升 10 倍浓缩样品稀释液(10×)和 475 微升全血加入微量离心管,在旋涡振荡器上混匀。

2.3.2 室温下孵育 1 小时,期间不时旋涡混合。此样品可以直接按照“操作步骤”进行检测。

或:直接将 75 微升全血加入酶标板孔中,再加入 10 微升 5 倍浓缩样品稀释液(5×)。晃动酶标板/板条,使样品混合均匀。再按照“操作步骤”进行检测。

2.4 细胞培养物

2.4.1 移去细胞培养液,收集培养瓶中的细胞加入离心管中。

2.4.2 2 500 克离心 5 分,弃上清。

2.4.3 向细胞团中加入 500 微升样品稀释液(1×)。旋涡振荡充分混匀,室温孵育 1 小时。期间不时旋涡混合。取此样品 75 微升按照“操作步骤”进行检测。

2.5 组织

最好用新鲜的组织。如果有必要,组织可以在处理前于 2～7℃冷藏保存 1 个月。每只动物检测 1～2 种组织,最好选取扁桃体、脾、肠、肠系膜淋巴结或肺。

2.5.1 取 1～2 克组织用剪刀剪成小碎块(2～5 毫米大小)。

2.5.2 将组织碎块加入 10 毫升离心管,加入 5 毫升样品稀释液(1×),旋涡振荡混匀,室温下孵育 1～21 小时,期间不时旋涡混合。

2.5.3 1 500 克离心 5 分,取 75 微升上清液按照“操作步骤”进行检测。

3 操作步骤

注意:所有试剂在使用前应该恢复至室温 18～22℃;使用前试剂应在室温条件下至少放置 1 小时。

3.1 每孔加入 25 微升 CSFV 特异性单克隆抗体。此步骤可以用多道加样器操作。

3.2 在相应孔中分别加入 75 微升阳性对照、阴性对照,各加 2 孔。注意更换吸头。

3.3 在其余孔中分别加入 75 微升制备好的样品,注意更换吸头。轻轻拍打酶标板,使样品混合均匀。

3.4 置湿盒中或用胶条密封后室温(18～22℃)孵育过夜。也可以孵育4个小时,但是这样会降低检测灵敏度。

3.5 甩掉孔中液体,用洗涤液(1×)洗涤5次,每次洗涤都要将孔中的所有液体倒空,用力拍打酶标板,以使所有液体拍出。或者,每孔加入洗涤液250～300微升用自动洗板机洗涤5次。注意:洗涤酶标板要仔细。

3.6 每孔加入100微升稀释好的辣根过氧化物酶标记物,在湿盒或密封后置室温孵育1小时。

3.7 重复操作步骤3.5,每孔加入100微升底物液,在暗处室温孵育10分。第1孔加入底物液开始计时。

3.8 每孔加入100微升终止液终止反应。加入终止液的顺序与上述加入底物液的顺序一致。

3.9 在酶标仪上测量样品与对照孔在450纳米处的吸光值,或测量在450纳米和620纳米双波长的吸光值(空气调零)。

3.10 计算每个样品和阳性对照孔的矫正OD值的平均值(参见"计算方法")。

4 计算方法

首先计算样品和对照孔的OD平均值,在判定结果之前,所有样品和阳性对照孔的OD平均值必须进行矫正,矫正的OD值等于样本或阳性对照值减去阴性对照值。

矫正OD值=样本OD值－阴性对照OD值

5 试验有效性判定

阳性对照OD平均值应该大于0.500,阴性对照OD平均值应小于阳性对照平均值的20%,试验结果方能有效。否则,应仔细检查实验操作并进行重测。如果阴性对照的OD值始终很高,将阴性对照在微量离心机中10 000克离心3～5分,重新检测。

6 结果判定

被检样品的矫正OD值大于或等于0.300,则为阳性;

被检样品的矫正OD值小于0.200,则为阴性;

被检样品的矫正OD值大于0.200,小于0.300,则为可疑。

附件6 猪瘟病毒抗体阻断ELISA检测方法

本方法是用于检测猪血清或血浆中猪瘟病毒抗体的一种阻断ELISA方法,通过待测抗体和单克隆抗体与猪瘟病毒抗原的竞争结合,采用辣根过氧化物酶与底物的显色程度来进行判定。

1 操作步骤

在使用时,所有的试剂盒组分都必须恢复到室温18～25℃。使用前应将各组分放置于室温至少1小时。

1.1 分别将50微升样品稀释液加入每个检测孔和对照孔中。

1.2 分别将50微升的阳性对照和阴性对照加入相应的对照孔中,注意不同对照的吸头要更换,以防污染。

1.3 分别将50微升的被检样品加入剩下的检测孔中,注意不同检样的吸头要分开,以防污染。

1.4 轻弹微量反应板或用振荡器振荡,使反应板中的溶液混匀。

1.5 将微量反应板用封条封闭置于湿箱中(18～25℃)孵育 2 小时，也可以将微量反应板用封条置于湿箱中孵育过夜。

1.6 吸出反应孔中的液体，并用稀释好的洗涤液洗涤 3 次，注意每次洗涤时都要将洗涤液加满反应孔。

1.7 分别将 100 微升的抗 CSFV 酶标二抗(即取即用)加入反应孔中，用封条封闭反应板并于室温下或湿箱中孵育 30 分。

1.8 洗板(见 1.6)后，分别将 100 微升的底物溶液加入反应孔中，于避光、室温条件下放置 10 分。加完第一孔后即可计时。

1.9 在每个反应孔中加入 100 微升终止液终止反应。注意要按加酶标二抗的顺序加终止液。

1.10 在 450 纳米处测定样本以及对照的吸光值，也可用双波长(450 纳米和 620 纳米)测定样本以及对照的吸光度值，空气调零。

1.11 计算样本和对照的平均吸光度值。计算方法如下：

计算被检样本的平均值 OD450(＝ODTEST)、阳性对照的平均值(＝ODPOS)、阴性对照的平均值(＝ODNEG)。

根据以下公式计算被检样本和阳性对照的阻断率：

$$阻断率=\frac{ODNEG-ODTEST}{ODNEG}\times100\%$$

2 试验有效性

对照的平均 OD450 应大于 0.50。阳性对照的阻断率应大于 50％。

3 结果判定

如果被检样本的阻断率大于或等于 40％，该样本被判定为阳性(有 CSFV 抗体存在)。如果被检样本的阻断率小于或等于 30％，该样本被判定为阴性(无 CSFV 抗体存在)。如果被检样本阻断率在 30％～40％，应在数日后再对该动物进行重测。

附件 7 荧光抗体病毒中和试验

本方法是国际贸易指定的猪瘟抗体检测方法。该试验是采用固定病毒稀释血清的方法。测定的结果表示待检血清中抗体的中和效价。具体操作如下：

将细胞浓度为 2×10^5 微克/毫升的 PK－15 细胞悬液接种到带有细胞玻片的 5 厘米平皿或莱顿氏管，也可接种到平底微量培养板中；

细胞培养箱中 37℃培养至汇合率为 70％～80％的细胞单层(1～2 天)。

将待检血清 56℃灭活 30 分，用无血清 EMEM 培养液作 2 倍系列稀释。

将稀释的待检血清与含 200TCID50/0.1 毫升的猪瘟病毒悬液等体积混合，置 37℃孵育 1～2 小时。

用无血清 EMEM 培养液漂洗细胞单层。然后，加入血清病毒混合物，每个稀释度加 2 个莱顿氏管或培养板上的 2 个孔，37℃孵育 1 小时。

吸出反应物，加入 EMEM 维持液[含 2％胎牛血清(无 BVDV 抗体)，56℃灭活 30 分]、0.3％谷氨酰胺、青霉素 100 国际单位/毫升、链霉素 100 国际单位/毫升)，37℃继续培养 48～72 小时；最终用荧光抗体染色法进行检测(见附件 2)。

根据特异荧光的有无来计算中和效价。

(中和效价值达到多少表示抗体阳性或抗体达到保护)

附件 8　猪瘟中和试验方法

本试验采用固定抗原稀释血清的方法,利用家兔来检测猪体的抗体。

1　操作程序

1.1　先测定猪瘟兔化弱毒(抗原)对家兔的最小感染量。试验时,将抗原用生理盐水稀释,使每 1 毫升含有 100 个兔的最小感染量,为工作抗原(如抗原对兔的最小感染量为 10^{-5}/毫升,则将抗原稀释成 1 000 倍使用)。

1.2　将被检猪血清分别用生理盐水作 2 倍稀释,与含有 100 个兔的最小感染量工作抗原等量混合,摇匀后,置 10～15℃中和 2 小时,其间振摇 2～3 次。同时设含有相同工作抗原量加等量生理盐水(不加血清)的对照组,与被检组在同样条件下处理。

1.3　中和完毕,被检组各注射家兔 1～2 只,对照组注射家兔 2 只,每只耳静脉注射 1 毫升,观察体温反应,并判定结果。

2　结果判定

2.1　当对照组 2 只家兔均呈定型热反应(++),或 1 只兔呈定型热反应(++),另一只兔呈轻热反应时,方能判定结果。被检组如用 1 只家兔,须呈定型热反应;如用 2 只家兔,每只家兔应呈定型热反应或轻热反应,被检血清判为阴性。

2.2　兔体体温反应标准如下:

2.2.1　热反应(+):潜伏期 24～72 小时,体温上升呈明显曲线,超过常温 1℃以上,稽留 12～36 小时。

2.2.2　可疑反应(±):潜伏期不到 24 小时或 72 小时以上,体温曲线起伏不定,稽留不到 12 小时或超过 36 小时而不下降。

2.2.3　无反应(—):体温正常。

附件 9　消毒

1　药品种类

消毒药品必须选用对猪瘟病毒有效的,如氢氧化钠类、醛类、氧化剂类、氯制剂类、双季胺盐类等。

2　消毒范围

猪舍地面及内外墙壁,舍外环境,饲养、饮水等用具,运输等设施设备以及其他一切可能被污染的场所和设施设备。

3　消毒前的准备

3.1　消毒前必须清除有机物、污物、粪便、饲料、垫料等。

3.2　消毒药品必须选用对猪瘟病毒有效的。

3.3　备有喷雾器、火焰喷射枪、消毒车辆、消毒防护用具(如口罩、手套、防护靴等)、消毒容器等。

4　消毒方法

4.1　金属设施设备的消毒,可采取火焰、熏蒸等方式消毒。

4.2　猪舍、场地、车辆等,可采用消毒液清洗、喷洒等方式消毒。

4.3　养猪场的饲料、垫料等,可采取堆积发酵或焚烧等方式处理。

4.4 粪便等可采取堆积密封发酵或焚烧等方式处理。

4.5 饲养、管理等人员可采取淋浴消毒。

4.6 衣、帽、鞋等可能被污染的物品,可采取消毒液浸泡、高压灭菌等方式消毒。

4.7 疫区范围内办公、饲养人员的宿舍、公共食堂等场所,可采用喷洒的方式消毒。

4.8 屠宰加工、贮藏等场所以及区域内池塘等水域的消毒可采取相应的方式进行,避免造成污染。

七、病死及病害动物无害化处理技术规范(正文)

为贯彻落实《中华人民共和国动物防疫法》《生猪屠宰管理条例》《畜禽规模养殖污染防治条例》等有关法律法规,防止动物疫病传播扩散,保障动物产品质量安全,规范病死及病害动物和相关动物产品无害化处理操作技术,制定本规范。

1 适用范围

本规范适用于国家规定的染疫动物及其产品、病死或者死因不明的动物尸体,屠宰前确认的病害动物、屠宰过程中经检疫或肉品品质检验确认为不可食用的动物产品,以及其他应当进行无害化处理的动物及动物产品。

本规范规定了病死及病害动物和相关动物产品无害化处理的技术工艺和操作注意事项,处理过程中病死及病害动物和相关动物产品的包装、暂存、转运、人员防护和记录等要求。

2 引用规范和标准

GB 19217 医疗废物转运车技术要求(试行)

GB 18484 危险废物焚烧污染控制标准

GB 18597 危险废物贮存污染控制标准

GB 16297 大气污染物综合排放标准

GB 14554 恶臭污染物排放标准

GB 8978 污水综合排放标准

GB 5085.3 危险废物鉴别标准

GB/T 16569 畜禽产品消毒规范

GB 19218 医疗废物焚烧炉技术要求(试行)

GB/T 19923 城市污水再生利用工业用水水质

当上述标准和文件被修订时,应使用其最新版本。

3 术语和定义

3.1 无害化处理

本规范所称无害化处理,是指用物理、化学等方法处理病死及病害动物和相关动物产品,消灭其所携带的病原体,消除危害的过程。

3.2 焚烧法

焚烧法是指在焚烧容器内,使病死及病害动物和相关动物产品在富氧或无氧条件下进行氧化反应或热解反应的方法。

3.3 化制法

化制法是指在密闭的高压容器内,通过向容器夹层或容器内通入高温饱和蒸汽,在干热、压力或蒸汽、压力的作用下,处理病死及病害动物和相关动物产品的方法。

3.4 高温法

高温法是指常压状态下，在封闭系统内利用高温处理病死及病害动物和相关动物产品的方法。

3.5 深埋法

深埋法是指按照相关规定，将病死及病害动物和相关动物产品投入深埋坑中并覆盖、消毒，处理病死及病害动物和相关动物产品的方法。

3.6 硫酸分解法

硫酸分解法是指在密闭的容器内，将病死及病害动物和相关动物产品用硫酸在一定条件下进行分解的方法。

4 病死及病害动物和相关动物产品的处理

4.1 焚烧法

4.1.1 适用对象

国家规定的染疫动物及其产品、病死或者死因不明的动物尸体，屠宰前确认的病害动物、屠宰过程中经检疫或肉品品质检验确认为不可食用的动物产品，以及其他应当进行无害化处理的动物及动物产品。

4.1.2 直接焚烧法

4.1.2.1 技术工艺

4.1.2.1.1 可视情况对病死及病害动物和相关动物产品进行破碎等预处理。

4.1.2.1.2 将病死及病害动物和相关动物产品或破碎产物，投至焚烧炉本体燃烧室，经充分氧化、热解，产生的高温烟气进入二次燃烧室继续燃烧，产生的炉渣经出渣机排出。

4.1.2.1.3 燃烧室温度应≥850℃。燃烧所产生的烟气从最后的助燃空气喷射口或燃烧器出口到换热面或烟道冷风引射口之间的停留时间应≥2s。焚烧炉出口烟气中氧含量应为6%～10%(干气)。

4.1.2.1.4 二次燃烧室出口烟气经余热利用系统、烟气净化系统处理，达到GB 16297要求后排放。

4.1.2.1.5 焚烧炉渣与除尘设备收集的焚烧飞灰应分别收集、贮存和运输。焚烧炉渣按一般固体废物处理或作资源化利用；焚烧飞灰和其他尾气净化装置收集的固体废物需按GB 5085.3要求作危险废物鉴定，如属于危险废物，则按GB 18484和GB 18597要求处理。

4.1.2.2 操作注意事项

4.1.2.2.1 严格控制焚烧进料频率和重量，使病死及病害动物和相关动物产品能够充分与空气接触，保证完全燃烧。

4.1.2.2.2 燃烧室内应保持负压状态，避免焚烧过程中发生烟气泄露。

4.1.2.2.3 二次燃烧室顶部设紧急排放烟囱，应急时开启。

4.1.2.2.4 烟气净化系统，包括急冷塔、引风机等设施。

4.1.3 炭化焚烧法

4.1.3.1 技术工艺

4.1.3.1.1 病死及病害动物和相关动物产品投至热解炭化室，在无氧情况下经充分热解，产生的热解烟气进入二次燃烧室继续燃烧，产生的固体炭化物残渣经热解炭化室排出。

4.1.3.1.2 热解温度应≥600℃，二次燃烧室温度≥850℃，焚烧后烟气在850℃以上停留时间≥2s。

4.1.3.1.3 烟气经过热解炭化室热能回收后，降至600℃左右，经烟气净化系统处理，达到GB 16297要求后排放。

4.1.3.2 操作注意事项

4.1.3.2.1 应检查热解炭化系统的炉门密封性，以保证热解炭化室的隔氧状态。

4.1.3.2.2 应定期检查和清理热解气输出管道，以免发生阻塞。

4.1.3.2.3 热解炭化室顶部需设置与大气相连的防爆口，热解炭化室内压力过大时可自动开启泄压。

4.1.3.2.4 应根据处理物种类、体积等严格控制热解的温度、升温速度及物料在热解炭化室里的停留时间。

4.2 化制法

4.2.1 适用对象

不得用于患有炭疽等芽血杆菌类疫病，以及牛海绵状脑病、痒病的染疫动物及产品、组织的处理。其他适用对象同4.1.1。

4.2.2 干化法

4.2.2.1 技术工艺

4.2.2.1.1 可视情况对病死及病害动物和相关动物产品进行破碎等预处理。

4.2.2.1.2 病死及病害动物和相关动物产品或破碎产物输送入高温高压灭菌容器。

4.2.2.1.3 处理物中心温度≥140℃，压力≥0.5MPa(绝对压力)，时间≥4h(具体处理时间随处理物种类和体积大小而设定)。

4.2.2.1.4 加热烘干产生的热蒸汽经废气处理系统后排出。

4.2.2.1.5 加热烘干产生的动物尸体残渣传输至压榨系统处理。

4.2.2.2 操作注意事项

4.2.2.2.1 搅拌系统的工作时间应以烘干剩余物基本不含水分为宜，根据处理物量的多少，适当延长或缩短搅拌时间。

4.2.2.2.2 应使用合理的污水处理系统，有效去除有机物、氨氮，达到GB 8978要求。

4.2.2.2.3 应使用合理的废气处理系统，有效吸收处理过程中动物尸体腐败产生的恶臭气体，达到GB 16297要求后排放。

4.2.2.2.4 高温高压灭菌容器操作人员应符合相关专业要求，持证上岗。

4.2.2.2.5 处理结束后，需对墙面、地面及其相关工具进行彻底清洗消毒。

4.2.3 湿化法

4.2.3.1 技术工艺

4.2.3.1.1 可视情况对病死及病害动物和相关动物产品进行破碎预处理。

4.2.3.1.2 将病死及病害动物和相关动物产品或破碎产物送入高温高压容器，总质量不得超过容器总承受力的五分之四。

4.2.3.1.3 处理物中心温度≥135℃，压力≥0.3MPa(绝对压力)，处理时间≥30min(具体处理时间随处理物种类和体积大小而设定)。

4.2.3.1.4 高温高压结束后，对处理产物进行初次固液分离。

4.2.3.1.5 固体物经破碎处理后，送入烘干系统；液体部分送入油水分离系统处理。

4.2.3.2　操作注意事项

4.2.3.2.1　高温高压容器操作人员应符合相关专业要求，持证上岗。

4.2.3.2.2　处理结束后，需对墙面、地面及其相关工具进行彻底清洗消毒。

4.2.3.2.3　冷凝排放水应冷却后排放，产生的废水应经污水处理系统处理，达到 GB 8978 要求。

4.2.3.2.4　处理车间废气应通过安装自动喷淋消毒系统、排风系统和高效微粒空气过滤器（HEPA 过滤器）等进行处理，达到 GB 16297 要求后排放。

4.3　高温法

4.3.1　适用对象

同 4.2.1。

4.3.2　技术工艺

4.3.2.1　可视情况对病死及病害动物和相关动物产品进行破碎等预处理。处理物或破碎产物体积（长×宽×高）≤125cm³（5cm×5cm×5cm）。

4.3.2.2　向容器内输入油脂，容器夹层经导热油或其他介质加热。

4.3.2.3　将病死及病害动物和相关动物产品或破碎产物输送入容器内，与油脂混合。常压状态下，维持容器内部温度≥180℃，持续时间≥2.5h（具体处理时间随处理物种类和体积大小而设定）。

4.3.2.4　加热产生的热蒸汽经废气处理系统后排出。

4.3.2.5　加热产生的动物尸体残渣传输至压榨系统处理。

4.3.3　操作注意事项

同 4.2.2.2。

4.4　深埋法

4.4.1　适用对象

发生动物疫情或自然灾害等突发事件时病死及病害动物的应急处理，以及边远和交通不便地区零星病死畜禽的处理。不得用于患有炭疽等芽砲杆菌类疫病，以及牛海绵状脑病、痒病的染疫动物及产品、组织的处理。

4.4.2　选址要求

4.4.2.1　应选择地势高燥，处于下风向的地点。

4.4.2.2　应远离学校、公共场所、居民住宅区、村庄、动物饲养和屠宰场所、饮用水源地、河流等地区。

4.4.3　技术工艺

4.4.3.1　深埋坑体容积以实际处理动物尸体及相关动物产品数量确定。

4.4.3.2　深埋坑底应高出地下水位 1.5m 以上，要防渗、防漏。

4.4.3.3　坑底洒一层厚度为 2～5cm 的生石灰或漂白粉等消毒药。

4.4.3.4　将动物尸体及相关动物产品投入坑内，最上层距离地表 1.5m 以上。

4.4.3.5　生石灰或漂白粉等消毒药消毒。

4.4.3.6　覆盖距地表 20～30cm，厚度不少于 1～1.2m 的覆土。

4.4.4　操作注意事项

4.4.4.1　深埋覆土不要太实，以免腐败产气造成气泡冒出和液体渗漏。

4.4.4.2　深埋后，在深埋处设置警示标识。

4.4.4.3　深埋后，第一周内应每日巡查1次，第二周起应每周巡查1次，连续巡查3个月，深埋坑塌陷处应及时加盖覆土。

4.4.4.4　深埋后，立即用氯制剂、漂白粉或生石灰等消毒药对深埋场所进行1次彻底消毒。第一周内应每日消毒1次，第二周起应每周消毒1次，连续消毒三周以上。

4.5　化学处理法

4.5.1　硫酸分解法

4.5.1.1　适用对象

同4.2.1。

4.5.1.2　技术工艺

4.5.1.2.1　可视情况对病死及病害动物和相关动物产品进行破碎等预处理。

4.5.1.2.2　将病死及病害动物和相关动物产品或破碎产物，投至耐酸的水解罐中，按每吨处理物加入水150～300kg，后加入98%的浓硫酸300～400kg（具体加入水和浓硫酸量随处理物的含水量而设定）。

4.5.1.2.3　密闭水解罐，加热使水解罐内升至100～108℃，维持压力≥0.15MPa，反应时间≥4h，至罐体内的病死及病害动物和相关动物产品完全分解为液态。

4.5.1.3　操作注意事项

4.5.1.3.1　处理中使用的强酸应按国家危险化学品安全管理、易制毒化学品管理有关规定执行，操作人员应做好个人防护。

4.5.1.3.2　水解过程中要先将水加入到耐酸的水解罐中，然后加入浓硫酸。

4.5.1.3.3　控制处理物总体积不得超过容器容量的70%。

4.5.1.3.4　酸解反应的容器及储存酸解液的容器均要求耐强酸。

4.5.2　化学消毒法

4.5.2.1　适用对象

适用于被病原微生物污染或可疑被污染的动物皮毛消毒。

4.5.2.2　盐酸食盐溶液消毒法

4.5.2.2.1　用2.5%盐酸溶液和15%食盐水溶液等量混合，将皮张浸泡在此溶液中，并使溶液温度保持在30℃左右，浸泡40h，$1m^2$ 的皮张用10L消毒液（或按100mL25%食盐水溶液中加入盐酸1mL配制消毒液，在室温15℃条件下浸泡48h，皮张与消毒液之比为1∶4）。

4.5.2.2.2　浸泡后捞出沥干，放入2%（或1%）氢氧化钠溶液中，以中和皮张上的酸，再用水冲洗后晾干。

4.5.2.3　过氧乙酸消毒法

4.5.2.3.1　将皮毛放入新鲜配制的2%过氧乙酸溶液中浸泡30min。

4.5.2.3.2　将皮毛捞出，用水冲洗后晾干。

4.5.2.4　碱盐液浸泡消毒法

4.5.2.4.1　将皮毛浸入5%碱盐液（饱和盐水内加5%氢氧化钠）中，室温（18～25℃）浸泡24h，并随时加以搅拌。

4.5.2.4.2　取出皮毛挂起，待碱盐液流净，放入5%盐酸液内浸泡，使皮上的酸碱中和。

4.5.2.4.3　将皮毛捞出，用水冲洗后晾干。

5　收集转运要求

5.1　包装

5.1.1　包装材料应符合密闭、防水、防渗、防破损、耐腐蚀等要求。

5.1.2　包装材料的容积、尺寸和数量应与需处理病死及病害
动物和相关动物产品的体积、数量相匹配。

5.1.3　包装后应进行密封。

5.1.4　使用后，一次性包装材料应作销毁处理，可循环使用的包装材料应进行清洗消毒。

5.2　暂存

5.2.1　采用冷冻或冷藏方式进行暂存，防止无害化处理前病死及病害动物和相关动物产品腐败。

5.2.2　暂存场所应能防水、防渗、防鼠、防盗，易于清洗和消毒。

5.2.3　暂存场所应设置明显警示标识。

5.2.4　应定期对暂存场所及周边环境进行清洗消毒。

5.3　转运

5.3.1　可选择符合 GB 19217 条件的车辆或专用封闭厢式运载车辆。车厢四壁及底部应使用耐腐蚀材料，并采取防渗措施。

5.3.2　专用转运车辆应加施明显标识，并加装车载定位系统，记录转运时间和路径等信息。

5.3.3　车辆驶离暂存、养殖等场所前，应对车轮及车厢外部进行消毒。

5.3.4　转运车辆应尽量避免进入人口密集区。

5.3.5　若转运途中发生渗漏，应重新包装、消毒后运输。

5.3.6　卸载后，应对转运车辆及相关工具等进行彻底清洗、消毒。

6　其他要求

6.1　人员防护

6.1.1 病死及病害动物和相关动物产品的收集、暂存、转运、无害化处理操作的工作人员应经过专门培训，掌握相应的动物防疫知识。

6.1.2　工作人员在操作过程中应穿戴防护服、口罩、护目镜、胶鞋及手套等防护用具。

6.1.3　作人员应使用专用的收集工具、包装用品、转运工具、清洗工具、消毒器材等。

6.1.4　工作完毕后，应对一次性防护用品作销毁处理，对循环使用的防护用品消毒处理。

6.2　记录要求

6.2.1　病死及病害动物和相关动物产品的收集、暂存、转运、无害化处理等环节应建有台账和记录。有条件的地方应保存转运车辆行车信息和相关环节视频记录。

6.2.2　台账和记录

6.2.21 暂存环节

6.2.2.1.1　接收台账和记录应包括病死及病害动物和相关动物产品来源场（户）、种类、数量、动物标识号、死亡原因、消毒方法、收集时间、经办人员等。

6.2.2.1.2　运出台账和记录应包括运输人员、联系方式、转运时间、车牌号、病死及病害动物和相关动物产品种类、数量、动物标识号、消毒方法、转运目的地以及经办人员等。

6.2.2.2　处理环节

6.2.2.2.1　接收台账和记录应包括病死及病害动物和相关动物产品来源、种类、数量、动物标识号、转运人员、联系方式、车牌号、接收时间及经手人员等。

6.2.2.2.2　处理台账和记录应包括处理时间、处理方式、处理数量及操作人员等。

6.2.3　涉及病死及病害动物和相关动物产品无害化处理的台账和记录至少要保存两年。

八、猪的实用生理常数（附表一至附表四）

附表一　不同日龄猪的体温、呼吸和心跳数

猪的日龄	直肠温度（℃，范围为±0.3℃）	呼吸（次/分）	心跳（次/分）
出生后1小时	36.8	50～60	200～250
出生后12小时	38	50～60	200～250
出生后24小时	38.6	50～60	200～250
未断奶仔猪	39.2	30～50	150～200
保育猪	39.3	25～40	90～100
后备猪	39	30～40	80～90
育肥猪（体重50～90千克）	38.8	25～35	75～85
妊娠母猪	38.7	13～18	70～80
母猪产前6小时	39	95～105	
产出第一头仔猪	39.4	35～45	
产后12小时	39.7	20～30	
产后24小时	40	15～22	
产后1周至断奶	39.3		
断奶后	38.6		
种公猪	38.4	13～18	70～80

附表二　母猪繁殖生理常数

类别	常数
母猪性成熟期	3～8月龄
性周期	21天
发情持续期	2～3天
产后发情期	断奶后3～5天
绝经期	6～8年
寿命	12～16年

续表

类别	常数
开始繁殖月龄	9～10月龄
可供繁殖年限	4～5年
1年产仔胎数	2～2.5胎
每胎产仔数	8～15头
母猪分娩时子宫颈开张时间	2～6小时
分娩时每个胎儿出生间隔	1～30分
胎衣排出时间	10～60分
恶露排完时间	2～3天
妊娠期	114天

附表三　公猪生殖生理常数

类别	常数
公猪性成熟期	6个月(长白猪)
公猪配种最早月龄	8月龄
公猪每次射精量	200～400毫升
1毫升精液中的精子数	1亿～2亿个
精液的pH	7.3～7.9
精液的渗透压	0.59～0.63
精子的活力(10级制)	0.6
精子的抗力	500
反常精子百分率	14%～18%
未成熟精子百分率	10%
精子到达输卵管的时间	1.5～3分
精子在母猪生殖道内存活时间	20～40小时

附表四　猪的胃、肠和消化生理常数(成年猪)

类别	常数
胃	8升
小肠	9.2升
盲肠	1.55升
结肠、直肠	8.7升
肠与体长的比例	14∶1
每昼夜唾液分泌量	15升
采食后粪便排出时间	最早18小时，最晚36小时
1昼夜排粪量	1.5千克
1昼夜排尿量	3升

主要参考文献

[1]荆所义等. 规模化猪场养殖技术[M]. 郑州:河南科学技术出版社,2015.
[2]娄季君,苗志鹏,侯金生. 规模养猪与猪病防控实用技术[M]. 郑州:中原农民出版社,2018 .
[3]宣长和,任凤兰,孙福先. 猪病学[M]. 北京:中国农业出版社,1996.
[4]张建新,陶顺启. 猪场兽医师[M]. 郑州:河南科技出版社,2013 .
[5]李观题. 现代猪病与兽药使用技术[M]. 北京:中国农业出版社,2016.

本书有关用药的声明

随着科学研究的发展，猪病的防控技术在不断改进，兽医师的知识在不断更新，临床经验也在不断积累，面对复杂多变的治疗环境和条件，兽医师在谨遵安全用药标准进行治疗、用药的同时，也应根据具体情况做必要的调整。建议读者在使用每一种药物之前，要参阅厂家提供的产品说明以确定药物的用量、方法、用药时间及禁忌等。同时，执业兽医师有责任根据经验和对患病猪群的诊断决定用药量及选择最佳的治疗方案。书中所提供的用药量及用药方法仅供参考，对于在治疗中不根据实际情况而僵化地使用本书所述剂量、方法而造成经济损失的，出版社与编者不承担任何责任。

编者